RÉSISTANCE

DES MATÉRIAUX

II

PARIS. — IMPRIMERIE DE CH. LAHURE ET Cie
Rues de Fleurus, 9. et de l'Ouest, 21.

RÉSISTANCE

DES MATÉRIAUX

PAR

ARTHUR MORIN

Général de division d'artillerie
membre de l'Institut, ancien élève de l'École polytechnique
directeur du Conservatoire des Arts et Métiers
membre de la Société centrale d'agriculture
membre honoraire de la Société des Ingénieurs civils de France
membre correspondant de l'Académie royale des Sciences de Berlin
de l'Académie royale des Sciences de Madrid, de l'Académie des Sciences de Turin
de l'Académie royale des Géorgophiles de Florence
de l'Académie de Metz, de la Société industrielle de Mulhouse
de la Société littéraire et philosophique de Manchester
de la Société impériale d'Arts et Manufactures de Toscane

Troisième édition

TOME SECOND

PARIS

LIBRAIRIE DE L. HACHETTE ET Cie

RUE PIERRE-SARRAZIN, N° 14

(Près de l'École de médecine)

1862

RÉSISTANCE
DES MATÉRIAUX.

QUATRIÈME PARTIE.

APPLICATIONS ET RÉSULTATS D'EXPÉRIENCES RELATIFS AUX CONSTRUCTIONS.

Poutres.

377. DES POUTRES EN TÔLE ASSEMBLÉES. La qualité des fers employés à la fabrication des poutres à double T, des fers à T simples, des rails et des cornières, varie certainement d'une manière très-notable, comme le prouvent les expériences précédentes. Mais cependant, depuis un certain nombre d'années, l'art de la fabrication de ces sortes de fers a fait assez de progrès pour que ses produits présentent beaucoup plus de régularité que par le passé. D'une autre part, les moyens de fabrication sont devenus plus puissants, et l'on est parvenu à augmenter successivement les dimensions et le poids des fers ainsi façonnés dans des proportions que l'on aurait autrefois regardées comme impossibles. Aujourd'hui l'on fabrique des fers à double T de $0^m.50$ de hauteur, pesant 143 kil. le mètre courant, et dès lors il n'y a plus pour les constructions ordinaires nécessité de recourir à des assemblages que l'on jugeait inévitables il y a quelques années.

Mais cependant il ne sera pas inutile de faire connaître les résultats d'expérience obtenus sur quelques poutres composées; et d'ailleurs les poutres de ce genre qui ont été et sont encore employées dans la construction des grands ponts, ont une telle importance et ont été l'occasion d'expériences exécutées en Angleterre sur une si large échelle, qu'il importe de les étudier pour reconnaître si l'on peut encore appliquer à ces constructions gigantesques les règles ordinaires.

578. EXPÉRIENCES SUR UNE POUTRE FORMÉE DE FERS EN T RÉUNIS PAR DES PLAQUES DE TÔLE. — M. Kaulek, habile constructeur de Paris, a établi dans ces derniers temps plusieurs planchers dans lesquels il emploie simultanément le fer et la tôle. Au lieu de se servir directement des fers à double T du commerce, il forme de véritables fers de cette espèce, dont le corps est très-mince, en réunissant deux fers semblables à simple T, par deux joues en tôle mince, d'une grande largeur et rivées sur les corps. Il assemble ensuite deux pièces semblables, qu'il rend solidaires, au moyen de boulons placés de distance en distance et qui en maintiennent l'écartement. Lorsque ces poutres doivent être apparentes, il ménage dans les joues en tôle des évidements qui, en même temps qu'ils diminuent le poids des pièces, se prêtent ainsi à une sorte d'ornementation.

Les poutres essayées au Conservatoire des arts et métiers sont représentées à des échelles différentes, en coupe transversale et en élévation longitudinale, pour faciliter l'intelligence des figures (pl. IV, fig. 14 et 15). L'écartement des deux poutres ainsi reliées étant de $0^m.50$ de milieu en milieu, il s'ensuit qu'elles couvraient une superficie de $4^m \times 0.50 = 2^{m.q}$.

Leur longueur totale était de $4^m.66$, et l'écartement était maintenu par 5 boulons pesant ensemble.............. $4^{kil}.200$

Les deux barres latérales pesaient, à raison de $44^{kil}.900$ l'une............................... $89^{kil}.800$

Poids total..... $94^{kil}.000$

Soit $20^{kil}.17$ par mètre de longueur, ou $40^{kil}.34$ par mètre carré de surface converte. Ce poids de $20^{kil}.17$ par mètre linéaire est à peu près celui du fer à double T, M³, de l'usine de Montataire; nous verrons quelle sera, sous le rapport de la résistance, l'influence du nouveau mode de répartition de ce poids.

Appelant, comme nous l'avons fait jusqu'ici, a la largeur des nervures supérieure et inférieure, b la hauteur totale de la pièce, a' la saillie des nervures, b' la hauteur comprise entre elles; nommant en outre a'' l'épaisseur de l'espace compris entre les deux tôles, et b'' la distance mesurée dans le sens de la hauteur entre les extrémités des corps des fers à T, nous aurons :

$$a = 0^m.036, \qquad b = 0^m.200,$$

$$2a' = 0^m.0255, \qquad b' = 0^m.187,$$

$$a'' = 0^m.0065, \qquad b'' = 0^m.122.$$

D'après ces éléments, le poids calculé serait pour les deux barres . . . . $7^{kil}.8 \times 2(ab - 2a'b' - a''b'') \times 4^m.66 = 118^{kil}.55$

Ajoutant le poids des boulons . . . . $4^{kil}.20$

on trouve . . . . $122^{kil}.75$

et retranchant le poids des douze évidements pratiqués dans la double feuille de tôle d'une épaisseur totale de $0^m.004$ . . . . $28^{kil}.41$

on obtient pour le poids calculé. . . . . $94^{kil}.30$

chiffre qui se rapproche beaucoup du poids directement observé.

Mais, pour tenir compte des évidements, nous donnerons à $2a'$ une valeur plus grande $2a' = 0^m.027$, ce qui revient à supposer la tôle pleine et d'une épaisseur réduite à $1^{mill}.12$, au lieu de 2 millimètres, cette épaisseur uniforme correspondant au même poids.

Cette correction opérée, nous pourrons calculer le moment I de la poutre entière qui sera donné par la formule

$$I = 2 \times \tfrac{1}{12}(ab^3 - 2a'b'^3 - a''b''^3) = 2 \times \tfrac{1}{22}(0.00011) = 0.000018 ;$$

c'est cette valeur qui nous servira dans le calcul des flexions quî seront données dans chaque cas par la formule du n° **290**,

$$f = \tfrac{1}{3}\,\frac{C^3 \times \tfrac{5}{8}\,pC}{EI};$$

2 C étant la distance entre les appuis, et $2pC$ le poids uniformément réparti sur la pièce.

379. MODE D'EXPÉRIMENTATION. — Dans les observations faites au Conservatoire des arts et métiers sur les poutres, la distance entre les points d'appui a été constamment de 4 mètres; les poutres étaient placées sur deux plaques épaisses de fer, reposant elles-mêmes sur des supports en charpente ou en maçonnerie.

Un repère tracé au milieu de la pièce, avec une pointe fine, était observé à l'aide d'un bon cathétomètre dont le vernier permettait de lire directement le centième de millimètre.

La charge était distribuée dans 17 caisses en sapin, du poids de 4 kilogr. chacune, disposées pour recevoir un certain nombre de projectiles du poids de 400 gr.; mais les pesées ont toujours été vérifiées directement sur une balance, et le poids uniformément réparti a été successivement porté à 500, 1000, 1500, 2000 et 2500 kilogr.; la largeur des caisses était telle que le bord latéral de la première affleurait exactement le bord de la plaque d'appui, et que chaque caisse était séparée des caisses voisines par un intervalle constant de quelques millimètres; on était assuré par ce moyen qu'elles portaient toutes individuellement sur la poutre, sans se soutenir mutuellement, et l'on peut par conséquent affirmer que la charge était très-exactement et très-uniformément répartie. Dans les expériences qui ont été faites avec une seule charge sur le milieu de la pièce, cette charge était suspendue à une tige ronde de fer de 3 centimètres de diamètre, reposant sur la poutre, et couvrant exactement une ligne tracée à l'avance au milieu avec le plus grand soin. Ces expériences, avec charge unique, n'ont d'ailleurs été faites qu'un petit nombre de fois, et pour vérifier, avec les moyens dont on disposait, que l'action d'une charge uniformément répartie sur la longueur, équivaut à l'action d'un poids égal aux $\tfrac{5}{8}$ du poids total, agissant au milieu de la pièce. Dans les premières observations, si l'on s'était borné à enregistrer les lectures des hauteurs au cathétomètre, on aurait dû admettre une flexion permanente pour toute charge, la lecture après le déchargement étant toujours de plusieurs centièmes de millimètre inférieure à la lecture initiale; mais un examen plus attentif a montré que cette différence provenait uniquement d'un affaissement dans les points d'appui, affaissement d'autant plus sensible que tout le système reposait sur plusieurs pièces de charpente placées à plat et superposées.

Dans la vue de reconnaître à laquelle de ces deux causes il fallait attribuer ces différences, on a chaque fois, avant et après l'observation, retourné la pièce : la moyenne des lectures avant l'expérience donnait la cote exacte du milieu de la poutre au-dessus du zéro de l'échelle; la même opération effectuée après le déchargement devait, quelle que fût la flexion permanente prise par la pièce, donner en moyenne le même chiffre, si les points d'appui n'avaient pas varié; l'expérience a montré qu'il n'en était pas ainsi, et un calcul fort simple a démontré que la différence tout entière était due à l'affaissement dont nous venons de parler.

C'est pour remédier à l'influence perturbatrice de cette cause que les supports en chêne ont été remplacés à chaque extrémité par une pierre de roche dure, parfaitement dressée sur ses deux faces supérieure et inférieure, et placée en *délit;* les mêmes plaques de fer, employées précédemment, servaient à régler la portée sur ces deux pierres qui ne devaient plus être dérangées; les mêmes expériences répétées sur la nouvelle disposition ont conduit à des différences moins grandes, mais très-appréciables encore : un tassement était toujours accusé par l'observation de la pièce retournée. Au bout de quelques semaines cependant, pendant lesquelles un grand nombre de chargements et de déchargements ont été faits, le contact entre le fer et la pierre étant probablement devenu plus intime, ce tassement a cessé, et la poutre revenait, après son déchargement, exactement à sa hauteur primitive.

On peut donc affirmer que, dans les limites des efforts exercés, pendant tout le temps qu'ont duré ces expériences, il ne s'est manifesté aucune flexion permanente, qui soit appréciable avec l'instrument dont on se servait, et qui accusait avec netteté le centième de millimètre.

Rien ne prouve sans doute que la même affirmation soit applicable à toute autre circonstance, mais comme conséquence de ce résultat, il est cependant permis de se demander si dans toutes les expériences semblables, les précautions ont toujours été prises pour assurer la fixité des points d'appui; les moyens dont on s'est servi dans bien des cas pour amplifier par des leviers l'étendue des phénomènes de flexion, devaient enregistrer avec la même amplification les tassements que nous avons observés directement, et les flexions permanentes, alors qu'elles existent réellement, ont été sans doute grossies de tout ce dont les points d'appui s'étaient affaissés.

580. Résultats de l'observation. — Quoiqu'on ait pris le soin, après chaque chargement ou déchargement, d'attendre, pour enregistrer la lecture, que la poutre eût cessé d'éprouver une variation quelconque en vingt-quatre heures, on a cru devoir opérer successivement par chargement et par déchargement; ainsi dans un certain nombre d'expériences, on a introduit les charges successives de 500, 1000, 1500, 2000 et 2500 kil., puis on a déchargé; dans d'autres, au contraire, on a d'abord chargé à 2500 kilogr., et de vingt-quatre en vingt-quatre heures, on a enlevé 500 kilogr., pris uniformément sur les 17 caisses qui composaient la charge totale; on ne s'est arrêté qu'au moment où les observations dans les deux cas sont devenues comparables, et n'ont plus différé que de 1 à 2 centièmes de millimètre.

On trouvera dans le tableau suivant la moyenne des résultats déduits de ces expériences.

CHARGE UNIFORMÉMENT RÉPARTIE 2pC.	FLEXION OBSERVÉE EN MILLIMÈTRES f.	FLEXION par 500 KILOGRAMMES.
kil.	mill.	mill.
500	2.580	2.580
1000	4.885	2.442
1500	7.190	2.396
2000	9.450	3.362
2500	11.742	2.348

On remarquera que la flexion, pour 500 kilogr., va en diminuant à mesure que la charge augmente; mais cette différence s'explique par l'impossibilité dans laquelle on s'est trouvé d'obtenir, pour les 500 premiers kilogr., une flexion aussi peu considérable que pour les charges suivantes. Cet effet ne peut s'expliquer qu'en admettant que le contact avec les appuis n'est pas assez intime lorsque la poutre n'est pas chargée, et cependant on n'a pu se mettre à l'abri de cette circonstance, même en chargeant par avance, et en dehors de la portée, les extrémités de la poutre d'un poids égal à celui qui devait être ensuite uniformément réparti sur sa longueur. Peut-être aussi les assemblages cédaient-ils un peu sous le premier effort; mais, quoi qu'il en soit à cet égard, toujours est-il que si nous retranchons des flexions totales la flexion $f_1 = 2^{\text{mill}}.580$, et si nous cherchons après ce retranchement quelle est la flexion par 500 kilogr., nous trouvons successivement, à l'aide des chiffres du tableau précédent, $2^{\text{mill}}.305$, $2^{\text{mill}}.305$, $2^{\text{mill}}.260$, $2^{\text{mill}}.290$, et ces chiffres offrent certainement une concordance aussi exacte qu'il est permis de l'espérer dans de semblables expériences.

Nous admettrons donc, conformément à ces considérations, que la poutre construite par M. Kaulek, et soumise aux expériences faites au Conservatoire des arts et métiers, fléchit de $2^{\text{mill}}.30$ pour une charge uniformément répartie de 500 kilogr., et que la proportionnalité entre les charges et les flexions existe au moins jusqu'à une flexion totale de $11^{\text{mill}}.642$ ou $\frac{1}{365}$ de la portée, qui ne doit jamais être atteinte dans la pratique, et qui correspond à une charge totale de 2500 kilogr. Cette valeur de la flexion produite par une charge de 500 kilogr., introduite en même temps que celle de I dans la formule

$$f = \tfrac{1}{3} \frac{C^3 \times \tfrac{5}{8} p C}{E I},$$

donne

$$0^m.0023 = \tfrac{1}{3} \frac{8 \times \tfrac{5}{8} \times 250^{\text{kil}}}{E \times 0.000018},$$

d'où l'on tire

$$E = 10\,065\,000\,000^{\text{kil}},$$

pour la valeur du coefficient d'élasticité. La faiblesse de la valeur du coefficient d'élasticité fournie par les poutres montre que l'épaisseur donnée aux tôles qui réunissaient les deux fers à T simple, n'était pas suffisante pour assurer au solide une rigidité comparable à celle des solides d'une seule pièce. C'est un inconvénient que l'on reproche en général aux poutres en tôle, et qui oblige à employer plus de métal qu'il ne serait sans cela nécessaire, tant pour s'opposer au plissement des tôles que pour assurer leur parfait assemblage à l'aide de rivets.

Quant à la vérification de la conséquence théorique relative à la charge unique placée au milieu de la portée, elle n'a été faite que pour 315 et 630 kilogr., qui ont respectivement fourni des flexions identiques à celles de 500 et de 1000 kilogr. uniformément répartis. Or, on a $\frac{315}{500} = 0.630$ et $\frac{630}{1000} = 0.630$, tandis que la théorie indique, pour le rapport des charges, la valeur $\frac{5}{8} = 0.625$. Cette loi, déjà vérifiée sur les bois par M. Dupin, l'est donc aussi, par nos expériences, pour les poutres en fer.

381. Des poutres en bois avec armature en fer. — On a quelquefois essayé d'augmenter la solidité des poutres en bois en les garnissant extérieurement ou intérieurement de feuilles épaisses de tôle. Une expérience de M. Fairbairn montre que la différence de flexibilité des deux substances doit rendre les constructeurs circonspects dans l'emploi de ce système d'armature.

Une poutre en bois, de deux pièces de 0^m.305 de largeur et d'épaisseur, et de 6^m.70 de portée, ayant à l'intérieur une feuille de tôle de 0^m.305 de hauteur, et de 0^m.0095 d'épaisseur, fortement serrée par des boulons, a été successivement chargée en son milieu, et l'on a mesuré les flexions.

CHARGES 2P, PLACÉES AU MILIEU.	FLEXIONS.	OBSERVATIONS.
kil.	mill.	
1 137	0.0063	* La charge de 21 315 kilogr.
4 060	0.0126	ne fut enlevée qu'après 16 heu-
5 075	0.0189	res, et l'on reconnut alors que
8 120	0.0254	le solide avait pris une flèche
10 150	0.0330	permanente de 0^m.033.
12 180	0.0381	
14 210	0.0508	
18 270	0.0571	
19 285	0.0635	
20 300	0.0711	
21 315*	0.0838	

D'après ces dimensions, cette pièce aurait pu supporter d'une manière permanente :

Pour le bois seul......   1694^{kil}.0
Pour le fer seul.......   527^{kil}.6
                         ——————
                          2221^{kil}.6

On trouve en effet par les formules pratiques du n° **254** : pour le bois

$$P = \frac{100000 \times \overline{0.305}^3}{3.35} = 847 \text{ kilogr.,}$$

et pour le fer

$$P = \frac{1000000 \times 0.0095 \times \overline{0.305}^3}{3.35} = 263^{kil}.80.$$

En admettant que la pièce de bois ait rompu sous une charge décuple de celle que cette formule indique, on voit qu'elle se serait brisée sous 16 940 kilogr. environ, et que l'emploi de la feuille de tôle paraîtrait lui avoir en réalité donné un surcroît de résistance; mais après le déchargement, la pièce composée a conservé une courbure permanente de 0^m.033 ou de $\frac{1}{203}$. On voit que la différence d'élasticité des deux substances est une cause de déformation des solides de ce genre, et exige qu'on limite les flexions à celles du corps le moins élastique, de façon que l'ensemble des deux pièces ne prenne pas de courbure permanente.

Je pense, malgré cela, que dans certaines circonstances où les dimensions des pièces en bois seraient forcément limitées, l'usage d'armatures en fer pourrait être utile, surtout quand les charges n'excéderaient pas de beaucoup celles qu'indiquent nos formules.

Grands tubes.

582. Expériences sur les grands tubes en tôle. — Lorsqu'il fut question de la construction des ponts qui devaient faire traverser au chemin de fer d'Holyhead le détroit de Menai, qui sépare l'Angleterre de la Terre-Ferme, l'illustre M. Stephenson, dont l'art de l'ingénieur regrette la perte récente, conçut la pensée aussi neuve que hardie d'exécuter ce passage de plus de 420 mètres de largeur au moyen de grands tubes de 150 mètres de portée, servant de poutres, et dans lesquels passeraient les trains.

Mais, avant d'arriver à l'exécution d'une telle idée, il jugea avec raison que des expériences faites sur une grande échelle étaient indispensables pour faire reconnaître la forme, le mode de construction et les proportions les plus convenables pour atteindre avec sécurité le but proposé. Il recourut à un ingénieur célèbre, M. Fairbairn, que de précédentes recherches avaient déjà familiarisé avec ce genre d'études, et dont le savoir et l'habileté pratique étaient une garantie de la bonne direction à donner à ces essais.

L'ensemble des expériences qui furent alors exécutées a été consigné dans les ouvrages que M. W. Fairbairn et M. Edwin Clarck ont publiés à ce sujet, et nous nous contenterons d'en extraire quelques-uns des résultats les plus saillants.

585. Observations de M. Fairbairn sur la forme la plus convenable pour les ponts tubulaires. — Des expériences préliminaires dans l'examen desquelles il nous semble inutile d'entrer, et qui avaient eu pour but d'étudier la résistance des tubes circulaires, elliptiques ou rectangulaires, avaient dès l'abord conduit M. Fairbairn à conclure que, quand les rivures étaient solides, tous les tubes cédaient par la partie supérieure, qui se plissait sous un effort ·de compression. Ces premiers résultats montraient :

1° Que dans les tubes comme dans les solides pleins qui flé-chissent, la partie concave est soumise à la compression et la partie convexe à l'extension ;

2° Que la résistance du fer forgé à l'écrasement par compres-sion est beaucoup moindre que sa résistance au déchirement par extension.

C'est cette observation qui conduisit d'abord à employer, pour le sommet des tubes, des plaques plus fortes que pour le fond, puis à proposer enfin la forme cellulaire qui fut définitivement adoptée par M. Stephenson.

584. EXPÉRIENCES SUR LA RECHERCHE DES PROPORTIONS A ADOP-TER POUR LES PONTS TUBULAIRES DE CHEMINS DE FER. — Après avoir été ainsi conduit, par ses expériences préliminaires sur des tubes de différentes formes, avec des portées qui n'avaient pas dépassé six mètres, à adopter, pour la partie supérieure des tubes projetés, une section transversale de forme cellulaire composée de rectangles, M. Fairbairn se proposa de détermi-ner, à l'aide d'expériences successives, la proportion qu'il fallait établir entre les aires des sections transversales du sommet et du fond pour de semblables tubes.

A cet effet, il fit faire un premier tube à sommet cellulaire et dont le fond en feuilles plates de tôle pouvait être successivement renforcé, jusqu'à ce que l'on fût arrivé graduellement à des proportions qui présentassent à peu près la même résistance, pour le sommet, à l'écrasement par compression, et, pour le fond, au déchirement par extension. C'est dans cette vue qu'ont été conduites avec beaucoup de méthode, par cet illustre ingé-nieur, les expériences suivantes, que nous allons discuter avec détail, attendu leur grande importance.

Les proportions des tubes à expérimenter furent fixées à $\frac{1}{6}$ de la grandeur réelle des ponts proposés. Le pont Britannia de-vant avoir 450 pieds anglais de portée, celle du modèle fut fixée à $\frac{450}{6}=75^p=22^m.875$; la hauteur au milieu de la longueur à $4^p.6^0=1^m.37$, et la largeur à $2^p.8^0=0^m.813$.

L'épaisseur des tôles fut aussi le sixième de celle que l'on se proposait d'adopter pour le tube du pont Britannia.

Il résultait de ces proportions qu'en passant du modèle au tube réel, la section transversale résistante croissait dans le rapport de 1 à 36, le poids du tube dans celui de 1 à 216.

Les figures (pl. IV, fig. 16 et 17) donnent une idée de la disposition adoptée pour ce modèle.

Le sommet se composait de six cellules de $6^{po}.5=0^m.165$ sur $6^{po}=0^m,152$ avec recouvrement des feuilles l'une sur l'autre de $1^{po}=0^m.0254$. Lorsqu'une rupture avait été produite dans les expériences, les joints étaient recouverts par une plaque de couverture.

Les cellules étaient formées par une simple cornière (pl. IV, fig. 18) dont la section transversale avait $0^{po}.q.175=0^{m}.q.000143$, mais les côtés et le sommet étaient réunis par des cornières plus fortes d'une section de $0^m.q.325=0^m.q.000210$.

Les feuilles de tôle formant les côtés étaient assemblées à recouvrement de $2^{po}=0^m.0508$ de largeur avec un simple rang de rivets. A toutes les interruptions des cornières on avait rivé une plaque sur le joint.

Le fond était fait de deux feuilles rivées sur une bande de tôle de $3^{po}=0^m.1062$ de large, régnant sur toute la longueur du tube.

Les joints transversaux étaient recouverts par des plaques de $3^{pi}=0^m.915$ de long sur $1^{pi}.6^0=0^m.457$ de large.

L'épaisseur des plaques était mesurée en empilant un certain nombre de morceaux coupés régulièrement et bien dressés, et en prenant l'épaisseur totale pour la diviser par le nombre des plaques.

Le tube en expérience reposait par ses extrémités sur deux piles en maçonnerie représentées (pl. IV, fig. 17); afin d'éviter de donner à ces piles une hauteur considérable, une fosse était pratiquée au-dessous du tube, vers le milieu de la portée, et la charge, formée de poids en fonte, était librement suspendue au-dessus de cette fosse, au fond de laquelle les poids devaient venir reposer en cas de rupture

Les expériences exécutées sur ces modèles de tube ont été très-nombreuses, mais nous nous bornerons à celles qui sont nécessaires pour l'exposition des résultats auxquels M. Fairbairn est arrivé.

585. 33ᵉ EXPÉRIENCE. — Le modèle du tube avait les dimensions suivantes :

Longueur, 23^m.79 ;
Portée, 2C = 22^m.88 ;
Largeur du corps, 0^m.813 ;
Largeur du sommet, $a = 0^m.907$;
Hauteur du sommet, $e = 0^m.170$;
Épaisseur des tôles du sommet, 0^m.0037 ;
Épaisseur de la tôle du fond, $e_1' = 0^m.00476$;
Largeur du fond, $a' = 0^m.890$;
Épaisseur de la tôle des côtés, 0^m.00251 $= e_1$;
Hauteur des côtés, 1^m.073 ;
Poids du tube, $2pC = 4933^{kil}$.

Pour trouver la distance du centre de gravité ou des fibres invariables au sommet du tube, on a d'abord, en nommant A l'aire de la section transversale du sommet,

$$A\left(x - \frac{e}{2}\right) + e_1(x-e)^2 = a'e_1'(b-x) + e_1(b-x)^2,$$

d'où l'on tire

$$x = \frac{A\dfrac{e}{2} + e_1(b^2 - e^2) + a'e'_1 b}{A + a'e'_1 + 2e_1(b-e)}.$$

D'après les dimensions, l'aire de la section de la partie supérieure, y compris les cornières dont les dimensions ne sont pas données, était en tout

$$A = 24^{po.q}.024 = 0^{m.q}.015495 ;$$

celle du fond,

$$A' = a'e_1' = 8^{po.q}.8 = 0^{m.q}.00576,$$

et celle des côtés,

$$A'' = 2e_1(b-e) = 0^{m.q}.005805 ;$$

de sorte que la formule peut prendre la forme

$$x = \frac{A\frac{c}{2} + A''\frac{(b+e)}{2} + A'b}{A + A' + A''}.$$

Cela posé, on calculera d'abord le moment I' du sommet par rapport à une ligne NO (pl. IV, fig. 16), qui passe par son milieu, et en nommant a_2 la somme des largeurs intérieures des six cellules, et e_2 leur hauteur intérieure, on aura

$$I' = \tfrac{1}{12}(ac^3 - a_2e_2^3).$$

En multipliant ensuite la surface $A = ae - a_2e_2$ du profil du sommet par le carré de la distance $x - e$ de son centre de gravité à celui du tube, et ajoutant ce produit à I', on aura le moment d'inertie I_1 de ce sommet par rapport à la ligne des fibres invariables, ce qui donne

$$I_1 = I' + A(x - e)^2;$$

le moment d'inertie de la partie des côtés comprise entre le sommet et la ligne des fibres invariables par rapport à cette ligne sera

$$\tfrac{2}{3}e_1(x - e)^3;$$

celui de la partie inférieure des côtés par rapport à la même ligne sera

$$\tfrac{2}{3}e_1(x - e)^3;$$

celui de la partie supérieure des côtés par rapport à la même ligne sera

$$\tfrac{2}{3}e_1(b - x)^3;$$

enfin celui du fond sera

$$a'e_1' \times (b - x)^2;$$

le moment d'inertie total sera donc

$$I = \tfrac{1}{12}(ae^3 - a_2e_2^3) + A(x - e)^2 + \tfrac{2}{3}e_1[(x - e)^2 + \tfrac{2}{3}e_1(x - e)^3]$$
$$+ \tfrac{2}{3}e_1(b - x)^3 + A'(b - x)^2,$$

d'où l'on déduira la valeur de $\frac{I}{v'}$ en prenant pour v' la plus grande des deux quantités x ou $b - x$.

Les valeurs de I et de v' étant ainsi calculées, on a pu les introduire dans le tableau suivant, qui contient les résultats observés par M. Fairbairn sur ce tube.

CHARGES placées au milieu 2P.	CHARGES totales $2P + \frac{5}{8}2pC$.	FLEXIONS totales f.	RAPPORT de la $\frac{1}{2}$ charge à la flexion $\frac{P + \frac{5}{8}pC}{f}$.	COEFFICIENT d'élasticité.	ALLONGEMENT proportionnel $i' = \frac{PCv'}{EI}$
kil.	kil.	mill.		kil.	
922	4005	0.0045	445110	20 836 000 000	0.00007537
2070	5153	0.0045	572450	26 797 000 000	0.00007587
3208	6291	0.0070	450320	21 032 000 000	0.00011724
4350	7433	0 0095	391160	18 311 000 000	0.00015911
5498	8581	0.0123	348780	16 327 000 000	0.00020601
6646	9729	0.0136	357720	16 745 000 000	0.00018093
7798	10837	0.0161	337890	15 817 000 000	0.00026964
8935	12018	0.0203	296010	13 889 000 000	0.00033999
10008	13091	0.0235	278510	13 037 000 000	0.00039358
10992	14075	0.0265	265550	12 442 000 000	0.00044342
11866	15949	0.0290	274970	12 871 000 000	0.00048570
12919	16002	0.0314	275900	11 928 000 000	0.00052589
18376	16959	0.0339		11 708 000 000	
14844	17927	0.0368		11 401 000 000	
15826	18909	0.0396		11 176 000 000	
16797	19880	0.0422		11 026 000 000	
17785	20868	0.0450		10 854 000 000	
18789	21772	0.0483		10 599 000 000	
19752	22835	0.0508		10 521 000 000	
20752	23835	0.0533		10 466 000 000	
21706	24789	0.0559		10 379 000 000	
22682	25765	0 0584		10 325 000 000	
23671	26754	0.0610		10 265 000 000	
24659	27742	0.0641		10 141 000 000	
25629	28712	0.0686			
26604	29687	0.0744			
27693	30776	0.0762			
28566	31649	0.0813			
29700	32783	0.0864			
30732	33815	0 0981			
30975	34058	0.0870			
31990	35073	0.0921			
33005	36088	0.0946			
34019	37112	0.0029			
35024	38117	0.0111			
36049	39132				

Après avoir soutenu la charge de 36 049 kilogr. pendant une

minute et demie, ce tube s'est rompu par déchirement du fond, à $0^m.610$ du point de suspension de la charge.

586. 34ᵉ, 35ᵉ, 36ᵉ ET 37ᵉ EXPÉRIENCES. — Dans la 34ᵉ expérience, le tube a été renforcé par deux plaques additionnelles ayant chacune $0^m.165$ sur $0^m.002$; le poids du tube était alors de 5000 kilogr., et il s'est tordu sous la charge de 49 987 kilogr., par suite de la faiblesse de ses côtés, qui était surtout remarquable vers les extrémités qui reposaient sur les appuis. Si un bâti en fonte y avait été introduit, ainsi qu'on l'a fait plus tard, il est probable que l'expérience aurait pu être continuée plus loin.

Après cette expérience, le tube fut réparé et consolidé par l'addition, reconnue nécessaire, de cornières verticales rivées à l'intérieur, à $0^m.61$ de distance l'une de l'autre, et un cadre en croix de Saint-André fut placé aux extrémités.

Les expériences faites sur le tube ainsi modifié amenèrent, à la charge de $2P = 57 135$ kilogr., la déchirure des plaques du fond près de la suspension, sans que le sommet cédât sensiblement. L'examen de ce fond fit voir que les feuilles de recouvrement des cellules avaient été rivées et assemblées par recouvrement de l'une sur l'autre, au lieu de l'être bout à bout, avec plaques distinctes de recouvrement, et que, par suite, quelques rivets avaient été déchirés par cisaillement entre les deux tôles.

Le tube fut réparé de nouveau et renforcé au fond par deux feuilles de $6^m.10$ de longueur, de sorte que la section transversale fut portée à $17^{\text{po.q}}.8 = 0^{\text{m.q}}.01148$, dans la 36ᵉ expérience, dans laquelle le tube se brisa par arrachement des feuilles planes du fond, sous la charge de 67 102 kilogr. Les côtés furent aussi endommagés et se fléchirent. L'examen de la fracture des bandes de tôle ajoutées au fond montra que ces bandes étaient très-défectueuses et de mauvais fer.

Le fond fut de nouveau renforcé et l'aire de la section portée à $22^{\text{po}}.45 = 0^m.014480$. Dans la 37ᵉ expérience, ce tube a supporté pendant dix-huit heures une charge de 58 440 kilogr., et sa flèche de courbure s'est accrue pendant ce temps de $0^m.0815$ à $0^m.0850$ ou de $3^{\text{mill}}.5$.

Il a ensuite supporté pendant neuf jours et neuf nuits une charge de 61 400 kilogr., et sa flexion, qui n'était alors que de $0^m.0802$, ne s'est accrue que jusqu'à $0^m.0818$ ou de $1^{mill}.6$.

Enfin, dans une troisième observation, le tube ne s'est rompu que sous une charge de 70 000 kilogr., par déchirure de l'extrémité des plaques qui avaient été ajoutées au fond, ce qui montre que ce fond renforcé et le sommet étaient assez forts pour soutenir des charges plus grandes.

Dans toutes ces expériences successives, les flexions ont été constamment observées avec soin. Par la représentation graphique des résultats à une grande échelle, en prenant les charges pour abscisses, et les flexions observées pour ordonnées, on a pu apprécier la charge pour laquelle les flexions cessaient, dans chaque expérience, d'être proportionnelles aux charges.

C'est ainsi qu'on a pu reconnaître, dans la 34e expérience, que cette limite n'était atteinte que pour la charge très-considérable de 37 000 kilogr. environ. Les écarts ont été plus sensibles dans la 35e expérience, bien que la proportionnalité se soit encore vérifiée pour des charges très-voisines de celle à laquelle la déchirure s'est produite. Dans la 36e expérience, la proportionnalité n'a cessé que vers 45 000 kilogr., et les chiffres que nous donnons dans le numéro suivant, pour l'expérience qui a déterminé la rupture du tube, montrent que l'on peut considérer les flexions comme proportionnelles aux charges jusqu'à 60 000 kilogr., c'est-à-dire bien au delà des limites dans lesquelles nous admettons que l'on doit appliquer les conséquences auxquelles la théorie nous a conduits.   .

587. Expérience de rupture. — Le tube ayant été réparé de nouveau, en conservant les mêmes aires de section, l'observation a fourni les résultats contenus dans le tableau suivant :

2P.	f.	2P.	f.
	mill.		mill.
9 063 ^{kil}	0.0128	71 461 ^{kil}	0.0963
16 207	0.0192	73 334	0.0986
22 142	0.0305	74 628	0.1017
28 210	0.0376	75 929	0.1041
35 123	0.0453	77 528	0.1075
41 811	0.0540	78 782	0.1100
46 818	0.0608	80 221	0.1140
51 941	0.0686	81 548	0.1155
59 891	0.0775	83 252	0.1175
62 541	0.0820	84 477	0.1200
65 115	0.0865	85 694	0.1221
67 245	0.0911	87 690	
69 221	0.0940		

Ce tube s'est rompu à la charge de 87 690 kilogr. par compression au sommet.

Dans cette expérience, après avoir successivement augmenté l'aire de la section transversale du fond, on l'avait amenée à peu près à l'égalité avec celle du sommet, puisqu'elles avaient respectivement: le fond, 145 centim. carrés, et le sommet 155 centim. carrés de surface.

En calculant comme précédemment, à l'aide des flexions observées pour les moindres charges, la valeur du coefficient d'élasticité, on trouve

CHARGES EN KILOGRAMMES. $2P + \frac{5}{8} 2pC.$	COEFFICIENT D'ÉLASTICITÉ. E.
kil.	kil.
19 897	17 977 000 000
25 832	15 154 000 000
31 000	15 179 000 000
38 813	18 389 000 000
45 501	16 732 000 000
50 508	16 077 000 000

dont la moyenne 16 600 000 000 kilogr., qui comprend tous les résultats de l'observation jusqu'à une flexion égale à $\frac{1}{378}$ de la portée, pourra servir, dans toutes les circonstances semblables, à déterminer les dimensions à adopter pour les tubes en tôle.

388. Expérience sur le premier tube du pont de Conway.
— Après les expériences préliminaires qui avaient fixé l'opinion
des ingénieurs sur les proportions à établir entre les diverses
parties des tubes, on résolut, quand le premier tube du pont
de Conway fut terminé, de le soumettre lui-même à une expérience qui prenait ainsi un caractère gigantesque. On construisit
des piles pour soutenir ce tube d'une portée de 122 mètres, et
on le chargea successivement de poids, en mesurant les flexions.

Les données de cette expérience sont les suivantes :

Longueur du tube 125^m.66,   Portée $2C = 122^m$.

Hauteur au milieu $b = 7^m.78$ Largeur $a = 4^m.58$.

Aire du sommet $A = 0^{m \cdot q}.43215$ $e = 0^m.535 = e'$.

Aire du fond $A' = 0^{m \cdot q}.33346$

Aire des côtés $A'' = 0^{m \cdot q}.16529$ [*]

$$A + A' + A'' = 0^{m \cdot q}.93190.$$

Épaisseur moyenne des côtés

$$e_1 = \frac{0^m.0247}{2},$$

cornières verticales comprises.

Poids du tube, y compris les rails et les cadres en fonte des extrémités

$$2pC = 1\,320\,800^{kil}.$$

---

[*] Ed. Clark, page 254, IIe volume. Les données du texte de M. Clark pour ce
même tube ne sont pas exactement d'accord avec celles des planches; celles que
nous avons adoptées sont à la fois d'accord avec l'ouvrage de M. Fairbairn et les
planches de M. Clark.

Le tableau suivant contient les résultats des expériences.

CHARGE $2p'C'$.	LONGUEUR sur laquelle elle était répartie $2C'$	CHARGES d'expérience par mètre courant.	FLEXIONS f.	RAPPORTS des flexions aux portées $\dfrac{f}{2C}$	E.
	m.	kil.	m.		
0 000^k	0.00	0000	0.202	$\frac{1}{604}$	13 663 000 000^k
96 467	21.40	4508	0.230	$\frac{1}{430}$	12 978 000 000
156 410	32.15	4865	0.242	$\frac{1}{504}$	13 307 000 000
204 140	45.80	4455	0.266	$\frac{1}{439}$	12 791 000 000
305 710	58.00	5271	0.279	$\frac{1}{436}$	10 371 000 000
				Moyenne......	13 185 000 000

Le poids seul du tube, égal à 1 320 800 kilogr., produisait une flexion de 0^m.202, et la charge de 96 467 kilogr. ayant été laissée dans le tube pendant quatre heures, la flexion, qui était d'abord de 0^m.230, s'accrut jusqu'à 0^m.236, ou d'environ 0^m.006. Après un séjour de la même charge pendant dix-sept heures, la flexion augmenta encore de 0^m.0025.

Des dimensions de ce tube, on déduit, pour la distance du centre de gravité au sommet,

$$x = \frac{A\dfrac{c}{2} + A'\left(b - \dfrac{c}{2}\right) + A''\cdot\dfrac{b}{2}}{A + A' + A''} = 3^m.506.$$

Le centre de gravité étant par conséquent à la distance de 7^m.780 — 3^m.506 = 4^m.274 du fond, il s'ensuit que l'on a ici

$$v' = 4^m.274.$$

Il est facile de voir que, par suite de la grande hauteur du tube, son moment d'inertie a pour valeur très-approchée, en se rappelant que A = 0$^{m.q}$.43215, A' = 0^m ^{q}.33346, ainsi que les valeurs des autres données de cette application,

$$I = 0.43215 \times \overline{3.2385}^2 + 0.33346 \times \overline{4.0065}^2$$
$$+ \tfrac{1}{3}0.0247\left(\overline{2.971}^3 + \overline{3.739}^3\right) = 10.6369.$$

On remarquera que le dernier terme, relatif aux côtés, n'ayant pour valeur que

$$\tfrac{1}{3} 0.0247 \left(\overline{2.971}^3 + \overline{3.739}^3 \right) = 0.646$$

ou $\tfrac{1}{60}$ environ de la valeur totale, il peut, sans inconvénient, être négligé, ce qui facilite les calculs.

Dans cette expérience, il n'a pas été possible de faire porter toute la charge à peu près au milieu, et l'on a été obligé de la répartir sur une étendue assez considérable pour qu'il soit nécessaire d'en tenir compte.

A cet effet, appelons $2C'$ la longueur sur laquelle la charge était uniformément répartie à raison de p' kilogr. par mètre courant, et considérons une section quelconque ik (pl. IV, fig. 20) de la partie uniformément chargée. En se reportant aux notations et aux considérations développées aux n^{os} **264** et suiv., on verra d'abord que le moment de la pression Q exercée sur l'un des appuis, par rapport à cette section, est QX, puis que la charge sur un élément de longueur $y = x$, situé à la distance Y de la section ih, étant $p'y$, son moment est $p'Yy$, et que la somme des moments semblables, égale à $\tfrac{1}{2}p'Y^2$, doit être prise depuis la valeur $Y = C$ jusqu'à celle $Y = X - (C - C')$, ce qui donne, pour la somme de tous les moments élémentaires de la charge uniformément répartie,

$$\tfrac{1}{2} p'[X - (C - C')]^2.$$

La relation d'équilibre entre les forces extérieures et les résistances moléculaires à l'extension et à la compression est donc (**211**)

$$\frac{EI}{r} = QX - \tfrac{1}{2} p'[X - (C - C')]^2.$$

En remarquant ensuite que la pression sur l'appui B provenant de la charge $2p'C'$ est, pour la partie comprise entre ik et cet appui,

$$Q = p'C',$$

elle devient

$$\frac{EI}{r} = p'C'X' - \tfrac{1}{2} p'[X - (C - C')]^2,$$

ce qui donne d'abord, pour la relation d'équilibre,

$$\frac{EI}{r} = p'CX - \tfrac{1}{2} p'X^2 + p'(C - C')X - \tfrac{1}{2} p'(C - C')^2$$
$$= p'CX - \tfrac{1}{2} p'X^2 - \tfrac{1}{2} p'(C\,C')^2,$$

par suite, la flèche élémentaire (n° **278**) a pour valeur

$$ab' = \frac{Sx}{r} = \frac{p'CX^2 x - \tfrac{1}{2} p'X^3 x - \tfrac{1}{2} p'(C - C')^2 Xx}{EI},$$

en posant $S = X$, S étant la longueur de la fibre invariable. La somme de toutes les flexions élémentaires semblables, ou la flexion totale f, sera donc

$$f = \frac{\tfrac{1}{3} p'CX^3 - \tfrac{1}{8} p'X^4 - \tfrac{1}{4} p'(C - C')^2 X^2}{EI},$$

et pour la flexion au milieu de la longueur, qui correspond à $X = C$, on a

$$f = \tfrac{1}{3} \frac{C^3}{EI} \tfrac{5}{8} p'C - \tfrac{1}{4} \frac{p'(C - C')^2 C^2}{EI}.$$

Cette formule se réduit d'ailleurs à

$$f = \tfrac{1}{3} \frac{C^3}{EI} \tfrac{5}{8} p'C,$$

pour le cas où $C = C'$, ainsi que cela devait arriver, et si, comme il convient, on tient compte du poids propre du solide, qui est

$$2\,pC = 1\,320\,800 \text{ kilogr.,}$$

en appelant p son poids par mètre courant, ce poids produira une flexion exprimée par

$$f = \tfrac{1}{3} \frac{C^3}{EI} \tfrac{5}{8} pC;$$

de sorte que la flexion totale sera

$$f = \frac{\frac{5}{24} C^3 [pC + p'C] - \frac{1}{4} p'(C - C')^2 C^2}{},$$

d'où l'on tirera, pour la valeur du coefficient d'élasticité,

$$E = \frac{\frac{5}{24} C^3 [pC + p'C] - \frac{1}{4} p'(C - C')^2 C^2}{fI}.$$

C'est à l'aide de cette expression que l'on a calculé les valeurs du coefficient d'élasticité insérées au tableau précédent.

L'on voit que les quatre premières valeurs, dont la dernière correspond à une flexion de $\frac{1}{459}$ de la portée, supérieure à la proportion que l'on admet ordinairement, sont sensiblement constantes, et donnent pour le coefficient d'élasticité une quantité moindre que celle qui a été trouvée dans d'autres cas.

Cela ne me semble pas pouvoir être attribué seulement à la nature du fer employé, qui aurait été notablement plus mou que celui des essais précédents. Il me paraît plus probable que cette grande flexibilité provient de la multiplicité des assemblages, qu'il est impossible de rendre également précis, et dont quelques-uns se trouvant toujours plus chargés que les autres cèdent les premiers.

C'est une circonstance dont il importe beaucoup de tenir compte dans la construction des pièces composées.

589. DÉTERMINATION DU PLUS GRAND ALLONGEMENT SUBI PAR LES FIBRES DANS CETTE EXPÉRIENCE. — Si l'on se reporte aux considérations du nº **308**, par lesquelles on peut obtenir la valeur de la plus grande variation proportionnelle de longueur des fibres, on se rappellera que l'on a

$$i = \frac{(Pp + Qq + \text{etc.})v'}{EI}.$$

Dans le cas actuel, il s'agit de deux charges uniformément réparties : l'une, $2pC = 1\,320\,800$ kilogr., est le poids du solide ; l'autre, $2p'C'$, est celui de la charge.

D'après les notions exposées précédemment, en prenant les moments par rapport à la section du milieu, on a :

Pour les moments des charges qui correspondent au [poids du solide,

$$\tfrac{1}{2}p C^2;$$

Pour les moments des charges qui correspondent à la charge répartie sur la longueur $2 C'$,

$$\tfrac{1}{2}p' C'^2.$$

La somme des moments des forces qui agissent de haut en bas est donc

$$\tfrac{1}{2}p C^2 + \tfrac{1}{2}p' C'^2;$$

la pression sur les appuis, et qui agit de bas en haut, est

$$p C + p' C',$$

et a pour moment

$$p C^2 + p' C C'.$$

La somme algébrique des moments des forces est donc

$$M = p C^2 + p' C C' - \tfrac{1}{2}p C^2 - \tfrac{1}{2}p' C'^2 = \tfrac{1}{2}p C^2 + p' C C' - \tfrac{1}{2}p' C'^2,$$

et par suite on a

$$i = \frac{(\tfrac{1}{2}p C^2 + p' C C' - \tfrac{1}{2}p' C'^2)\, v'}{E I}.$$

Pour le tube de Conway, on a (n° **390**)

$$v' = 4^m.274, \quad I = 10.6367.$$

On a trouvé en moyenne, d'après les expériences de M. Fairbairn,

$$E = 13\,185\,000\,000^{kil}.$$

Il ne s'agit donc que de substituer, dans la formule ci-dessus, les différentes valeurs que prend le numérateur, selon celles des charges $2 p' C'$, et leur répartition.

Nous en ferons ici deux applications : l'une au cas où le solide n'était soumis qu'à son propre poids, et où, par conséquent, $p' = o$, et l'autre à la charge $2 p' C' = 204\,140$ kilogr., la plus grande de celles qui ont produit des flexions proportionnelles aux charges.

La première donne

$$i = \frac{\frac{1}{2}pC^2.v'}{EI} = \frac{660\,400 \times 30^m.5 \times 4^m.274}{13\,185\,000\,000 \times 10.6367} = 0^m.000614.$$

La deuxième, pour laquelle

$$p'C' = 102\,070^{kil}, \quad C' = 22^m.90,$$

donne

$$i = \frac{[660\,400 \times 30.5 + 102\,070 \times 61 - 51\,035 \times 22.90]4^m.274}{13\,185\,000\,000 \times 10.6369}$$
$$= 0^m.000780.$$

En se reportant au n° **109**, l'on voit que ce dernier allongement proportionnel n'a pas atteint la limite $i = 0^m.0008$, relative aux fers doux, au genre desquels on doit évidemment rapporter les tôles employées, puisqu'elles n'ont donné pour le coefficient d'élasticité qu'une valeur bien inférieure à celle que fournissent les fers en barres et les fers doux étirés ordinaires.

590. Application de la règle qui lie les flexions aux portées, et les portées aux hauteurs des solides. — Si l'on se reporte aux considérations du n° **310**, et si l'on applique la formule

$$\frac{f}{2C} = \frac{1}{6}\frac{R}{E}\frac{C}{v'}$$

au tube du pont de Conway, pour lequel on a

$$C = 61^m, \quad v' = 4^m.274,$$

en prenant

$$R = 6\,000\,000^{kil}, \quad E = 13\,185\,000\,000^{kil},$$

on trouve, pour le rapport des flexions aux portées,

$$\frac{f}{2C} = \frac{1\,000\,000}{13\,185\,000\,000} \cdot \frac{61}{4.274} = \frac{1}{922}.$$

Ainsi l'adoption de la valeur de R = 6 000 000 kilogr., donnerait seulement pour ce solide une flexion de $\frac{1}{922}$, pour limite de celles qu'il pourrait supporter sans altération de son élasticité, tandis qu'en réalité il en a subi, par son seul poids, une de $\frac{1}{600}$ sans danger. On voit donc que cette valeur du coefficient de résistance à introduire dans les formules conduira à des dimensions qui offriront toute sûreté pour des constructions analogues.

591. MODE DE CALCUL ADOPTÉ PAR QUELQUES INGÉNIEURS. — La grande hauteur des tubes et le peu d'épaisseur du sommet et du fond cellulaires par rapport à cette hauteur, ainsi que l'influence assez faible des parois verticales sur la résistance totale, peuvent, jusqu'à un certain point, autoriser à employer un mode de calcul adopté par quelques ingénieurs anglais.

En effet, si l'on admet que, par suite de la faible épaisseur relative du sommet et du fond du tube, toutes les fibres du sommet sont également comprimées et toutes celles du fond également étendues, il suffira d'écrire que la somme des moments des résistances à la compression et à l'extension, par rapport à la ligne des fibres neutres, est égale au moment de la force extérieure, ou, plus simplement, on pourrait exprimer que le moment de la résistance du sommet, par rapport à la ligne milieu du fond, est égal au moment de la charge par rapport à la même ligne.

En effet, en appelant

A l'aire de la section du sommet exposé à la compression ;

R la résistance à la compression par unité de surface ;

b la hauteur moyenne du tube, mesurée depuis le milieu du sommet jusqu'au milieu du fond ;

$\frac{b}{n}$ la distance de la ligne du milieu du sommet à la ligne des fibres invariables ;

A' l'aire de la section du fond exposé à l'extension ;

R' la résistance à l'extension par unité de surface ;

$b - \frac{b}{n} = b \cdot \frac{n-1}{n}$ sera la distance de la ligne milieu du fond à la couche des fibres invariables.

On verra facilement que les moments des deux résistances à

la compression et à l'extension, par rapport à la ligne des fibres invariables, seront respectivement :

Pour la compression,

$$AR \cdot \frac{b}{n};$$

Pour l'extension,

$$A'R'b \frac{n-1}{n}.$$

La somme de ces deux moments devant être égale au moment de la moitié de la charge, dont le bras de levier est la moitié de la portée totale, on aura, en nommant, comme par le passé,

2P la charge supposée placée au milieu de la longueur du solide,

2C la portée totale,

$$PC = AR\frac{b}{n} + A'R'b \cdot \frac{n-1}{n}.$$

Si l'on veut que le tube ne fatigue pas plus au sommet qu'au fond, il faut poser la relation

$$AR = A'R',$$

ce qui réduit la précédente à

$$PC = ARb \left(\frac{1}{n} + \frac{n-1}{n}\right) = ARb = A'R'b.$$

Cette formule revient à celle que l'on obtiendrait en supposant que la rotation se fît alternativement autour du sommet et du fond, ce qui est la méthode de calcul indiquée par M. Clark.

Si, au lieu de supposer le tube chargé en son milieu d'un poids 2P, on considérait une charge uniformément répartie 2pC, il faudrait remplacer, comme on le sait, P par $\frac{pC}{2}$, et l'on aurait

$$\tfrac{1}{2} pC^2 = ARb = A'R'b.$$

592. Valeurs des constantes R et R'. — Dans cette formule, R et R' sont les valeurs des charges directes qui, par compression ou par extension, produiraient la rupture, et la grandeur de ces quantités pour chaque substance conduit au choix qu'il convient d'en faire selon la position où l'on doit les placer.

Ainsi, d'après des expériences diverses, les ingénieurs anglais ont admis que la résistance de la tôle des tubes à la rupture par extension était 18^{tonnes},6 par pouce carré, ou 28^{kil}.68 par millimètre carré, ce qui revient à

$$R = 28\,680\,000^{kil}$$

par mètre carré, et que sa résistance à la rupture par compression n'était que de 14^{tonnes}.8 par pouce carré, ou 23^{kil}.29 par millimètre carré, ce qui donne

$$R' = 23\,290\,000^{kil}$$

par mètre carré, et conduit à

$$\frac{R}{R'} = \frac{14.8}{18.6} = \frac{4}{5}\,\text{*}.$$

593. Observation sur l'emploi de la fonte. — D'une autre part, la résistance de la fonte étant de 75 à 80 kilogr. par millimètre carré pour la compression, et de 10 à 11 kilogr. seulement pour l'extension, quelques ingénieurs, se plaçant toujours au point de vue de la rupture, en ont conclu qu'il convenait d'employer la fonte pour le sommet des ponts tubulaires et la tôle pour le fond.

Mais si l'on se reporte aux expériences sur la compression comparative de la fonte et du fer, rapportées au n° **166**, on reconnaîtra sans peine que, dans les limites où l'élasticité n'est

---

* M. Hodgkinson dit même, page 178 de l'enquête, que, au delà de 15 tonnes par pouce carré, ou 23^{kil}.61 par millimètre carré, pour l'extension, et 12 tonnes par pouce carré, ou 18^{kil}.68 par millimètre carré, pour la compression, la ténacité du fer est altérée, ce qui établit le rapport

$$\frac{R}{R'} = \frac{12}{15} = \frac{4}{5}.$$

pas altérée, le fer étant moins compressible que la fonte, et les flexions devant être aussi restreintes que possible, il convient, au contraire, de préférer le fer à la fonte, comme l'a fait M. Fairbairn dans les tubes qu'il a construits.

394. APPLICATION DES DONNÉES DU N° **388** AU TUBE DU PONT DE CONWAY. — Si l'on appliquait la formule

$$\frac{pC}{2} = \frac{ARb}{C} = \frac{A'R'b}{C}$$

au tube du pont de Conway, en y supposant

$$p = 13\,841^{kil}, \quad C = 61^m, \quad b = 7^m.78,$$

et, successivement,

$$A = 0^{m\cdot q}.43215 \quad \text{et} \quad A' = 0^{m\cdot q}.33346,$$

on trouverait, pour le coefficient pratique de résistance de la tôle à la compression,

$$R = \frac{pC^2}{2Ab} = \frac{13\,841 \times \overline{61}^2}{2 \times 0.43215 \times 7.78} = 7\,423\,800^{kil},$$

ou environ le tiers du coefficient de rupture, égal à

$$23\,290\,000^{kil},$$

valeur admise par les ingénieurs anglais (n° **392**).

Pour le coefficient pratique de résistance de la tôle à l'extension, on trouverait

$$R' = \frac{pC^2}{2A'b} = \frac{13\,841 \times \overline{61}^2}{2 \times 0.33346 \times 7.78} = 9\,617\,600^{kil},$$

ou environ le tiers de la valeur

$$28\,680\,000^{kil},$$

que les mêmes ingénieurs admettent pour la résistance de la tôle à la rupture par extension.

Ces valeurs dépassent de beaucoup, comme on le voit, celle de

$$R = 6\,000\,000^{kil},$$

que nous avons adoptée.

De cette comparaison, et de la complète sécurité que paraissent offrir les ponts tubulaires de Conway et du détroit de Menay, nous croyons pouvoir déduire une nouvelle confirmation de la confiance que l'on pourra avoir dans des constructions où l'on adopterait pour coefficient pratique de résistance à la compression et à l'extension

$$R = 6\ 000\ 000^{kil},$$

comme nous l'avons fait jusqu'ici.

On doit, en effet, se rappeler que les considérations relatives à la rupture, et les conséquences qui en sont la suite, sont loin de présenter la même exactitude, le même accord avec l'expérience, et par suite la même sécurité, que celles qui sont basées sur les compressions, les extensions et les flexions renfermées dans les limites où l'élasticité n'est pas sensiblement altérée.

Or on a vu, malgré de légères différences, que, entre ces limites, la résistance du fer, ou, ce qui revient au même, son coefficient d'élasticité E, a sensiblement la même valeur pour la compression que pour l'extension, et qu'il convient, en général, pour rester dans ces mêmes limites, de ne pas donner à la constante R une valeur plus grande que 6 kilogr. par millimètre carré, ou 6 000 000 kilogr. par mètre carré.

Dans leurs calculs, les ingénieurs anglais paraissent indiquer que la valeur de R, pour la tension, ne doit être, par millimètre carré, que de.................................... $7^{kil}.77$
et pour la compression de.................................... $3^{kil}.90$

quantités dont la moyenne.................................... $5^{kil}.81$

s'éloigne peu de celles que nous venons d'indiquer; mais on vient de voir que, dans la construction des ponts tubulaires, ils se sont beaucoup écartés de ces limites.

595. Charge admise dans les calculs des ponts de chemins de fer, par les ingénieurs anglais. — Les ingénieurs anglais, dans leurs calculs de ponts de chemins de fer, paraissent admettre qu'un train pèse une tonne anglaise par pied de longueur, ce qui revient à 3330 kilogr. par mètre, et nous semble excessif, surtout pour des ponts tubulaires à une seule voie, où l'on est sûr qu'il n'y aura jamais qu'un seul train dans le tube.

Au pont de Conway, le poids d'un tube était de 1 320 800 kil., répartis sur une longueur totale de 125^m.66, ce qui revient à 10 511 kilogr. par mètre; de sorte qu'au moment du passage d'un train, la charge par mètre courant, qui se compose de deux éléments, 10 511 kilogr. par mètre pour le poids propre du tube, et 3330 kilogr. pour la charge du train, devrait être estimée à

$$p = 13\,841^{kil}.$$

Cette estimation était alors exagérée, car une locomotive des plus grandes dimensions ne pesait, à cette époque, que 24 000 kil., et avait environ 10 mètres de longueur, ce qui ne revenait qu'à 2400 kilogr. par mètre courant, même en supposant un train entièrement composé de locomotives.

Dans les premiers chemins de fer français, les wagons vides ne pesaient guère que 3000 kilogr.; mais leurs dimensions, leur solidité ayant été successivement accrues, leur poids a atteint, dans ces derniers temps, les valeurs suivantes sur le chemin de Paris à Lyon :

DÉSIGNATION DES VOITURES.	POIDS			
	du WAGON vide.	des VOYAGEURS.	TOTAL.	par MÈTRE de voie.
VOITURES A VOYAGEURS DE 8^m.11 DE LONGUEUR ENTRE LES TAMPONS.				
	kil.	kil. kil.	kil.	kil.
1re classe..................	7420	28 voyag^{rs} à 70 = 1960	9380	1148
2e classe...................	7170	40 » à 70 = 2800	9970	1229
3e classe...................	7450	50 » à 70 = 3500	10950	1350
VOITURES A MARCHANDISES DE 5^m.50 DE LONGUEUR ENTRE LES TAMPONS.				
Wagons fermés............	4000	marchandises 5000	9000	1626
Wagons à bagages, fermés..	4200	5000	9200	1674
Wagons à bords, non couverts	3700	5000	8700	1582
Wagons plats.............	3000	5000	8000	1418
TRUCKS POUR VOITURES DE ROULAGE DITES MARINGOTTES, DE 7^m.00 DE LONGUEUR ENTRE LES TAMPONS.				
Trucks................	3300	marchandises 5000	8300	1185

ce qui montre que la charge maximum par mètre courant n'est, pour les wagons de marchandises, que de 1674 kilogr.

Quoi qu'il en soit, on remarquera que, dans les expériences que nous avons rapportées aux n°s 585 et suiv., les charges supportées par le tube, par mètre courant, ont dépassé de beaucoup celle de 3330 kilogr., puisqu'elles se sont élevées à 5271 kilogr. par mètre dans la dernière expérience, ou à une charge totale de 305 710 kilogr., ce qui correspond à un train de près de 30 wagons de marchandises pesant chacun 9200 kil., en comptant la locomotive et son tender pour 30 000 kilogr., train qui occuperait, pour les wagons seuls, une longueur de 165 mètres, supérieure à celle du tube.

Ce poids excessif était d'ailleurs réparti sur une longueur beaucoup moindre que celle d'un train de même poids, et l'épreuve supportée par le tube a été bien supérieure à celle du service courant. Malgré cela, la flexion ne s'est élevée au plus qu'à $\frac{1}{436}$ de la portée.

En France, on base le calcul de la surcharge supportée par les ponts destinés au passage des trains sur le poids des locomotives de marchandises, qui sont devenues de plus en plus lourdes, et dont quelques-unes ont été, dans les derniers temps, portées au poids de 40 tonnes, réparti entre trois essieux : celui du milieu portant 15 à 16 tonnes environ, et les deux extrêmes 12 à 13 tonnes. Selon la longueur des ponts, cette charge peut être différemment répartie, attendu que la locomotive a 10 à 12 mètres de longueur.

Dans le traité spécial sur la construction des ponts métalliques, que MM. Pronier et Molinos ont publié récemment, en tenant compte de la diversité de répartition qui résulte de la longueur des ponts, ils estiment la surcharge par mètre courant de longueur de voie ainsi qu'il suit :

Longueur de la travée..............	m. 4	m. 6	m. 10	m. 15	m. 20	m. 25	m. 30	m. 40	m. 60
Surcharge uniformément répartie par mètres de voie	tonn. 8	tonn. 7	tonn. 6	tonn. 5	tonn. 4.7	tonn. 4.5	tonn. 4.5	tonn. 4.5	tonn. 4.0

Outre la charge accidentelle, il faut enfin, dans le calcul des poutres qui doivent supporter les`ponts, tenir compte du poids des matériaux qui en forment le tablier, et qui est habituellement très-considérable. Cette charge permanente peut être estimée, pour les ponts ordinaires avec pavé ou empierrement, à 1300 ou 1500 kilogr. par mètre carré, et à peu près au même chiffre pour les ponts de chemins de fer donnant passage à la voie.

596. Marche a suivre dans le calcul des solides du genre des ponts tubulaires. — Lorsqu'il s'agit de constructions analogues à celles des ponts tubulaires, il se présente, pour déterminer les dimensions à donner aux poutres ou supports en fer, une difficulté qui provient de la grande influence qu'exerce le poids propre de ces corps, généralement plus considérable que celui des charges auxquelles ils doivent donner passage.

On peut échapper à cette difficulté, et obtenir au moins une première approximation de l'étendue à donner aux surfaces résistantes du profil transversal, de la manière suivante : les parois verticales ayant beaucoup plus d'importance comme moyen de liaison de la partie supérieure à la partie inférieure que comme éléments de la résistance du solide, on en fera d'abord abstraction, et alors on appliquera la relation approximative établie au n° **591**, dans l'hypothèse que la hauteur du solide est assez grande, par rapport à l'épaisseur du sommet et du fond, pour qu'on puisse regarder toutes les fibres du sommet comme également comprimées, et toutes celles du fond comme également allongées. On se bornera donc à écrire que le moment de la moitié de la charge, pris par rapport à la section du milieu, est égal au moment de la résistance de chacune de ces parties, pris par rapport à l'autre.

Si, de plus, nous admettons, ainsi que cela paraît résulter des discussions précédentes, que, pour les premières variations de longueur et les faibles flexions, les seules que l'on puisse tolérer, la résistance du fer à la compression soit la même que celle qu'il oppose à l'extension, et si l'on prend

$$R = 6\ 000\ 000^{\text{kil}},$$

comme nous avons montré qu'on pouvait le faire avec sécurité, il sera facile d'établir le calcul.

En effet, la somme des moments du poids propre du solide est, comme on sait,

$$\tfrac{1}{2} p C^2.$$

La somme des moments de la charge provenant du train est

$$\tfrac{1}{2} p' C^2,$$

en admettant que le train occupe toute la longueur du pont.

Le moment de la résistance du sommet à la compression, par rapport au fond, est

$$R A b,$$

en appelant b la distance des lignes milieux du fond et du sommet.

On doit donc avoir

$$\tfrac{1}{2} p C^2 + \tfrac{1}{2} p' C^2 = R A b.$$

Or le poids $2\, p C$ du solide, dont le sommet et le fond devront avoir la même section, puisque l'on admet que $R = R'$, ce qui donne $A = A'$, peut, en négligeant les parois verticales, être exprimé par

$$2\, p C = 2\, d A\, 2\, C,$$

en désignant par $d = 7783$ kilogr. le poids du mètre cube de fer forgé. On a donc

$$\tfrac{1}{2} p C^2 = d A C^2.$$

L'expression précédente devient ainsi

$$d A C^2 + \tfrac{1}{2} p' C^2 = R A b,$$

ou

$$A \left(\frac{R b}{C} - d C \right) = \tfrac{1}{2} p' C,$$

d'où

$$A = \frac{p' C}{2 \left(\dfrac{R b}{C} - d C \right)}.$$

Lors donc que la portée $2 C$ sera connue, la hauteur du solide et l'épaisseur du sommet et du fond déterminées *a priori*, ainsi que le poids $2p'C$ du train, ou la charge uniformément répartie à supporter sur toute la longueur, on aura une première valeur de l'aire de la section transversale qu'il convient d'adopter pour le sommet et pour le fond.

Si, par exemple, on applique cette formule au pont de Conway, en supposant que la charge extérieure à supporter par mètre courant soit $p' = 3330$ kilogr., attendu que

$$b = 7^m.78 - 0^m.535 = 7^m.245,$$

$$C = 61^m,$$

$$d = 7783^{kil},$$

on trouve pour le sommet :

$$A = \frac{3330 \times 61}{2\left(6\,000\,000\, \dfrac{7.245}{61} - 7783 \times 61\right)} = 0^{m\cdot q}.427.$$

L'adoption de la même aire pour le fond donnerait pour l'aire totale :

$$A + A' = 0^{m\cdot q}.854,$$

tandis qu'au pont de Conway l'on a fait

$$A = 0^{m\cdot q}.43215, \quad A' = 0^{m\cdot q}.33346,$$

et par suite,

$$A + A' = 0^{m\cdot q}.76561.$$

On voit donc que la supposition d'une égale résistance du sommet et du fond, et l'adoption de la valeur

$$R = R' = 6\,000\,000^{kil},$$

conduisent à des dimensions un peu supérieures à celles qui ont été adoptées par M. Stephenson.

Mais il faut remarquer que déjà nous avons montré que la charge de 3330 kilogr. par mètre courant est trop considérable, même en y comprenant les rails et leurs supports.

Nous pensons qu'en calculant sur un train de locomotives

pesant chacune 30 000 kilogr., et occupant chacune 10 mètres de longueur de voie, ce qui donnera $p' = 3000$ kilogr. de charge par mètre de voie, on se rapprochera davantage de la plus forte charge accidentelle. On trouverait alors

$$A = 0^{m \cdot q}.384,$$

et par suite,

$$A + A' = 0^{m \cdot q}.768,$$

ce qui est presque exactement la proportion adoptée pour le pont de Conway.

397. Même calcul dans la supposition de l'inégalité des résistances R et R'. — Le même mode de calcul approximatif s'appliquerait à l'hypothèse, admise par les ingénieurs anglais, de l'inégalité des résistances R et R' à la compression et à l'extension. Alors le poids $2pC$ du tube serait exprimé par

$$2pC = d(A + A')2C = dA\,2C\left(\frac{R + R'}{R'}\right),$$

à cause de la condition d'égale résistance du sommet et du fond,

$$RA = R'A',$$

d'où l'on conclut

$$\tfrac{1}{2}pC^2 = \frac{dAC^2}{2} \cdot \frac{R + R'}{R'}.$$

On aurait donc, pour l'égalité des moments des forces extérieures et des résistances du tube,

$$\frac{dAC^2}{2} \cdot \frac{R + R'}{R'} + \tfrac{1}{2}p'C^2 = RAb,$$

d'où

$$A\left(\frac{Rb}{C} - \frac{dC}{2} \cdot \frac{R + R'}{R}\right) = \tfrac{1}{2}p'C$$

et

$$A = \frac{p'C}{2\left(\frac{Rb}{C} - \frac{dC}{2} \cdot \frac{R + R'}{R'}\right)}.$$

Si l'on admettait, comme le propose M. Hodgkinson, le rapport de $\frac{4}{5}$ entre R et R', ce qui est à très-peu près celui qui a été admis dans la construction des tubes, on aurait, en prenant encore

$$p' = 3330^{kil}, \quad \text{et} \quad R' = 8\,000\,000^{kil}, \quad R = 6\,400\,000^{kil},$$

$$A = \frac{3330 \times 61}{2\left(6\,400\,000 \times \dfrac{7.245}{61} - \dfrac{7783 \times 61}{2} \cdot \dfrac{14.4}{6.4}\right)} = 0^{m\,q}.449,$$

au lieu de la valeur

$$A = 0^{m\,q}.43215,$$

qui a été adoptée pour ce pont, et

$$A' = \tfrac{4}{5}A = 3592,$$

au lieu de $\qquad A' = 0^{m\,q}.33346.$

On voit que cette méthode fort simple de calcul conduit à des valeurs, pour les surfaces du sommet et du fond, auxquelles on peut s'arrêter.

398. OBSERVATIONS ET CONCLUSION. — Malgré l'accord à peu près parfait des derniers résultats que nous venons de calculer avec les proportions admises par les ingénieurs anglais qui ont construit les premiers ponts tubulaires, et qui montrent qu'ils ont en réalité donné à R et à R' des valeurs toutes deux supérieures à celle de 6 000 000 kilogr. que nous prenons pour valeur commune de ces quantités, nous pensons qu'il sera à la fois plus prudent et plus conforme à ce qui se passe dans les premiers effets de flexion, d'adopter pour R et R' la même valeur, et de faire

$$R = 6\,000\,000^{kil},$$

en se servant alors de la formule du n° **396**, pour la détermination de l'aire des sections du sommet et du fond.

399. DÉTAILS DE CONSTRUCTION DES TUBES. — La nouveauté du genre de construction qui vient de nous occuper, et l'importance majeure que de bons assemblages ont évidemment pour en assurer la solidité, nous engagent à entrer dans quelques détails relatifs à l'exécution : nous les emprunterons à l'ouvrage de M. E. Clark.

La forme générale des tubes, dans le sens de la longueur, se rapproche un peu de celle des solides d'égale résistance. Ils sont plus élevés au milieu qu'aux extrémités pour les tubes isolés ; mais quand deux tubes contigus sont réunis et assemblés sur une même pile, comme au pont Britannia, il en résulte que la partie du tube unique supportée par la pile peut être regardée comme encastrée en cet endroit, et qu'elle éprouve, par l'action des portions situées à droite et à gauche, une forte tension qui exige qu'elle soit renforcée.

D'une autre part, l'extrémité des tubes qui repose sur les piles est soumise à un effort perpendiculaire à sa longueur, égale à la moitié de la charge totale, et doit présenter une section transversale suffisante pour y résister et pour conserver sa forme. Enfin, les boulons qui unissent les côtés, et qui transmettent du fond au sommet l'action de cette charge qui agit sur les piles, doivent être assez solides et en assez grand nombre pour y résister.

Ainsi, dans le pont de Conway, la charge totale, tube et train réunis, étant de 13 841 kilogr. par mètre courant, ou de 1 688 602 kilogr. en totalité, il s'ensuit que l'extrémité devait être en état de résister à un effort égal à 844 301 kilogr., tendant à la couper ou à arracher tous les boulons d'un joint vertical des côtés.

Sachant donc qu'un boulon résiste à la section transversale à peu près comme à la traction (n° **62**), et comptant sur une charge de 6 000 000 kilogr. par mètre carré, on voit que la surface totale de section de tous les boulons de deux joints correspondants des côtés verticaux devra être de

$$\frac{844\ 411^{kil}}{6\ 000\ 000} = 0^{m\cdot q}.140717.$$

Si l'on emploie des rivets de $0^m.025$, dont la section transversale est

$$\frac{\overline{0.025}^2}{1.273} = 0^{m\ q}.0000490,$$

il faudra

$$\frac{0.1407}{0.00049} = 290 \text{ rivets.}$$

Mais on peut, dans ce cas, prendre hardiment R = 8 000 000 kil., et réduire ainsi le nombre des rivets.

Les ponts Britannia se composent de deux grandes travées de 150 mètres de portée chacune, et de deux petites travées de 60 à 70 mètres. Les quatre parties qui forment chaque tube sont réunies entre elles de manière à offrir un solide continu. La hauteur de ces tubes, qui va en augmentant à partir des extrémités ou de la culée jusqu'au milieu, où ils reposent sur le rocher Britannia, varie de la manière suivante :
Distances de l'extrémité,

0ᵐ,   15ᵐ.25,   30ᵐ.50,   45ᵐ.75   (milieu);

Hauteur extérieure du tube,

7ᵐ.01,   7ᵐ.68,   8ᵐ.30,   8ᵐ.90,   9ᵐ.12.

La plus petite hauteur intérieure dans œuvre, entre le dessus des rails et les parties les plus basses du sommet, laisse 4ᵐ.98 pour le passage des locomotives, la hauteur totale du sommet, du fond, des carlingues, des rails et de leurs supports étant, aux extrémités, égale à 2ᵐ.03.

Le poids du tube même étant supérieur à la plus grande charge qu'il ait à supporter, l'on a prévu qu'une fois mis en place il prendrait une certaine flexion ; et comme il importait que la voie fût à très-peu près horizontale, on a donné au tube, en le construisant, une courbure de 0ᵐ.23, qui a à peu près disparu après la pose.

Dans des constructions pareilles, il faudra calculer, par la formule du n° **290**, la flexion que prendra le solide par son propre poids, et établir la forme sur laquelle on le construira, de manière à lui donner une courbure correspondante. Il sera d'ailleurs prudent d'augmenter un peu cette valeur, pour tenir compte du jeu inévitable de quelques assemblages.

400. Fond du tube. — Cette partie est ordinairement formée de deux rangs de feuilles de tôle. Au pont Britannia, ces feuilles, disposées sur six rangées parallèles, avaient 3^m.66 de long, 0^m.712 de large pour les quatre rangées intérieures, et 0^m.810 pour les deux rangées extérieures.

Les tôles sont un peu plus épaisses au milieu qu'aux extrémités, où elles fatiguent moins. Ainsi, au pont Britannia, l'épaisseur a varié graduellement de 14^{mill}.3 à 9^{mill}.5, cette dernière épaisseur étant celle des extrémités des petits tubes joignant les culées.

Après plusieurs essais, le mode d'assemblage trouvé le meilleur pour les plaques du fond a consisté à disposer les deux rangs superposés de façon que, les feuilles se dépassant de 0^m.305, les deux joints étaient éloignés de cette quantité. Deux plaques de recouvrement, de 0^m.915 de long, servaient à réunir les feuilles, au moyen de boulons disposés par rangées de neuf à la file, et en quinconce d'un rang à l'autre : on a réduit ainsi le nombre des joints au minimum.

De plus, les joints de chaque rangée de feuilles ont été alternativement placés en avant ou en arrière, l'un par rapport à l'autre, de 1^m.22, ce qui a permis de réserver un intervalle égal pour le lieu des plaques verticales et transversales des cellules. Il en est résulté que les joints et les rivures sont également répartis, à une distance de 1^m.28, en moindre nombre et plus solides que par les autres modes de réunion précédemment employés. On a d'ailleurs eu le soin de disposer les rivets en quinconce.

401. Couvre-joints. — Les couvre-joints des plaques du fond, placés à l'intérieur des cellules, ont la même largeur que ces cellules, et sont courbés pour s'appliquer sur les cornières. Ils sont fixés par les mêmes rivets.

Les couvre-joints extérieurs ont une largeur plus grande que les feuilles qu'ils réunissent longitudinalement. Afin de les lier aux feuilles voisines, ils sont assez larges pour être rivés aux deux faces des cornières intérieures.

402. Cloisons des cellules. — Les cloisons (pl. IV, fig. 21) sont formées de feuilles de tôle de 0^m.535 de hauteur, reliées

au fond par des cornières. Les feuilles de tôle employées ont
3^m.66, et sont assemblées bout à bout par des couvre-joints
d'épaisseur moitié de celle des tôles réunies. Ces couvre-joints
se replient sur les cornières des angles, et sont réunis par les
mêmes rivets.

Les cornières longitudinales sont formées de parties réunies
entre elles par de petites cornières servant de couvre-joints, de
manière qu'elles sont continues dans toute la longueur du tube.

403. CARLINGUES. — Pour mettre le fond en état de résister
à la flexion transversale produite par la pression du train sur
les rails, on a disposé des traverses en tôle, appelées carlingues,
de 0^m.264 de hauteur sur 0^m.0127 d'épaisseur, liées au fond et
aux côtés par des cornières, et espacées l'une de l'autre de 1^m.82.

404. POSE DE LA VOIE. — Sur ces carlingues reposent des
longuerines de 0^m.355 sur 0^m.178, destinées à recevoir les rails,
qui sont du modèle de ceux du Great-Western.

Deux cornières, fixées sur les carlingues, soutiennent les longuerines, qui s'y réunissent bout à bout et y sont fixées par des
boulons sous la tête desquels il y a des plaques formant ro-
settes. Les rails sont fixés par des tirefonds sur les longuerines.

405. DILATATION. — Pour laisser aux rails la facilité de suivre
le mouvement de dilatation du tube entier, on a disposé, aux
deux extrémités seulement, deux rails à bouts amincis, qui sont
indépendants l'un de l'autre, et dont les extrémités peuvent
s'éloigner ou se rapprocher. On a eu soin de ne pas placer les
deux joints semblables vis-à-vis l'un de l'autre.

406. CÔTÉS VERTICAUX. — Ils sont formés de feuilles plates
de 0^m.61 de largeur et de deux longueurs différentes, pour faire
varier la position des joints. Ces feuilles sont ajustées bout à
bout avec beaucoup de soin, et assemblées horizontalement par
des couvre-joints d'une épaisseur égale à la moitié de celle des
plaques elles-mêmes.

Les joints verticaux sont recouverts par des fers à T, placés
au dedans et au dehors, et remplissant ainsi l'office de piliers
distants les uns des autres de 0^m.61, qui consolident beaucoup

le système, et lui donnent de la rigidité en même temps qu'ils répartissent les efforts.

407. ASSEMBLAGE DES CÔTÉS AVEC LE FOND ET LE SOMMET.— Les fers à T intérieurs sont reployés sur le fond et sur les côtés, pour former un coude dont les deux bras sont réunis par un gousset triangulaire formé de deux feuilles de tôle placées de part et d'autre de la nervure du T et boulonnées avec elle, et une autre feuille de tôle, de l'épaisseur de la nervure, est insérée entre les goussets, et réunie avec eux par des rivets.

Ces goussets en équerre consolident beaucoup le profil en empêchant les angles de varier.

Il y en a de plusieurs grandeurs. Les plus grands ont $1^m.52$ de hauteur sur $0^m.61$ de base ; les moyens, $1^m.22$ de hauteur sur $0^m.53$ de base; les troisièmes, $0^m.915$ sur $0^m.38$; enfin, les plus petits, $0^m.61$ sur 0.38. Ils ont tous $7^{mill}.9$ d'épaisseur.

L'assemblage des côtés avec le fond et avec le sommet se trouve ainsi assuré : 1° par les coudes des cornières intérieures consolidées par les goussets, 2° par des cornières intérieures et extérieures placées en dehors du fond et du sommet, 3° par des cornières intérieures et extérieures placées au dedans du fond et du sommet.

408. DU SOMMET DES TUBES. — Ce sommet présente une section cellulaire à huit compartiments de $0^m.53$. Le dessus et le dessous du sommet sont formés, comme le fond, de deux épaisseurs de plaques réunies par neuf cloisons verticales, et assemblées par des couvre-joints et des cornières.

Il importe que les extrémités des feuilles de tôle se touchent aussi exactement que possible, attendu que, cette partie étant exposée à la compression, il est très-utile à la solidité qu'elles se soutiennent mutuellement.

Les joints longitudinaux sont réunis par des couvre-joints de $0^m.23$ de largeur.

Le sommet des tubes, au-dessus des piles intermédiaires, éprouvant une grande tension par suite de la flexion du tube, on a eu soin de le renforcer par des couvre-joints de $0^m.53$ de largeur, en augmentant le nombre des rivets d'assemblage.

Cette précaution a été prise sur 27^m.50 de largeur de chaque côté de ces piles.

A des distances égales, de 3^m.66, le sommet est aussi renforcé par des carlingues semblables à celles du fond et assemblées de même.

En résumé, le poids d'un des tubes du pont Britannia se compose ainsi qu'il suit :

	POIDS.	AIRE de LA SECTION transversale.	NOMBRE de RIVETS.
		m. c.	
Sommet................	1 500 000^{kil}	0.4150	310 390
Côtés.................	1 750 000	0.1940	535 650
Fond.................	1 490 000	0.3780	249 010
	4 740 000	0.9780	1 095 050

Le pont entier, pour les deux lignes, a employé environ 425 000 mètres cubes de maçonnerie, 9 480 000 kilogr. de fer et 2 000 000 kilogr. de fonte.

Tels sont les détails que nous pouvons donner ici sur cette admirable et gigantesque construction, qui fait le plus grand honneur au génie hardi de M. Stephenson, qui l'a conçue, et au talent de l'habile ingénieur, M. Fairbairn, qui, par ses expériences préliminaires, en a déterminé la forme et les dimensions principales.

409. EXPÉRIENCES SUR LA RÉSISTANCE TRANSVERSALE D'UNE POUTRE EN TÔLE DE FER. — L'expérience suivante, faite sur une échelle considérable, est due à M. Brunel fils, célèbre ingénieur anglais.

Une poutre en tôle, dont les figures 1 et 2 (pl. V) indiquent la disposition, ayant 66^{pi} = 20^m.13 de portée [entre les appuis, 10^{pi} = 3^m.05 de hauteur totale au milieu, et 6^{pi} = 1^m.830 aux bouts, a été construite pour cette expérience.

La tôle du sommet était légèrement recourbée, pour offrir plus de résistance à la compression. L'aire de chacune des sections triangulaires, que l'on peut regarder comme formant les nervures du sommet et du bas, était de $25^{\text{po.q}} = 0^{\text{m.q}}.016125$.

La partie verticale intermédiaire entre le sommet et le bas était formée d'une simple plaque de tôle de $\frac{1}{4}$ de pouce $= 0^{\text{m}}.0063$ d'épaisseur. De trois en trois plaques, il n'y en avait qu'une qui s'étendît sur toute la hauteur, de sorte que cette partie n'avait ailleurs que $7^{\text{pi}} = 2^{\text{m}}.135$ de hauteur.

Cette partie même du profil était renforcée par deux plaques formant nervures, placées à $25^{\text{pi}} = 4^{\text{m}}.575$ de distance vers le milieu de la poutre, et de la même épaisseur que celles du sommet et du fond. Deux nervures semblables existaient aussi aux extrémités.

Les plaques verticales étaient assemblées à recouvrement; les plaques horizontales du fond étaient réunies par des bandes de couverture avec deux rangs de rivets de $\frac{3}{4}$ de pouce ou $0^{\text{m}}.019$ de diamètre, disposés en quinconce.

Les résultats des expériences sont reproduits dans le tableau suivant :

CHARGES $2p'C'$	FLEXIONS.	OBSERVATIONS.
	m.	
10 156 ^{kil}	0.0008	
20 313	0.0032	
30 469	0.0040	
40 626	0.0047	
50 782 *	0.0019	* Jusqu'à cette charge la poutre n'a-
60 939	0.0087	vait été chargée que sur un seul côté.
71 095	0.0111	
81 252	0.0119	
91 408	0.0127	
101 565 **	0.0159	** Charges égales de chaque côté.
111 721	0.0191	
121 878	0.0206	
132 034 ***	0.0222	*** Les plaques verticales ont com-
142 191	0.0270	mencé à se plisser à partir du tiers de la
152 347	0.0286	longueur de la poutre et successivement
162 503	0.0217	vers son milieu.
172 660	»	
182 817 ****	»	**** A cette charge, il y a eu déchi-
190 942	»	rement d'un joint du fond et le sommet s'est plissé par refoulement : aucune autre partie de la poutre n'a été dégra- dée.

Le poids de la poutre, estimé d'après ses dimensions, était d'environ 7500 kilogr., dont les $\frac{5}{8}$, ou 4687 kilogr., doivent être ajoutés à la valeur de la charge dans l'examen des flexions.

Il est probable que si les rivures avaient été mieux faites, cette pièce aurait porté une plus forte charge.

La représentation graphique des résultats, en prenant les charges pour abscisses et les flexions pour ordonnées, fait voir que, jusque vers la charge de 101 565 kilogr., non compris le poids propre du solide, les flexions sont restées proportionnelles aux charges, c'est-à-dire tant qu'elles n'ont pas dépassé 0^m.0159, ou $\frac{1}{1276}$ de la portée.

La figure 4 (pl. V) est une réduction du tracé effectué, à une échelle plus grande, avec les données du tableau précédent.

410. DONNÉES POUR LE CALCUL DU COEFFICIENT D'ÉLASTICITÉ. — L'aire des deux parties triangulaires du sommet et du fond est, pour chacune,

$$A = 25^{\text{po.q}} = 0^{\text{m.q}}.0161.$$

En la considérant comme réunie au centre de gravité du triangle, ce qui est suffisamment exact à cause de la grande hauteur de la pièce, le moment d'inertie du sommet et celui de la base, par rapport à la ligne des fibres invariables, qui passe ici au milieu de la hauteur totale, est, pour chacun d'eux,

$$A \times \overline{1.372}^2 = 0.03031,$$

et pour ces deux parties il est égal à

$$I = 0.06062.$$

L'épaisseur de la partie verticale est

$$a = 0^m.0063.$$

Sa hauteur est, entre les triangles,

$$2^m.135.$$

Son moment d'inertie est donc

$$\tfrac{1}{12}ab^3 = \tfrac{1}{12} \times 0.0063 \times \overline{2.135}^3 = .005109,$$

46 QUATRIÈME PARTIE.

ce qui montre que le moment d'inertie de cette partie n'est guère que le douzième environ de celui du sommet et du fond réunis, et permet d'en négliger l'influence dans les calculs relatifs à des projets, puisqu'il en résulte, en définitive, une résistance plus grande que celle sur laquelle on compte.

Nous conserverons néanmoins, pour la discussion des résultats, au moment d'inertie sa valeur totale, qui sera ainsi

$$I = 0.06062 + 0.005109 = 0.065729.$$

La distance v' de la fibre la plus éloignée des fibres invariables est

$$v' = 1^m.525.$$

On a donc

$$\frac{I}{v'} = \frac{0.065729}{1.525} = 0.0431.$$

411. MANIÈRE PARTICULIÈRE DE CHARGER LES SOLIDES, ET RÈGLE POUR TENIR COMPTE DU MODE DE CHARGEMENT. — La charge était disposée sur la poutre, comme l'indique la figure, au moyen de pièces de bois posées d'une part sur des cornières rivées sur la poutre, et de l'autre sur une plate-forme indépendante de cette pièce.

Dans un pareil dispositif, représenté pl. V, fig. 3, en appelant :

C_1 la portée des poutres auxiliaires;

C_1' la longueur de ces poutres sur laquelle la charge est uniformément répartie, à partir du solide à essayer, à raison de p_1 kilogr. par mètre,

il est facile de voir que le moment de la charge p_1x d'un élément de longueur x de la partie chargée, situé à la distance X de l'appui des poutres, est p_1Xx, et que la somme des moments semblables est $\frac{1}{2}p_1X^2$, qu'il faut appliquer à toute l'étendue de la portée C_1', ce qui donne évidemment pour la somme totale de tous ces moments :

$$\tfrac{1}{2}p_1[C_1^2 - (C_1 - C_1')^2] = \tfrac{1}{2}p_1(2C_1C_1' - C_1'^2).$$

D'après cela, en appelant P_1 la charge qui est transmise au solide en essai par l'appareil de chargement adopté, on aurait

$$P_1 C_1 = \tfrac{1}{2} p_1 (2 C_1 C_1' - C_1'^2),$$

d'où

$$P_1 = \frac{\tfrac{1}{2} p_1 (C_1 C_1' - C_1'^2)}{C_1}.$$

On voit que, dans les cas où la longueur C_1 de la poutre auxiliaire sera très-grande par rapport à la longueur C_1' occupée par la charge sur cette poutre, $C_1'^2$ sera négligeable vis-à-vis de $2 C_1 C_1'$, et alors la valeur de P_1 se réduira à

$$P_1 = p_1 . C_1,$$

comme si elle était posée directement sur le solide à essayer. Si, par exemple,

$$C_1' = 0.05 C_1,$$

la formule ainsi simplifiée donne

$$P_1 = 0.05 p_1 C_1,$$

tandis que, en tenant compte du second terme, on trouve

$$P_1 = \frac{\tfrac{1}{2} p_1 [\, 2 C_1 \times 0.05 C_1 - (0.05 C_1)^2 \,]}{C_1} = \tfrac{1}{2} p_1 C_1 (0.10 - 0.0025)$$
$$= \tfrac{1}{2} p_1 C_1 (0.0975) = 0.0482 p_1 C_1.$$

Dans l'expérience rapportée par M. E. Clark, la valeur de C_1, ou la portée de la poutre auxiliaire, n'est pas donnée, non plus que celle de C_1'; mais en les prenant à l'échelle d'après le dessin, ce qui ne peut conduire à une erreur notable, on trouve

$$C_1 = 11^{\text{pi}} 6^{\text{po}} = 3^{\text{m}}.50 \quad \text{et} \quad C_1' = 0^{\text{m}}.915.$$

Si l'on applique la formule ci-dessus à la charge totale de 101 565 kilogr., au delà de laquelle les flexions ont cessé d'être proportionnelles aux charges, on a

$$p_1 C_1 = 101\,565^{\text{kil}},$$

d'où

$$p_1 = \frac{101\,565}{0^{\text{m}}.915} = 111\,000^{\text{kil}},$$

et la formule donne, pour la charge P_1, qui, en agissant à l'extrémité des poutres, produirait le même effort sur le solide en expérience,

$$P_1 = \frac{\frac{1}{2} \, 110\,000 \left(7000 \times 0.915 - \overline{9.915^2} \right)}{3.50} = 88\,296^{kil},$$

ou environ 0.875 de la charge répartie sur la longueur $C_1' = 0^m.915$ des poutres auxiliaires, de part et d'autre du solide. Mais cette charge P_1, au lieu d'agir sur le milieu du solide, était répartie uniformément sur une longueur $2\,C' = 3^m.830$, ce qui correspondait à une charge, par mètre courant égale à

$$p' = \frac{88\,296^{kil}}{4.83} = 23\,053^{kil}.7.$$

Le poids propre du solide est environ

$$2\,pC = 7500^{kil}.$$

On a $\qquad 2\,C = 20^m.13, \qquad I = 0.065729.$

L'expérience a donné pour cette charge

$$f = 0^m.0159.$$

On déduit donc de la formule du n° **290** :

$$E = \frac{\frac{5}{24} C^3 (pC + p'C) - \frac{1}{4} p'(C - C')^2 C^2}{fI} = 10\,317\,000\,000^{kil}.$$

Cette valeur, beaucoup plus faible que toutes celles que nous avons obtenues avec des fers en barres, montre que cette poutre était loin d'offrir la rigidité nécessaire. C'est d'ailleurs ce que les expériences ont indiqué directement, puisque les parois verticales ont commencé à se plisser sous des charges fort éloignées de celle qui a produit la rupture. Il est plus que probable que les assemblages n'avaient pas la solidité convenable.

La charge de 101 565 kilogr., pour laquelle nous avons fait l'application de la formule, est celle au delà de laquelle les flexions paraissent, d'après la représentation graphique, cesser d'être proportionnelles aux charges. La flexion était alors

$$f = 0^m.0159,$$

ou $\frac{1}{1276}$ de la portée.

412. RELATION D'ÉQUILIBRE. — Il est d'ailleurs facile de voir aussi qu'en raisonnant d'une manière analogue à celle qu'on a suivie jusqu'ici, la pression de la poutre sur chacun de ses appuis est

$$pC + p'C',$$

dont le moment par rapport au milieu est

$$pC^2 + p'CC';$$

que la somme des moments de la charge $p'C'$, répartie sur la longueur $2C'$, et du moment du poids propre du solide $2pC$ par rapport à la même section, est

$$\tfrac{1}{2}p'C'^2 + \tfrac{1}{2}pC^2,$$

dont l'action est d'ailleurs dirigée en sens contraire de celle des deux premiers. On a donc

$$\frac{RI}{v'} = pC^2 + p'CC' - \tfrac{1}{2}p'C'^2 - \tfrac{1}{2}pC^2,$$

ou

$$\frac{RI}{v'} = \tfrac{1}{2}pC^2 + p'C'(C - \tfrac{1}{2}C'),$$

d'où

$$R = \frac{[\tfrac{1}{2}pC^2 + p'C'(C - \tfrac{1}{2}C')]v'}{I}$$

et

$$v' = 1^m.525.$$

En appliquant cette formule à la charge totale de 101 565 kil., qui, par son mode de répartition, se réduit, comme on vient de le voir (n° **411**), à 88 296 kilogr., sur la longueur $2C' = 3^m.83$, et en se rappelant que $2p = 7500$ kilogr., on trouve

$$R = 9\,766\,500^{kil},$$

tandis que dans nos formules nous faisons seulement

$$R = 6\,000\,000^{kil},$$

ce qui nous donne une charge beaucoup moindre que celle sous laquelle l'élasticité commencerait à s'altérer.

En appliquant la même formule à la charge qui a produit la rupture, et qui était $2p'C' = 190\,942$ kilogr., on trouverait une valeur du coefficient de rupture R inférieure à celle de 32 000 000 kilogr., que l'on obtient ordinairement pour les tôles, mais qui s'explique, parce que la rupture a eu lieu dans un point où la rivure était mal faite.

413. UTILITÉ DES CORNIÈRES VERTICALES ET HORIZONTALES POUR LES PAROIS VERTICALES. — Dans le solide que nous venons d'examiner, il n'y avait que deux cornières verticales vers le milieu et deux autres aux extrémités, et l'on a vu que les tôles formant la paroi verticale intermédiaire de la poutre se sont plissées sous des charges bien inférieures à celle qui a produit la rupture.

C'est par suite d'effets analogues observés dans les expériences sur les ponts tubulaires, que l'on a été conduit, dans ces ponts, à placer des cornières verticales de $0^m.65$ en $0^m.65$. Peut-être même serait-il prudent d'en placer quelques-unes horizontalement pour donner plus de roideur aux côtés verticaux. Nous ajouterons d'ailleurs que l'épaisseur de $0^m.0063$ paraît un peu faible pour le corps du solide, attendu que cette partie, qui assure la liaison et la simultanéité de résistance du sommet et du fond, doit être assez forte pour varier très-peu de forme.

C'est, en grande partie sans doute, à cette faible épaisseur de la tôle des parois verticales qu'il y a lieu d'attribuer l'infériorité de la valeur du coefficient d'élasticité fourni par cette poutre, ainsi que nous l'avons fait remarquer au numéro précédent.

414. OBSERVATION. — On remarquera que, si, d'après l'estimation admise en Angleterre (n° **595**), un train de wagons pèse 3330 kilogr. par mètre courant, cette poutre en tôle, étant chargée du sixième de sa charge de rupture, pourrait, avec sécurité, porter

$$\frac{190\,942}{6} = 31824^{kil}, \quad \text{ou} \quad \frac{31\,824}{20.13} = 1581^{kil}$$

par mètre courant.

Deux poutres semblables, disposées à droite et à gauche du pont, reliées, de distance en distance, par des traverses inférieures, et renforcées contre les poussées latérales par de larges cornières, offriraient donc un moyen à la fois élégant et économique de construire les ponts de chemins de fer.

415. COMPARAISON GÉNÉRALE DES PONTS EN FER ET DES PONTS EN FONTE. — **A** l'occasion d'importantes constructions que la compagnie du chemin de fer du Nord avait à exécuter pour remplacer seize ponts en bois, de la ligne d'Erquelines à Charleroi, il a été établi une comparaison intéressante entre l'emploi du fer et celui de la fonte, au point de vue de la dépense et des facilités d'exécution.

Les études détaillées des projets de ponts en fer, pour ces seize passages de la Sambre, dont les portées étaient toutes comprises entre 14ᵐ.80 et 22ᵐ.80, et en moyenne de 19ᵐ.70, ont montré que le poids moyen de métal employé devait être de 1670 kilogr. par mètre courant de pont. Dans ce poids le fer entrait pour 0.88 et la fonte pour 0.12.

D'autres ponts en fer avaient été construits antérieurement sur la Sambre, pour la ligne de Saint-Quentin à Erquelines : l'un, à Aulnoye, de 22ᵐ.50 de portée, pesait 1840 kilogr. par mètre ; l'autre, de Haumont à Maubeuge, de 32ᵐ.50 de portée, pesait 2100 kilogr. par mètre.

De cet ensemble d'études l'on peut donc déduire que, dans les conditions de ces nouvelles constructions, un pont de 20 à 22 mètres de portée pèserait environ 1750 kilogr. par mètre courant, et un pont de 30 à 35 mètres, 2000 kilogr. par mètre courant.

D'une autre part, l'expérience montre que, pour des portées de 24 à 30 mètres, des ponts en fonte exigent un poids de métal d'au moins 4000 kilogr.

Ainsi le pont de Montereau, de 24 mètres de portée, pèse par travée 96 000 kilogr., soit 4000 kilogr. par mètre courant. Une étude de pont en fonte de 30 mètres de portée, pour traverser la Sambre, sur la ligne de Saint-Quentin à Erquelines, faisait prévoir un poids de 4160 kilogr. par mètre courant.

Des ponts en fonte, établis par la compagnie de l'Ouest sur la Seine, ont employé les poids suivants :

Travées de 30 mètres, par mètre courant.... 4100 kil.

— de 40 — — — .... 6000 —

L'on voit donc qu'en général, un pont en fonte pèse le double d'un pont en fer. Pour qu'il y eût égalité de prix, il faudrait que le prix de la construction en fonte fût la moitié de celui de la construction en fer, ce qui n'est pas.

Outre le prix de la matière elle-même, la construction des ponts en fonte destinés aux chemins de fer, qui sont presque toujours obliques à des inclinaisons différentes, exige la confection de modèles spéciaux pour chacun d'eux, ce qui occasionne une dépense considérable; celle des ponts en fer n'oblige qu'à des dépenses d'exécution.

Le montage et la pose des ponts en fer, composés de pièces d'un poids relativement moindre, sont incomparablement plus faciles que les opérations analogues des ponts en fonte, et peuvent, avec le fer, s'exécuter même sans interrompre le service sur les ponts en bois que l'on remplace, ce qui ne saurait se faire avec les pièces de fonte.

Enfin la sécurité qu'offre l'usage du fer, dont toutes les pièces, faciles à examiner, ne peuvent avoir de défauts graves que l'on ne reconnaisse pendant le travail, tandis que ceux de la fonte sont presque toujours cachés et invisibles, justifie encore, à ce point de vue, la préférence que les ingénieurs accordent aujourd'hui généralement à l'emploi du fer forgé ou laminé pour toutes les grandes constructions.

Planchers en fer.

416. L'emploi du fer dans les constructions, et en particulier pour l'établissement des planchers, a pris, depuis une quinzaine d'années, un très-grand développement, et l'étude des proportions qu'il convient d'adopter a acquis une importance assez grande pour qu'il ait paru nécessaire d'en faire l'objet d'une étude spéciale et d'expériences directes. Mais avant de faire connaître les résultats qui ont été observés au Conservatoire, dans les expériences que j'y ai organisées, il ne sera pas inutile de rappeler d'autres essais faits, il y a déjà une douzaine d'années, sur des planchers en fer d'une construction fort simple.

417. DISPOSITION DES PLANCHERS EN FERS RECTANGULAIRES. — Ces planchers sont composés de barres de fer méplat, posées de champ, qui, engagées d'environ 0^m.30 dans les murs, forment les solives principales, que l'on écarte habituellement de 0^m.75. Sur ces solives on pose, en les accrochant, des pièces appelées *entretoises*, en fer carré, de 16 millimètres ordinairement, que l'on place les unes à côté des autres, et dont le dessous affleure à peu près celui des solives. Ces entretoises sont placées à 0^m.75 l'une de l'autre environ.

Sur ces entretoises on place de petits fers carrés de 0^m.011, parallèlement aux solives, et engagés dans le mur, où ils se terminent par des crochets : ces petits fers sont écartés de 0^m.25.

Cette charpente en fer supporte un hourdis en plâtras et plâtre, ou mieux en pots et en plâtre ou mortier, qui relie tout le système, et sur lequel on pose le plancher ordinaire. Le dessous pouvant immédiatement recevoir le plâtre des plafonds, on est dispensé du lattis.

Les dimensions d'usage sont les suivantes pour :

PORTÉES des planchers 2C.	ÉCARTEMENT des solives.	DIMENSIONS DES FERS.				POIDS DU FER par mètre carré dans œuvre.	PRIX DU FER par mètre carré de plancher.
		SOLIVES.		ENTRE-TOISES.	PETITS FERS.		
		Longueur.	Équarris-sage.				
m.	m.	m.	mill.	mill.	mill.	kil.	fr.
7	0.75	7.60	190 sur 9	16 sur 16	11 sur 11	21.00	13.25
6	0.75	6.60	165 sur 9	16 sur 16	11 sur 11	19.95	12.25
5	0.75	5.60	135 sur 9	16 sur 16	11 sur 11	18.08	11.00

Si, d'après ces dimensions, on applique la formule du n° **249**,

$$ab^2 = \frac{pC^2}{2000000},$$

relative aux barres de fer soumises à l'action d'une charge uniformément répartie, on trouve que la charge p, que l'on peut faire supporter d'une manière permanente à de semblables planchers, sera pour les barres de :

$$7 \text{ mètres de portée} \dots\dots \quad p = 53^{kil}.04$$
$$6 \qquad \text{id.} \qquad \dots\dots \quad p = 54^{kil}.40$$
$$5 \qquad \text{id.} \qquad \dots\dots \quad p = 52^{kil}.41$$
$$\text{Moyenne} \dots\dots \quad p = 53^{kil}.28$$

Or, ces solives étant espacées de $0^m.75$, cela revient à une charge de $\frac{53.28}{0.75} = 71$ kilogr., ou environ une personne par mètre carré, ce qui dépasse déjà les charges produites dans les petites réunions, et montre que ces dimensions sont bien suffisantes pour des charges habituelles, dans les lieux ordinaires d'habitation.

Si l'on calcule par la même formule la charge par mètre courant que les entretoises peuvent porter d'une manière permanente, en se rappelant que pour ces pièces on a

$$2C = 0^m.75, \qquad a = b = 0^m.016,$$

on trouve

$$p = \frac{b^3 \times 2000000}{C^2} = 58^{\text{kil}}.10,$$

ce qui correspond encore à une personne par mètre carré.

De même pour les petits fers de remplissage, pour lesquels

$$2C = 0^m.75, \qquad a = b = 0^m.011,$$

on trouve

$$p = \frac{b^3 \times 2000000}{C^2} = 18^{\text{kil}}.88;$$

et comme il y a deux de ces fers de remplissage entre chaque solive, ce qui, avec la solive elle-même, forme trois intervalles de 0^m.25, on voit que la charge trouvée pour chacun de ces fers est environ le tiers de celle qui se répartit sur un intervalle de 0^m.75 de large, et qui est de 53 kilogr.

Toutes les pièces de ces planchers sont donc bien proportionnées pour une charge normale et permanente de 70 kilogr., ou d'une personne, par mètre carré en sus du poids propre du hourdis et du plancher.

418. EXPÉRIENCES SUR LES PLANCHERS PRÉCÉDENTS. — Des expériences dans lesquelles les charges ont été très-exagérées, ont montré que ces planchers pouvaient supporter sans danger des pressions beaucoup plus considérables. Un plancher de 7 mètres de portée, proportionné comme il est dit plus haut, a été chargé après le hourdissage de 500 kilogr. par mètre carré. Sa flèche au-dessus de l'horizontale était, après la pose, de 0^m.070; après le hourdissage elle a été réduite à 0^m.040. Sous la charge de 500 kilogr. par mètre carré, ce plancher a fléchi de 0^m.030 au-dessous de l'horizontale, ou de 0^m.070 en tout, et après quarante-huit heures d'action de cette charge, il est encore descendu de 0^m.05. La flexion totale a donc été de 0^m.12. En enlevant la charge, le plancher s'est relevé de 0^m.05; mais en enlevant le hourdis, les barres ont repris 0^m.06 de flèche au-dessus de l'horizontale, ce qui montre que l'élasticité du fer avait été peu altérée, et qu'une grande partie de la flexion permanente était produite et maintenue par le hourdis lui-même.

La charge correspondante à cette épreuve, par mètre courant de solide, était $500^{kil} \times 0.75 = 375^{kil}$, ou environ sept fois la valeur normale trouvée plus haut.

On remarquera qu'un plancher d'appartement n'est presque jamais exposé à porter accidentellement plus de quatre personnes ou de 280 kilogr. par mètre carré, ce qui, à cause de l'écartement des solives, égal à $0^m.75$, revient à 210 kilogr. par mètre courant, ou environ quatre fois la charge normale trouvée ci-dessus, d'après la formule.

IIe *Épreuve*. — Un plancher de 6 mètres de portée a été soumis à l'épreuve suivante :

Les solives étant en place, on a bâti sur deux d'entre elles un mur en moellons soutenus par des bouts de madriers, de façon que son poids se répartît également entre elles et produisît sur chacune une pression de 2076 kilogr., ou 346 kilogr. par mètre courant.

Sous cette charge, les solives, qui avaient à l'origine $0^m.070$ de courbure au-dessus de l'horizontale, n'en ont plus conservé qu'une de $0^m.025$; mais quand elles ont été déchargées, la courbure est revenue à $0^m.065$. Les solives n'avaient donc perdu que $0^m.005$ de leur courbure sous une charge qui était à peu près sept fois la charge normale déterminée par la formule pratique.

IIIe *Épreuve*. — Un plancher de 5 mètres de portée a été construit dans les mêmes proportions d'écartement entre les supports. Les solives avaient les dimensions suivantes : $b = 0^m.135$, $a = 0^m.009$. Il a été chargé de 500 kilogr. par mètre carré, ou de 375 kilogr. par mètre courant de solive, ou sept fois environ la charge normale.

La courbure des solives, qui était à l'origine de $0^m.050$, et qui avait été réduite par le hourdissage à $0^m.045$, s'est d'abord abaissée à $0^m.030$; puis, après quarante-huit heures, à $0^m.025$ au-dessus de l'horizontale. Le plancher étant déchargé, il a repris la courbure $0^m,040$ au-dessus de l'horizontale, n'ayant ainsi perdu que 5 millimètres par cette grande surcharge.

Ces expériences, où les charges ont dépassé le double des

plus grandes charges qui puissent accidentellement être distribuées sur des planchers ordinaires, montrent donc que ce mode de construction offre toute la solidité et toute la rigidité nécessaires.

419. OBSERVATIONS SUR LE MODE DE POSE ET DÈ LIAISON DES SOLIVES. — L'on peut augmenter beaucoup la rigidité des solives en les posant sur les murs, de manière qu'elles y soient réellement encastrées au lieu d'être, comme il est arrivé dans les expériences précédentes, engagées dans une simple maçonnerie de moellons mal ou imparfaitement liés entre eux. Il faudrait pratiquer dans une pierre de taille la plus grande partie du logement nécessaire pour embrasser exactement la barre, et la recouvrir par une autre pierre tellement ajustée, que, par la pression du mur, elle comprimât la barre, qui serait ainsi trouvée réellement encastrée. Il serait encore mieux de placer deux plaques de fer formant cales au-dessus et au-dessous de l'extrémité de la solive, surtout si les pierres employées étaient tendres.

420. MODIFICATIONS DANS LA FORME A DONNER AUX BARRES. — La forme méplate adoptée pour les solives est, à la vérité, la plus simple et la plus économique de fabrication. Elle a, de plus, l'avantage d'être celle des fers dits marchands et de pouvoir être trouvée partout. Mais elle n'est pas, comme on le sait, celle qui, pour une même quantité de métal employé, présente la plus grande résistance; et depuis l'époque où les essais précédents ont été faits, l'art des forges a fait de grands progrès que celui des constructions a mis à profit.

421. EMPLOI DES FERS A DOUBLE T POUR LES PLANCHERS. — On se sert en effet beaucoup actuellement de solives en fonte ou en fer forgé, à double T, pour les planchers des maisons d'habitation, surtout pour les magasins que l'on veut mettre à l'abri du feu.

Quoique les formules ordinaires de la résistance des matériaux puissent être directement appliquées au calcul des dimensions qu'il convient de donner à ces solives, la question m'a semblé assez importante pour en faire l'objet d'une étude particulière dont je vais faire connaître les résultats.

422. Expériences sur des planchers en fer a double T. — Une occasion favorable s'étant présentée en 1857 pour étudier expérimentalement la construction des planchers en fer à double T, j'en ai profité pour faire exécuter les expériences dont il va être rendu compte, et qui sont de nature à jeter du jour sur la question, en même temps qu'elles montreront une fois de plus le degré de confiance que l'on peut accorder à la théorie généralement adoptée de la résistance des matériaux que j'ai exposée dans mes leçons sur cette matière, et qui est admise par les ingénieurs les plus distingués.

Un propriétaire de Paris, qui faisait exécuter d'importantes constructions, dont quelques-unes sont destinées à recevoir des magasins considérables de librairie, hésitait dans le choix du dispositif et des formes des fers qu'il devait employer pour les planchers. Deux modèles lui étaient proposés, exigeant à très-peu près le même poids de fer par mètre carré de plancher, et conduisant par conséquent à la même dépense, mais très-différents par la forme du profil des fers employés.

L'un, que nous désignerons par la lettre A, avait le profil d'un double T à semelles à peu près égales, ainsi qu'on peut le voir dans la figure ci-contre, qui montre cependant que la semelle supérieure était un peu plus épaisse que la semelle inférieure. Cette poutre pesait 16^{kil}.28 par mètre courant, et avait 6^m.435 de longueur pour une portée de plancher de 6 mètres; sa hauteur était de 0^m.160.

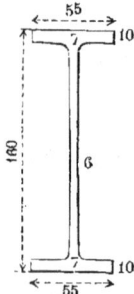

L'autre, que nous désignerons par la lettre B, avait le profil d'un double T à semelles inégales, celle du bas étant plus épaisse et plus large que celle du dessus, et étant de plus renforcée par une surépaisseur de la partie inférieure du corps, comme le montre la figure ci-contre. Cette poutre pesait 17^{kil}.25 le mètre courant, et avait une longueur de 6^m.400 pour une portée de plancher de 6 mètres. Sa hauteur n'était que de 0^m.120.

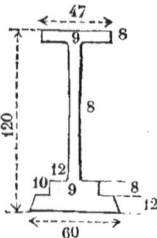

Ces deux poutres étaient cintrées, suivant l'usage assez peu

rationnel adopté par les constructeurs, d'environ 0ᵐ.027 de
flèche pour les poutres A et de 0ᵐ.033 pour les poutres B.

423. PIÈCES ACCESSOIRES DE CES PLANCHERS. — Les poutres A
devaient être réunies par des pièces *aa*, nommées entretoises,

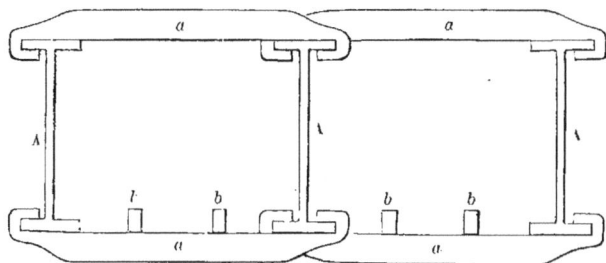

en fer plat, recourbées en crochet vers leurs extrémités, qui
s'agrafaient aux semelles inférieures pour s'opposer à leur
écartement, et dont le fer plat était retourné de champ entre
les poutres, afin d'offrir plus de résistance à la charge des
tringles *bb*, au nombre de deux par intervalles de poutres, destinées à soutenir le hourdis en plâtre.

A chaque extrémité des poutres A, deux entretoises semblables à celles du bas étaient placées au-dessus des poutres,
pour s'opposer à leur déversement et les rendre toutes solidaires dans le sens horizontal.

Le poids total du fer contenu dans ce plancher, dont les
poutres devaient être écartées de 0ᵐ.70 d'axe en axe, se composait donc par travée de

une poutre du poids de.........	104ᵏⁱˡ.00
8 entretoises.................	11ᵏⁱˡ.25
2 tringles....................	10ᵏⁱˡ.00
	125ᵏⁱˡ.25

La surface couverte par une travée devant être de
6ᵐ × 0ᵐ.7 = 4ᵐ𝐪.20, le poids de fer employé par mètre carré
de surface couverte s'élevait donc à

$$\frac{125^{kil}.25}{4^{mq}.20} = 29^{kil},82.$$

Les poutres B devaient être maintenues contre la tendance au déversement par trois entretoises (fig. *b*) posées par-dessus, et formées avec du fer de cornières dont la nervure était supprimée aux endroits où elles croisaient les poutres. A ces mêmes endroits, les entretoises étaient fixées sur les poutres par des vis.

Sur la saillie ménagée au bas du corps des poutres, on devait poser des traverses en fer carré, de 0^m.014 sur 0^m.014, destinées à soutenir le hourdis. Il n'y avait pas de tringles longitudinales.

La longueur moyenne des poutres B était de 6^m.48, et leur poids de 113^{kil}.17 ou 17^{kil}.46 par mètre courant.

D'après ces données, le poids total du fer contenu dans ce plancher, dont les poutres devaient aussi être écartées de 0^m.70 d'axe en axe, se composait par travée de

Une poutre du poids de...................... 113^{kil}.170
Deux entretoises ou moises................... ⎫
Neuf traverses de 0^m.014 sur 0^m.014.......... ⎭   15 .875
—————————
129^{kil}.045

La surface couverte par une travée devant être aussi de 6^m × 0.7 = 4$^{m \cdot q}$.20, le poids de fer employé par mètre carré devait donc s'élever à $\dfrac{129.045}{4.20} = 30^{kil}.72$.

Pour les deux systèmes de poutres, un hourdis en plâtre devait remplir les intervalles et rendre tout le système solidaire.

424. EXPÉRIENCES EXÉCUTÉES. — Telles étaient les dispositions des deux systèmes de planchers à comparer, et l'on prévoit d'avance que les armatures employées à relier les poutres et à soutenir le hourdis devant avoir peu d'influence sur la rigidité des planchers, il importait surtout de bien constater, au contraire, l'influence propre des poutres avant de comparer entre eux les planchers complétement armés et hourdés.

En conséquence, on a exécuté les trois séries d'expériences suivantes :

1° Observation directe des flexions éprouvées par chacun des deux modèles de poutres, isolé, posé sur deux appuis et chargé au milieu de la longueur.

2° Observations comparatives des flexions éprouvées par deux travées de plancher formées de trois poutres garnies de leurs armatures, mais non hourdées, sous l'action de poids uniformément répartis sur leur longueur.

3° Observations comparatives des flexions éprouvées par deux parties de plancher formées de trois poutres garnies de leurs armatures et hourdées en plâtre de la même manière, sous l'action de poids uniformément répartis sur leur longueur.

Ces trois séries d'expériences ont été successivement exécutées en présence des constructeurs de chacun de ces systèmes de planchers, dans les caves du Conservatoire, dont la température à peu près constante mettait à l'abri des influences, assez faibles d'ailleurs, des variations de celle de l'air.

Les charges qui devaient agir au milieu de la longueur des pièces étaient suspendues à une chape qui embrassait l'axe d'un rouleau, et qui supportait un plateau sur lequel on posait des caisses qu'on remplissait de boulets de 16, pesant chacun 8 kilogrammes.

Quant aux charges uniformément réparties sur la longueur, elles étaient formées par des caisses de $0^m.18$ de largeur sur $1^m.62$ de longueur, qu'on posait transversalement les unes à côté des autres, et dans lesquelles on mettait aussi des boulets de 16 pesant chacun 8 kilogr. On savait ainsi exactement le poids de chaque charge, et l'on était assuré de son égale répartition.

Il n'y a eu d'exception à cette manière de charger que pour les expériences faites sur les poutres non hourdées, et malgré le soin que l'on a eu dans ce cas de ramener par le calcul ces charges aux charges équivalentes qui auraient agi au milieu, l'on a reconnu que le mode graduel de chargement, à partir du milieu suivi dans ce cas, avait donné lieu à quelques irrégularités dans les flexions.

425. Rappel des résultats des expériences faites sur les deux poutres A et B posées librement sur deux points d'appui et chargées au milieu de leur longueur. — Avant de procéder aux expériences projetées sur des planchers complets, l'on a fait, comme il a été dit au numéro précédent, des observations directes sur les flexions éprouvées par chacun des deux modèles de poutres, isolé, posé sur deux appuis et chargé au milieu de la longueur.

Les résultats de ces expériences, qui se relient à l'ensemble de nos recherches, ont été rapportés et discutés aux n°ˢ **558** et suivants; nous nous contenterons en conséquence d'en rappeler ici les conclusions principales.

1° Pour les deux poutres A et B, les flexions sont restées proportionnelles aux charges jusqu'à des flèches qui, pour la première A, ont atteint $23^{\text{mill}}.18$ ou $\frac{1}{259}$ de la portée, et pour la seconde B, $31^{\text{mill}}.20$ ou $\frac{1}{192}$ de la portée, sans que l'élasticité des pièces ait été altérée.

2° La poutre du modèle B, à semelles inégales, a pris, sous des charges égales, des flexions absolues et des flexions proportionnelles à peu près doubles de celles de la poutre du modèle A à semelles égales.

3° La courbure donnée préalablement à chaud aux poutres destinées à des planchers n'ajoute rien à leur résistance, et ne devrait pas excéder $\frac{1}{300}$ à $\frac{1}{400}$ de la portée.

426. Résultats des observations comparatives des flexions éprouvées par deux travées de plancher formées chacune de trois poutres garnies de leurs armatures, mais non hourdées. — Deux travées composées de trois poutres ont été établies avec chacun des deux modèles en expérience, sous la portée de 6 mètres. Les charges ont été réparties en plaçant transversalement sur le système des trois poutres des caisses de $0^{\text{m}}.18$ de largeur, remplies de boulets de 16, et pesant chacune exactement 200 kilogr. La première caisse a été exactement placée au milieu de la portée, les autres successivement et symétriquement à droite et à gauche de la première.

Il est résulté de cette disposition que les premières charges n'étaient pas uniformément réparties sur la longueur, et qu'elles occupaient une certaine longueur à droite et à gauche du milieu. Ce n'est que pour la dernière charge de 6200 kilogr., que

la charge occupant à très-peu près toute la longueur du solide,
il a été permis de la regarder comme uniformément répartie.

Pour faciliter la comparaison des résultats de ces expériences
avec ceux des essais préliminaires faits sur des poutres isolées,
l'on a, par le calcul et suivant la méthode employée au n° **390**,
déterminé la charge qui, placée au milieu des travées, aurait
produit le même effet. Mais il ne faut pas s'étonner que ce
mode de chargement n'ait contribué pour beaucoup à introduire quelques irrégularités dans les résultats; aussi y a-t-on
renoncé dans les autres expériences, dont il sera parlé plus
tard.

Les flexions ont été mesurées avec des cathétomètres très-
sensibles, par l'observation de lignes de repère tracées sur le
milieu des poutres extérieures, les seules qu'il fût possible d'observer, et en prenant la moyenne des deux flexions.

CHARGES			FLEXIONS MOYENNES.		FLEXION PAR 100 KIL. de charge agissant au milieu de chaque poutre du modèle	
RÉPARTIES sur une partie de la longueur.	équivalentes AGISSANT au milieu de la longueur pour les trois poutres	équivalentes AGISSANT au milieu par poutre.	POUTRE DU MODÈLE			
			A.	B.	A.	B.
kil.	kil.	kil.	mill.	mill.	mill.	mill.
1000	882.70	293	9.45	6.36	3.21	6.39
2200	1663.61	555	19.87	6.99	3.58	6.99
3800	2365.50	788	30.80	7.76	3.91	7.75
6200	2831.10	1277	39.28	5.86	3.08	5.86
			Moyennes	....	3.44	6.74

On remarquera que les flexions par 100 kilogr. de charge au
milieu de chaque poutre présentent dans ces expériences moins
de régularité que dans les précédentes, ce qui peut être attribué d'une part au mode de chargement, dans lequel la charge
n'était pas assez uniformément répartie, et était dès l'origine
placée au milieu en assez grande proportion et en l'augmentant
vers les extrémités. et de l'autre à l'emploi simultané de plusieurs poutres qui, n'ayant peut-être pas exactement la même

courbure, pouvaient porter la charge dans des proportions inégales.

Quoi qu'il en soit, les flexions moyennes par 100 kilogr. de charge placés au milieu, trouvées à des portées de 6 mètres,

pour la poutre	A,	B,
respectivement égales à	$3^{mill}.44$,	$6^{mill}.74$,

diffèrent assez peu de celles qui ont été trouvées pour une seule portée du même modèle.

Après trois heures de chargement sous la charge totale de 6200 kilogr., l'on a observé un accroissement de flexion qui a été trouvé

pour la poutre	A,	B,
égal à	$0^{mill}.725$,	$0^{mill}.510$,

et après l'enlèvement de la charge le système entier est revenu, à un millimètre près, à sa hauteur primitive, ce qui indique que l'élasticité n'avait pas été altérée d'une manière notable.

427. RECHERCHE DES ALLONGEMENTS OU RACCOURCISSEMENTS ÉPROUVÉS DANS LES EXPÉRIENCES PRÉCÉDENTES PAR LES FIBRES LES PLUS ÉLOIGNÉES DE LA COUCHE DES FIBRES INVARIABLES. — En introduisant dans la formule du n° **509**,

$$i' = \frac{PCv'}{EI},$$

les valeurs fournies par la charge la plus forte supportée par les poutres dans l'expérience précédente, pour laquelle on a

$$2P = 1277^{kil}, \qquad 2C = 6^m.20,$$

pour la poutre A,	$v' = 0^m.089$;
pour la poutre B,	$v' = 0^m.0909$,

et se rappelant les valeurs de E et de I trouvées au n° **4** pour les poutres employées, l'on trouve que la variation proportionnelle maximum de longueur éprouvée par les fibres les plus éloignées de la couche des fibres invariables s'est élevée,

pour les poutres $\qquad$ A, $\qquad$ B,

à la valeur $\qquad$ $i' = 0^m.00114, \quad i' = 0^m.002166,$

quantités qui surpassent celle que, d'après les expériences connues, l'on assigne aux meilleurs fers, et qui est

$$i' = 0^m.00080.$$

428. Comparaison des résultats de ces expériences avec les poids du fer employé. — Si l'on se reporte à la description et aux détails que nous avons donnés précédemment sur la construction de ces planchers, l'on voit par ces expériences que le plancher fait

avec les poutres	**A,**	**B,**
qui exigent un poids total de fer de......	$334^{kil}.50$	$371^{kil}.25$
pour une surface couverte de..........	$12^{m \cdot q}.60$	$12^{m \cdot q}.60$
ou par mètre carré..................	$26^{kil}.50$	$29^{kil}.46$
a porté sans hourdis et sans que son élasticité fût altérée, une charge équivalente à celle de....................	$1277^{kil}.00$	$1277^{kil}.00$
agissant au milieu en prenant une flexion de...............................	$39^{mill}.28$	$74^{mill}.60$
ou, par 100 kilogr. de charge placés au milieu, une flexion de..............	$3^{mill}.08$	$5^{mill}.86$

Ainsi les flexions prises par le plancher formé par les poutres B sans hourdis, ont été comme celles qui avaient été observées sur des poutres isolées, doubles de celles du plancher formé par les poutres A.

429. Résultats des observations comparatives des flexions éprouvées par deux travées de plancher formées chacune de

TROIS POUTRES GARNIES DE LEURS ARMATURES AVEC HOURDIS EN
PLATRE. — Passons maintenant à la troisième série d'expériences,
qui avait pour but de comparer la résistance des planchers
hourdés faits respectivement avec les deux modèles de poutres
présentés.

L'on a enlevé la charge des précédentes expériences, et l'on
a hourdé à la manière ordinaire, avec du plâtre et des plâtras,
l'intervalle des poutres, en prenant la précaution d'étrésillonner
horizontalement les poutres extérieures pendant le travail et
pendant les quarante-huit heures qui l'ont suivi, afin de s'opposer à l'effet de dilatation du plâtre lors de sa prise; après
quoi l'on a enlevé les étrésillons.

430. INFLUENCE ET POIDS DU HOURDIS. — Dans ces expériences,
le hourdis remplissait l'intervalle compris entre les poutres et
reposait sur les saillies des semelles et sur les armatures que
nous avons décrites au n° **425**. Il a été détaché après les observations et pesé encore humide; son poids a été trouvé,

pour les poutres	A,	B,
égal par mètre courant à..............	$161^{kil}.00$	$127^{kil}.15$
ce qui, pour la partie comprise entre les appuis, équivalait à................	$1932^{kil}.00$	$1526^{kil}.00$
que l'on peut décomposer ainsi :		
Fer............................	$20^{kil}.00$	$20^{kil}.00$
Plâtre et plâtras..................	$\dfrac{1912^{kil}}{1932}$	$\dfrac{1506^{kil}}{1526}$.

Le hourdis affleurait les semelles inférieures des poutres et
était légèrement concave à la partie supérieure.

La flèche au milieu était :

pour les poutres	A,	B,
égale à	$0^m.025,$	$0^m.020.$

L'on doit observer que le poids de ce hourdis est assez considérable pour qu'il soit nécessaire d'en tenir compte dans le calcul des dimensions des poutres des planchers. Mais, dans les

expériences qui nous occupent, les flexions observées n'étant que l'excès de celles dues aux charges totales sur celles qui avaient été produites par le hourdis, le tableau suivant ne mentionne que ces excédants de flexion dus aux charges déposées sur les poutres.

On remarquera que dans les planchers que l'on aurait exécutés avec ces poutres, la portion qui aurait été placée en dehors des poutres extrêmes eût été pour moitié supportée par les poutres, par conséquent le poids du hourdis dans le plancher complet aurait été pour des poutres contiguës

$$A, \qquad\qquad B,$$
$$161^{kil}.00, \qquad 127^{kil}.15,$$

et comme la longueur de portée de chaque poutre est de 6 mètres, la charge uniformément répartie sur sa longueur et provenant du hourdis serait,

pour la poutre $A,$ $B,$

égal à $6 \times 161^{kil} = 966^{kil}, \quad 6 \times 127^{kil}.15 = 762^{kil}.90,$

ou, par mètre carré, environ

$$235^{kil}.00, \qquad\qquad 182^{kil}.00.$$

431. Répartition des charges et observation des flexions. — Pour la répartition du chargement, l'on a eu soin de placer toutes les caisses vides l'une à côté de l'autre, avec un intervalle de $0^m.01$ environ, et de mettre d'abord dans chacune d'elles et au milieu quatre boulets de 16, et successivement un boulet à droite et à gauche, et ainsi de suite jusqu'au remplissage complet du premier rang de caisses. L'on a procédé avec les mêmes précautions pour le second rang de caisses. De la sorte la charge était, non-seulement répartie uniformément sur la longueur, mais elle y était déposée par portions aussi uniformes que possible.

Les résultats des observations sont consignés dans le tableau suivant :

CHARGES			FLEXIONS MOYENNES.		FLEXIONS PAR 100 KIL. de charge agissant au milieu de chaque poutre du modèle		OBSERVATIONS.
uniformément RÉPARTIES sur la longueur du plancher.	équivalentes AGISSANT au milieu pour les trois poutres.	équivalentes AGISSANT au milieu par poutre.	POUTRE DU MODÈLE				
			A.	B.	A.	B.	
kil.	kil.	kil.	mill.	mill.	mill.	mill.	
1536	960	320.0	5.86	13.62	1 83	4.26	
2560	1600	533.3	11.05	24.51	2.07	4.56	
3584	2240	746.6	16.32	35.43	2.18	4.75	
4608	2880	960.0	21.79	46.13	2.26	4.84	
5632	3520	1173.3	27.77	57.75	2.37	4.93	
6400	4000	1333.3	33.88	66.43	2.54	4.93	
6656	4160	1386.6	39.34	69.63	2.82	5.02	
7424	4640	1546.6	47.57	80.86	3.07	5.23	
8448	5280	1700.0	56.05	84.48	3.18	5 41	
9472	5920	1973.3	79.21	94.72	4.01	6.11	
9472	5920	1973.3	81.75	94.72			15'
10000	6250	2083.3	95.65	140.72	4.63	6.75	»
10000	6250	2083.3	102.63				10'
10000	6250	2083.3	107.09				20'
10000	6250	2083.3	109.81				30'
10000	6250	2083.3	111.54				40'
10000	6250	2083.3	149.45				360'
10000	6250	2083.3	151.78				1080'

(colonne Observations : après le chargement)

432. Conséquences des résultats consignés dans le tableau précédent. — Pour faciliter la comparaison des résultats consignés dans ce tableau avec ceux des expériences directes faites sur des poutres isolées, et rapportées au n° 550, l'on a calculé, d'après les règles connues (n° 290), les charges qui, placées au milieu du plancher et réparties suivant une ligne perpendiculaire à la longueur des poutres, auraient produit les mêmes flexions, et on les a inscrites dans la 2ᵉ colonne du tableau précédent, ainsi que la charge correspondante à chaque poutre. L'on a aussi inséré dans les deux dernières colonnes les accroissements des flexions correspondantes à un accroissement de charge de 100 kilogr. agissant au milieu de chaque poutre.

L'on remarquera dans ce tableau que pour les deux poutres et surtout pour le modèle A, les flexions par 100 kilogr. de charge ont toujours été en augmentant, et il est assez difficile d'assigner la cause à laquelle cet accroissement progressif peut être attribué. Cependant il est bon de dire que la poutre du milieu du système A était plus bombée que les poutres exté- rieures, et que c'est précisément la flexion de cette poutre qui n'a pu être mesurée. Or, dans les premières charges, elle por- tait une plus grande proportion du poids total que les autres, ce qui tendait ainsi à faire estimer trop bas les flexions observées.

D'une autre part, le plâtre qui scellait les extrémités des poutres sur les dés en pierre servant d'appui, avait contracté avec ces pierres une adhérence qui n'a été vaincue qu'à la deuxième charge, et qui équivalait en quelque sorte, tant qu'elle durait, à une sorte d'encastrement. C'est ce qui explique la pe- titesse relative des premières flexions observées, qui ont été :

pour les poutres	A,	B,
trouvées égales à	1^{mill}.83,	4^{mill}.56.

Enfin le hourdis lui-même, tout en chargeant les poutres avec lesquelles il faisait corps, a pu avoir dans les premières charges, sous lesquelles il ne fut pas fendu, une influence qui, à la charge totale de 6400 kilogr. équivalente à 1333^{kil}.3 agissant au milieu de chaque poutre, a réduit la flexion

de la poutre	A,	B,
par charge de 100 kilogr., à......	2^{mill}.54,	4^{mill}.93,
tandis qu'il résulte des expérien- ces précédentes, n° 42B, que les flexions par 100 kilogr. auraient été d'environ................	3^{mill}.,44	6^{mill}.74.

A partir de la charge totale de 9472 kilogr., l'élasticité des deux poutres a été notablement altérée; les flexions se sont ac- crues

pour les poutres	A,	B,
de	2^{mill}.54,	6^{mill}.54.

La charge totale de 10 000 kilogr. a rendu cette altération plus manifeste encore, et, après dix-huit heures, la flexion moyenne avait acquis :

pour la poutre	A,	B,
la valeur de	$151^{mill}.78$,	$170^{mill}.30$,

sans s'être sensiblement modifiée pendant la dernière heure.

Les résultats qui précèdent montrent qu'aucun de ces deux systèmes de plancher ne pourrait être sans danger chargé de 8448 kilogr. en tout, ou 674 kilogr. par mètre carré. Cette charge étant celle à partir de laquelle l'élasticité des deux systèmes de poutres a commencé à s'altérer d'une manière notable.

Après le déchargement complet, les travées en expérience sont remontées :

pour les poutres	A,	B,
de........................	$61^{mill}.25$,	$101^{mill}.50$,

et ont conservé une flexion perma-

nente de....................	$90^{mill}.53$,	$68^{mill}.80$.

Mais ce résultat est particulièrement dû aux dernières charges, qui avaient de beaucoup dépassé les limites de l'élasticité.

433. CHARGES LIMITES QUE LA PRUDENCE PEUT PERMETTRE DE FAIRE SUPPORTER A CES PLANCHERS. — L'on remarquera que l'élasticité des deux systèmes de poutres s'étant altérée d'une manière notable à partir de la charge de 8448 kilogr., si l'on s'impose la condition que la charge ne puisse jamais atteindre la moitié de celle qui altérerait l'élasticité, cela conduirait à admettre qu'ils pourraient, d'une manière permanente, être chargés de 4224 kilogr. sur $12^{m.q}.60$, ou de 335 kilogr. par mètre carré. Mais cette charge même n'est pas admissible, puisque les flexions qu'elle produirait seraient :

pour les poutres	A,	B,
respectivement d'environ	$28^{mill}.00$,	$42^{mill}.00$.

Il importe, en effet, dans les bâtiments, que les flexions des planchers ne dépassent pas certaines limites qui dépendent de

la nature même des constructions : ainsi, dans les maisons d'habitation, une flexion des poutres au milieu, égale à $\frac{1}{300}$ de leur portée, ou de 0^m.02 pour 6 mètres, par exemple, devient déjà assez sensible pour qu'il ne convienne pas de la dépasser ni même de l'atteindre sous les plus fortes charges.

Le tableau précédent, montrant que le plancher formé avec les poutres A a pris, sous la charge de 4608 kilogr., un accroissement de flexion de 21^mill.79, il est facile d'en déduire que l'accroissement de flexion de 20 millimètres aurait été produit par la charge de 4373 kilogr. uniformément répartie sur les trois poutres de 6 mètres de portée, et destinées à couvrir une largeur de 2^m.10, soit en tout 12^m·q.60 de surface.

Par conséquent, la surcharge par mètre carré, qui, en sus du poids du hourdis et du parquet, pourrait être supportée par un semblable plancher et par mètre carré, ne devrait être que de

$$\frac{4373}{12.6} = 347 \text{ kilogr., soit } 350 \text{ kilogr.,}$$

et, comme le plancher formé par les poutres B a toujours pris des flexions sensiblement doubles de celles du plancher fait avec les poutres A, l'on voit que ce plancher B ne pourrait être chargé de plus de 175 kilogr. par mètre carré sans prendre des flexions supérieures à 0^m.02 au milieu.

Si aux charges ci-dessus l'on ajoute le poids du hourdis, l'on voit que les limites indiquées, conduisent à faire supporter aux planchers,

avec les poutres	A,	B,
une charge par mètre carré composée de hourdis...............	235^kil,	182^kil,
charge additionnelle...........	350	175
	585^kil	357^kil

Or, ces charges qui, à raison de 4^m·q.2 de surface couverte par poutre, reviennent respectivement à des charges uniformément réparties,

pour les poutres   A,   B,

de........................... 2457^{kil} 1499^{kil}

ou à des charges 2P, agissant au milieu, égales à.................. 1535   937

conduiraient, par la formule

$$i' = \frac{PCv'}{EI},$$

à des variations proportionnelles de longueur des fibres,

pour la poutre   A,   B,

égales à i',   0^m.00136,   0^m,00171.

Ce qui dépasse les limites généralement admises.

Si, au lieu d'un hourdis aussi lourd que celui employé pour la poutre A, l'on avait fait le hourdis en poterie dont le poids, par mètre carré, n'aurait été que de 140 à 150 kilogr. au plus, comme nous le montrerons tout à l'heure, et qu'on eût limité la charge maximum à supporter temporairement à 400 kilogr. par mètre carré, ce qui, à raison de 4$^{m\text{q}}$.2 de surface couverte par poutre, aurait donné une charge totale uniformément répartie de 1680 kilogr., équivalente à une charge placée au milieu

$$2P = \tfrac{5}{8} 1680 = 1050 \text{ kilogr.;}$$

si enfin les deux semelles de cette poutre avaient été absolument égales, de sorte que le moment d'inertie de la section restât sensiblement le même et que la couche des fibres invariables eût été au milieu de la hauteur de la poutre, et par conséquent à une distance $v' = 0^m.080$ des fibres les plus exposées à l'allongement ou au raccourcissement, on aurait trouvé, pour la variation proportionnelle maximum de longueur des fibres, la valeur

$$i' = \frac{525^{kil} \times 3^m.10 \times 0.080}{EI} = 0^m.000844,$$

valeur qui coïncide presque avec celle de $0^m.00080$, que les expériences connues, et dont les résultats sont rapportés au
tableau du n° **108** indiquent comme la limite de l'allongement
proportionnel que les fibres des fers doux peuvent supporter
sans altération de leur élasticité.

Il résulte donc de cette discussion que, pour que l'élasticité
des poutres en fer A ne soit pas altérée, il importe de limiter la
charge maximum qu'elles peuvent être exposées à porter temporairement à 400 kilogr. par mètre carré de surface de plancher, hourdis compris, mais que, s'il s'agit de charges permanentes, il convient de réduire cette charge à 200 ou à 300 kilogr.
au plus, ce que l'on peut d'ailleurs faire souvent dans ce cas, en
supprimant le hourdis.

Il faut de plus remarquer que l'on ne doit pas adopter
pour tous les planchers une même base de chargement,
parce qu'ils ne sont pas tous de même importance dans les
constructions, ni également exposés à des surcharges accidentelles plus ou moins considérables. Il est donc convenable, dans la fixation de cette base, de tenir compte de
la destination des édifices et des pièces qui les composent.
C'est ce qui m'a engagé à adopter, selon les cas, des charges
différentes telles qu'elles seront indiquées dans le tableau qui
sera donné au n° **455**.

454. Poids des divers hourdis employés dans les planchers
de Paris. — L'on a vu plus haut que le hourdis employé, et
qui était fait en plâtras et en plâtre, pesait :

pour les poutres	A,	B,
par mètre carré de plancher,	$235^{kil}.00,$	$182^{kil}.00.$

Les hourdis en poteries ou en briques creuses, dont on se
sert souvent, ont l'avantage d'être beaucoup plus légers et peut-
être même moins sonores. Il ne sera pas inutile de donner le
détail de leur poids.

Les matériaux qui entrent dans la composition de ces hourdis ont les poids élémentaires suivants :

Plâtre, le mètre cube......................... 1000^{kil}.00

Un globe de poterie de 0^m.13 de diamètre sur 0^m.17 de hauteur..................................... 1 .30

Un globe de poterie de 0^m.12 de diamètre sur 0^m.13 de hauteur..................................... 1 .09

Un globe de poterie de 0^m.11 de diamètre sur 0^m.12 de hauteur..................................... 0 .85

Une brique creuse........................... 1 .30

D'après ces éléments, le détail d'un hourdis de plancher se décompose ainsi que l'indique le tableau suivant :

DÉTAIL D'UN HOURDIS DE PLANCHER EN FER, DE 4^m.00 SUR 5^m.00 OU 20$^{m.q.}$.00 DE SURFACE, HOURDÉ EN POTERIES POSÉES EN BAIN DE PLATRE AVEC AIRE DE 0^m.02 AU-DESSUS ET CRÉPI ENDUIT AU-DESSOUS.

MATÉRIAUX EMPLOYÉS.	NOMBRE ou VOLUME.	POIDS DU HOURDIS	
		TOTAL.	par MÈTRE CARRÉ.
	kil.	kil.	kil.
Globes de 0^m.13 sur 0^m.13 et 0^m:17 de hauteur........	1140	1482 } 3032.00	151.60
Plâtre. { Pose du globe 0$^{m.c}$.45 / Aire........ 0.40 / Crépi et enduit du plafond..... 0.70	$^{m.c.}$ 1.55	1550 }	
Globes de 0^m.12 sur 0^m.12 et 0^m.13 de hauteur........	1230	1340 } 2790.70	139.50
Plâtre. { Pose du globe 0$^{m.c}$.35 / Aire......... 0.40 / Crépi et enduit du plafond..... 0.70	1.45	1450 }	
Globes de 0^m.11 sur 0^m.11 et 0^m.12 de hauteur........	15	1360 } 2710.80	135.50
Plâtre. { Pose du globe 0$^{m.c}$.25 / Aire......... 0.40 / Crépi et enduit du plafond..... 0.70	1.35	1350 }	

Les briques creuses pesant le même poids que les globes de 0ᵐ.13 sur 0ᵐ.17, le poids du hourdis doit être à peu près le même que pour le premier cas indiqué ci-dessus.

L'on voit donc que l'on peut admettre qu'un hourdis bien fait en poterie ne pèsera pas plus de 150 kilogr. par mètre carré.

L'on remarquera de plus que les hourdis en poterie employés avec les fers à double T se faisant en forme de voûte, l'on est dispensé de l'emploi des petits fers, dont le poids s'élève toujours à 4 ou 5 kilogr. par mètre carré de surface de plancher.

455. Conclusions générales de ces expériences. — Il résulte de l'ensemble des expériences précédentes que :

1° Les formes indiquées par la théorie pour les fers à double T, et qui sont celles d'un double T à semelles égales, sont, sous le rapport de la résistance et du bon emploi de la matière, bien préférables à celles des doubles T à semelles inégales, et qu'il importe, pour l'économie et la solidité des constructions, de ne pas s'écarter des indications de la théorie confirmées par tant d'expériences.

2° Le hourdis en plâtre plein occasionne aux planchers une surcharge énorme, supérieure ou égale à la charge additionnelle qu'ils sont destinés à supporter, et qui n'ajoute rien à leur solidité, parce que l'on ne peut pas compter, même aux faibles charges, sur le surcroît de résistance que l'on pourrait attribuer aux hourdis le mieux faits; que le seul effet réellement utile de ce hourdis étant de produire la liaison et la solidarité des poutres, l'on doit et l'on peut parvenir à ce résultat en employant des hourdis plus légers, tels que ceux en poterie.

3° La limite qu'il convient d'imposer aux flexions de planchers, ainsi que celle qu'il ne faut pas laisser dépasser aux allongements ou aux raccourcissements des fibres, indiquent que les charges à faire supporter par les planchers ne doivent pas produire des variations proportionnelles de longueur qui atteignent temporairement une valeur supérieure à $i' = 0^m.00080$, comme le montre le tableau du n° **108**, et qu'en général les charges, les dimensions, la portée et l'écartement des poutres doivent être calculés de façon que cette variation de longueur n'excède pas $i' = 0^m.00060$ pour les charges temporaires, et

$i' = 0^m.00040$ pour les charges permanentes, ce qui revient à dire que pour les charges temporaires le fer ne doit pas être soumis à un effort de plus de 10 à 11 kilogr. par millimètre carré, et pour les charges permanentes à plus de 6 à 7 kilogr., comme on l'a établi précédemment pour les autres constructions.

4° Les charges permanentes pour lesquelles il convient de proportionner les planchers, d'après les bases indiquées ci-dessus, peuvent être fixées ainsi qu'il suit, en y comprenant le hourdis s'il est nécessaire d'en employer un, et en supposant que son poids soit réduit à 150 kilogr. par mètre carré pour les planchers ordinaires, et à 180 pour les planchers des salles des édifices publics consacrées à des réunions. Pour les magasins sans hourdis, on comptera 50 kilogr. par mètre carré pour le poids du plancher et du plafond, et pour les magasins destinés aux marchandises lourdes, on estimera le poids du plancher à 100 kilogr. par mètre carré.

DÉSIGNATION DES LOCAUX.	POIDS PAR MÈTRE CARRÉ		CHARGE TOTALE par mètre carré de plancher p'.	NOMBRE des PERSONNES correspondant à la charge additionnelle.	ÉCARTEMENT des POUTRES.	CHARGE par MÈTRE courant de poutre $p=p'e$.	OBSERVATIONS.
	du HOURDIS.	de la CHARGE additionnelle supposée permanente.					
MAISONS D'HABITATION.	kil.	kil.	kil.		m.	kil.	
Chambres d'habitation et cabinets.	150	100	250	1.3	0.70	175	
Pièces de réception, salons ordinaires	150	200	350	3.0	0.70	245	
					0.60	210	
					0.50	175	
Grands salons	150	300	450	4.0	0.60	270	'
					0.50	225	
					0.40	180	
EDIFICES PUBLICS.							
Bureaux, salles ordinaires	150	200	350	3.0	0.70	245	
Salles de réunion, d'assemblées	180	320	500	4.6	0.70	350	Hourdis et plafond plus épais.
					0.60	300	
					0.55	275	
Salons pour les grandes réunions	180	420	600	6.0	0.70	420	Id.
					0.60	360	
					0.50	300	
					0.40	240	
					0.35	210	
Magasins de marchandises encombrantes et de peu de poids	50	450	500	»	0.70	350	Sans hourdis, mais avec plafond.
					0.55	275	
					0.45	225	
Magasins de marchandises lourdes, entrepôts, docks, etc.	100	900	1000	»	0.70	700	Sans hourdis, mais avec plancher double.
					0.60	600	
					0.50	500	

456. Bases du calcul d'une table des dimensions des fers et des bois a employer pour les planchers. — A l'aide des données contenues dans le tableau précédent, l'on peut calculer les dimensions des fers à double T, des fers rectangulaires et des bois à employer.

La base de ces calculs est la charge p par mètre courant que doit supporter chaque poutre d'une manière permanente. Elle est égale au produit $p'e$ de la charge p' que le plancher doit supporter par mètre carré et de l'écartement e des poutres.

L'on en conclut ensuite la somme des moments de cette charge $\frac{1}{2}pC^2$, et en divisant cette quantité par la valeur de R, convenable selon la nature et la qualité des matériaux employés, l'on déduit de la formule connue $\frac{RI}{v'} = \frac{1}{2}pC^2$ la valeur de la quantité $\frac{I}{v'}$ qui sert à déterminer les dimensions.

Pour les fers à double T, cette valeur de $\frac{I}{v'}$ est exprimée en fractions des diverses dimensions du fer entre lesquelles on peut établir à l'avance certaines relations, comme il est indiqué au n° **562**, et l'on obtient ensuite celle que l'on a laissée indéterminée. Mais quand on veut employer des fers de modèles déterminés à l'avance, tels que les fers à double T fabriqués aujourd'hui par les forges de la Providence, de Montataire, d'Ars-sur-Moselle et autres, il faut rechercher, parmi ces fers, celui qui fournit la valeur de $\frac{I}{v'}$ la plus voisine de celle qui satisfait à la relation

$$\frac{I}{v'} = \frac{\frac{1}{2}pC^2}{R_1}.$$

C'est ce qui nous a conduit à indiquer dans une colonne spéciale le modèle du fer à double T correspondant à la valeur ainsi trouvée pour $\frac{I}{v'}$.

L'on peut d'ailleurs déterminer facilement l'épaisseur qu'il convient de donner au corps d'un fer à double T d'un modèle donné, par la règle suivante :

457. Règle pour fixer l'épaisseur qu'il convient d'adopter pour les fers a double T d'un même modèle. — Nous avons indiqué au n° **229**, une formule à l'aide de laquelle on peut calculer l'épaisseur qu'il convient de donner au corps d'un fer à double T d'un modèle déterminé, mais les tableaux suivants fourniront une méthode encore plus simple.

En effet, lorsque la hauteur extérieure b, la hauteur intérieure b' et la saillie a' des nervures d'un fer à double T sont données, la valeur de la quantité $\dfrac{I}{v'}$ ne varie, en passant d'une épaisseur e_1 du corps à une autre épaisseur e'_1, que de la quantité

$$\tfrac{1}{6} (e'_1 - e_1) b^2 ,$$

qui exprime la partie de $\dfrac{I}{v'}$ correspondante à un rectangle d'épaisseur $e'_1 - e_1$ et de hauteur b.

Si l'on suppose que

$$e'_1 - e_1 = 0^m.001 ,$$

la quantité à ajouter à la valeur de $\dfrac{I}{v'}$ qui, pour chaque modèle, correspond à l'épaisseur minimum e_1 du corps, à raison de chaque millimètre d'accroissement de cette épaisseur, sera

$$\frac{0.001}{6} b^2 .$$

Lors donc qu'après avoir calculé la valeur du moment $\dfrac{PC}{R} = \dfrac{I}{v'}$ ou $\tfrac{1}{2} \dfrac{pC^2}{R} = \dfrac{I}{v'}$, correspondante à la charge et à la portée du solide, on aura trouvé qu'elle est comprise entre celles qui correspondent au plus mince et au plus épais des fers d'une même hauteur, il suffira de calculer l'excès de cette valeur de $\dfrac{I}{v'}$ sur celle qui appartient au fer le plus mince du modèle donné, et de diviser cette différence par l'augmentation de la

valeur de $\dfrac{I}{v'}$ par millimètre d'épaisseur du corps relative à ces
fers, et donnée dans la 8ᵉ colonne du tableau. Le quotient sera
le nombre de millimètres qu'il convient d'ajouter à l'épaisseur
la plus mince de fer à employer pour qu'il ait la résistance convenable.

TABLEAU RELATIF AUX FERS A DOUBLE T LAMINÉS.

DÉSIGNATION DU MODÈLE.	HAUTEUR DU PROFIL	HAUTEUR du corps entre les nervures	SAILLIE DES NERVURES sur le corps	PLUS PETITE ET PLUS GRANDE LARGEUR des nervures	ÉPAISSEUR du corps	VALEUR DE $\frac{1}{v'}$	AUGMENTATION DU NOMBRE $\frac{v'}{1}$ par millimètre d'augmentation de l'épaisseur du corps.	VALEUR DU MOMENT PC ou $\frac{1}{3}PC^2$ convenable pour la stabilité.	POIDS APPROXIMATIF DE L'ÉCHANTILLON par mètre courant.
	b	b'	a'	a	e_1				
	m.	m.	m.	m.	m.				kil.
A	0.080	0.066	0.0195	0.045	0.0055	0.00002437	0.00000106	146.22	8.00
				0.055	0.016	0.00003554		213.36	15.00
A₁₀ ⎱	0.100	0.084	0.0245	0.055	0.006	0.00004380	....	262.8	11.00
				0.065	0.016	0.00005990		359.4	18.00
M₁₀ ⎰ 0.100		0.085	0.0160	0.042	0.015	0.00003725	0.00000167	223.5	8.06
				0.047	0.010	0.00004560		273.6	11.56
P₁₀		0.088	0.0190	0.043	0.005	0.00002850	....	171.0	9.00
				0.045	0.007	0.00003184		191.0	12.00
A₁₂ ⎱		0.102	0.0292	0.065	0.0065	0.00006980	....	358.8	14.00
				0.075	0.0170	0.00009710		582.6	24.00
M₁₂ ⎰ 0.120		0.104	0.020	0.045	0.005	0.00004551	0.00000240	273.1	10.00
				0.050	0.010	0.00005751		345.1	14.28
P₁₂		0.106	0.0205	0.045	0.005	0.00004018	....	241.1	11.00
				0.050	0.009	0.00005218		313.1	15.00
A₁₄ ⎱		0.120	0.0360	0.080	0.006	0.00011320	....	679.2	20.00
				0.090	0.016	0.00014590		875.4	31.00
M₁₄ ⎰ 0.140		0.123	0.015	0.050	0.007	0.00007803	0.00000327	408.2	13.00
				0.055	0.012	0.00009454		507.2	18.00
P₁₄		0.126	0.0205	0.046	0.006	0.00005590	....	335.4	14.00
				0.053	0.012	0.00007546		452.5	20.00
Λ ⎱		0.140	0.0360	0.080	0.006	0.00013550	....	813.0	22.00
				0.090	0.018	0.00017820		1069.2	35.00
M₄ ⎰ 0.160		0.142	0.0340	0.055	0.007	0.00009151	0.00000427	549.1	16.50
				0.062	0.014	0.00012140		728.4	25.00
P₄		0.0144	0.0205	0.048	0.008	0.00007727	....	163.6	15.00
				0.053	0.012	0.00009860		561.5	25.00
A ⎱		0.154	0.0435	0.096	0.009	0.00022420	....	1345.2	32.00
				0.105	0.019	0.00027460		1647.6	45.00
M₅ ⎰ 0.180		0.162	0.0260	0.060	0.008	0.00011925	0.00000540	715.5	20.00
				0.067	0.015	0.00015709		942.5	30.00
P₅		0.162	0.0235	0.055	0.008	0.00011198	....	671.9	20.00
				0.062	0.015	0.00014978		898.7	30.00
Λ ⎱		0.174	0.0500	0.110	0.010	0.00029400	0.00000666	1761.0	34.00
	0.200			0.120	0.020	0.00036060		2164.0	49.00
M₆ ⎰		0.181	0.0285	0.065	0.007	0.00015167	0.00000666	910.0	22.00
				0.073	0.016	0.00020500		1230.0	34.40
A ⎱		0.229	0.059	0.130	0.012	0.00051220	0.00001127	3673.2	32.00
				0.133	0.020	0.00070100		4206.0	68.00
M₇ ⎰ 0.220		0.201	0.0285	0.065	0.008	0.00017366	0.00000807	1042.0	24.30
				0.073	0.016	0.00023820		1429.2	37.40
P₇		0.200	0.0275	0.064	0.009	0.00018224	0.00000807	1093.4	26.00
				0.071	0.016	0.00023371		1432.3	40.00
M₈ ⎱		0.238	0.043	0.1020	»	0.00062258	....	3735.5	52.40
	0.260			0.067	0.013	0.00029974		1798.4	40.00
P₈ ⎰		0.236	0.0270	0.074	0.020	0.00037860	0.00001127	2771.4	58.00
M	0.297	0.267	0.053	0.0120	0.014	0.00063220	....	3793.2	55.76

438. Règle pratique plus simple. — La règle ci-dessus peut être utile pour les cas où l'on aurait directement calculé la quantité $\dfrac{v'}{I}$ relative à un fer donné; mais, pour les praticiens, il est un moyen plus simple et qui revient exactement au même. Il consiste à calculer l'accroissement du moment PC ou $\frac{1}{2}pC^2$ qui, pour chaque modèle de fer, correspond à une augmentation d'un millimètre de l'épaisseur e_1 du corps. C'est ce qu'il est facile de faire en remarquant que la quantité à ajouter doit être égale à

$$\tfrac{1}{6}\,(e'_1 - e_1)\,b^2\mathrm{R},$$

et qu'en posant

$$e'_1 - e_1 = 0^{\mathrm{m}}.001, \qquad \mathrm{R} = 6\,000\,000^{\mathrm{kil}},$$

elle revient à

$$1000\,b^2.$$

Donc en calculant pour chaque hauteur de fer le produit $1000\,b^2$, l'on pourra former le tableau suivant, qui permet de choisir facilement le modèle de fer convenable pour une valeur donnée du moment PC ou $\frac{1}{2}pC^2$ de la charge à faire supporter, et de fixer l'épaisseur e_1 du corps.

L'on trouvera aussi dans ce tableau le poids par mètre courant du fer du plus faible échantillon de chaque modèle, et l'accroissement de ce poids par millimètre d'augmentation d'épaisseur du corps ajouté à l'épaisseur de l'échantillon le plus mince.

TABLEAU PRATIQUE POUR LES FERS A DOUBLE **T** LAMINÉS.

DÉSIGNATION DES MODÈLES.	HAUTEUR DU PROFIL	HAUTEUR DU CORPS entre les nervures	SAILLIE DES NERVURES sur le corps	LARGEUR MINIMUM DES NERVURES	ÉPAISSEUR MINIMUM DU CORPS	VALEUR DU MOMENT PC ou ½pC² convenable pour cette épaisseur	ACCROISSEMENT de ce moment correspondant à une augmentation de 1 mill. de l'épaisseur	POIDS APPROXIMATIF de L'ÉCHANTILLON MINIMUM par mètre courant.	ACCROISSEMENT DE CE POIDS pour 1 mill. d'augmentation de l'épaisseur
	b	b'	a'	a	e_1	PC ou ½pC.	e		e_1
	m.	m.	m.	m.	m.			kil.	kil.
A	0.080	0.066	0.0195	0.045	0.0055	146.21	6.4	8.00	0.66
A₁		0.084	0.0245	0.055	0.0060	262.8		11.00	
M₁	0.100	0.085	0.0160	0.042	0.0100	223.5	10.0	8.06	0.78
P₁		0.088	0.0190	0.043	0.0050	171.0		9.00	
A₂		0.102	0.0292	0.065	0.0065	358.8		14.00	
M₂	0.120	0.104	0.0200	0.045	0.0050	273.1	14.4	10.00	0.93
P₂		0.106	0.0205	0.045	0.0040	241.1		11.00	
A₃		0.120	0.0360	0.080	0.0060	679.2		20.00	
M₃	0.140	0.123	0.0150	0.050	0.0070	408.2	19.6	13.00	1.09
P₃		0.126	0.0205	0.047	0.0060	335.4		14.00	
A₄		0.140	0.0360	0.080	0.0080	813.0		22.00	
M₄	0.160	0.142	0.0240	0.055	0.0070	691.1	25.6	16.50	1.25
P₄		0.144	0.0205	0.048	0.0070	463.6		15.00	
A₅		0.154	0.0435	0.096	0.0090	1345.2		32.00	
M₅	0.180	0.162	0.0260	0.060	0.0080	715.5	32.4	20.00	1.40
P₅		0.162	0.0235	0.055	0.0080	671.9		20.00	
A₆		0.174	0.0500	0.010	0.0100	1764.0		34.00	
M₆	0.200	0.181	0.0285	0.065	0.0080	910.0	40.0	22.00	1.56
P₆		»	»	»	»	»		»	
M₇	0.220	0.201	0.0285	0.065	0.0080	1042.0	48.4	24.30	1.71
P₇		0.200	0.0275	0.064	0.0090	1093.4		26.00	
A₇		0.229	0.0590	0.130	0.0120	3673.2		52.00	
M₈	0.260	0.228	0.0420	0.102	0.0080	3735.5	67.6	45.00	2.03
P₈		0.236	0.0270	0.067	0.0130	1798.4		40.00	
M	0.297	0.267	0.053	0.120	0.0140	3793.2	88.2	55.76	2.31

459. Exemples. Comme applications de la règle qui précède, prenons pour exemple le premier cas indiqué dans le tableau du n° **435.**

La charge par mètre carré de plancher est supposée

$$p' = 250^{kil},$$

l'écartement des poutres,

$$c = 0^m.70 ;$$

la charge par mètre courant de longueur des poutres est donc

$$p = p'c = 250^{kil} \times 0.7 = 175^{kil},$$

la portée,

$$2C = 3^m, \quad \tfrac{1}{2}C^2 = 1.125, \quad \tfrac{1}{2}pC^2 = \tfrac{1}{2} \times 175 \times 1.125 = 197.$$

Si l'on veut employer un fer d'Ars-sur-Moselle d'une hauteur $b = 0^m.08$, le tableau précédent nous montre que, pour l'échantillon le plus mince de ce modèle, l'on a

$$e_1 = 0^m.0055,$$

et que la valeur de $\tfrac{1}{2}pC^2$, qu'il conviendrait d'adopter pour cette épaisseur minimum du corps, serait

$$\tfrac{1}{2}pC^2 = 146.21.$$

Celle qui correspond aux données ci-dessus étant

$$\tfrac{1}{2}pC^2 = 197,$$

elle surpasse la précédente de

$$197 - 146.21 = 50.79.$$

L'accroissement du moment $\tfrac{1}{2}pC^2$ par millimètre d'augmentation d'épaisseur du corps devant être pour ce fer égal à

$$1000\,b^2 = 1000 \times \overline{0.08}^2 = 6.4$$

(8ᵉ colonne du tableau précédent),

il s'ensuit que pour que la force de cette poutre de $0^m.08$ de hauteur corresponde au moment

$$\tfrac{1}{2} p C^2 = 197,$$

il faut augmenter l'épaisseur minimum $e_1 = 0^m.0055$ du corps de

$$\frac{50.79}{6.4} = 7^{mill}.93,$$

ce qui donne pour l'épaisseur e_1 convenable à adopter pour le corps,

$$e_1 = 0^m.0055 + 0.0079 = 0^m.0134.$$

L'on a indiqué au tableau $e_1 = 0^m.0135$.

Quant au poids, le modèle de hauteur $b = 0^m.08$ et d'épaisseur minimum des forges d'Ars pesant 8 kilogr. par mètre courant, et l'accroissement de poids par augmentation d'un millimètre dans l'épaisseur du corps étant pour ce fer de $0^{kil}.66$ (10e colonne du tableau précédent), la poutre convenable devra peser en plus que le modèle le plus mince,

$$7.93 \times 0^{kil}.66 = 5^{kil}.23.$$

Le poids du mètre courant du fer à employer sera donc

$$8^{kil} + 5^{kil}.23 = 13^{kil}.23.$$

L'on a inscrit au tableau $13^{kil}.25$.

Prenons pour second exemple le cas d'un plancher d'une salle de réunion pour laquelle on aurait les données suivantes :

$$p' = 500^{kil} \quad e = 0^m.55.$$

La charge par mètre courant de longueur des poutres sera

$$p = p'e = 500^{kil} \times 0.55 = 275^{kil},$$

la portée,

$$2C = 8^m, \quad \tfrac{1}{2} C^2 = 8, \quad \tfrac{1}{2} p C^2 = 2200.$$

L'on trouve dans le tableau précédent que le fer d'Ars de hauteur $b = 0^m.20$, à son épaisseur minimum $e_1 = 0^m.010$, donne pour le moment $\frac{1}{2} pC^2$ correspondant à ces dimensions, la valeur

$$\frac{1}{2} pC^2 = 1764 ;$$

par conséquent le moment de la charge que le fer cherché doit pouvoir supporter excède celui du fer d'Ars ci-dessus de

$$2200 - 1764 = 436.$$

L'accroissement du moment $\frac{1}{2} pC^2$ du fer d'Ars de cette hauteur étant de 40.0 par millimètre d'augmentation d'épaisseur du corps, il conviendra donc d'augmenter l'épaisseur $e_1 = 0^m.010$ de l'échantillon le plus connu de

$$\frac{436}{40} = 10^{mill}.9.$$

L'épaisseur convenable à donner au fer d'Ars de cette hauteur sera donc

$$e_1 = 0^m.010 + 0^m.0109 = 0^m.0209.$$

Quant au poids, puisque l'échantillon le plus mince d'épaisseur $e_1 = 0^m.010$ pèse 34 kilogr. par mètre courant, et que l'excédant d'épaisseur à admettre est de $10^{mill}.9$, le tableau nous indiquant qu'à chaque millimètre de surépaisseur correspond, pour cette hauteur, un accroissement de poids de $1^{kil}.56$, l'augmentation de poids du fer à adopter sera égale à

$$10.9 \times 1^{kil}.56 = 17^{kil} ;$$

le fer cherché pèsera donc

$$34^{kil} + 17^{kil} = 51^{kil}.$$

440. Emploi de fers d'une résistance supérieure a celle que la règle précédente indique. — Les proportions des fers des trois usines que nous avons citées étant assez différentes, il arrive quelquefois qu'un fer plus léger, ou à peu près du même poids que celui qu'indique la règle précédente, serait cependant capable de supporter avec sécurité une charge dont le moment $\frac{1}{2} pC^2$ serait supérieur à celui de la charge donnée.

Dans ce cas, ce fer pourrait aussi être adopté. C'est parce que ce cas se présente fréquemment dans les calculs que, dans les tableaux suivants, nous avons introduit les fers qui le fournissent; ils sont indiqués par une *.

441. Valeur a adopter pour le nombre R. — Les fers à double T ne peuvent se fabriquer, sans donner lieu à des déchets considérables, qu'avec des fers bien soudants et de bonne qualité; mais, malgré cela, je ne pense pas que la prudence permette d'admettre, pour des constructions permanentes qui doivent présenter de grandes garanties de solidité et de durée, une valeur du nombre R supérieure à

$$R = 6\,000\,000 \text{ kilogr.},$$

ce qui conduit à la formule pratique

$$\tfrac{1}{2}pC^2 = 6\,000\,000\,\frac{I}{v'},$$

à l'aide de laquelle on a déterminé les échantillons des fers à double T et les dimensions des fers rectangulaires désignés dans le tableau suivant.

442. Observation sur la différence de qualité des fers. — Il est vrai que les fers des diverses fabrications présentent des différences parfois assez notables dans les valeurs du coefficient d'élasticité, selon la nature des minéraux et selon les procédés et les soins apportés dans le travail. Mais il est à peu près impossible et il ne serait pas prudent, quand il s'agit de règles générales et surtout pour un objet d'une aussi grande importance que les planchers des édifices, de compter sur une qualité supérieure des matériaux employés, alors que l'on n'a, dans les constructions, ni le temps ni le moyen de la constater avec exactitude. Il faut donc admettre une qualité moyenne des matériaux, et c'est ce qui m'a engagé à ne pas supposer la valeur de R supérieure à 6 000 000 kilogr.

Je dois m'attendre que quelques architectes et surtout quelques entrepreneurs, jaloux de présenter une économie apparente dans l'emploi du fer, tendront à faire adopter des valeurs

supérieures de R, et à les faire porter à 8 000 000 kilogr. et même
à 10 000 000 kilogr., ainsi que pour d'autres cas j'ai pu l'indiquer moi-même, et notamment pour les charpentes, mais je
répète que, dans le cas actuel, la prudence me paraît prescrire
de s'en tenir à R = 6 000 000 kilogr.

Il me semble d'autant plus convenable de s'arrêter à cette limite, qui correspond à un allongement des fibres de 0^m.00066
par mètre courant et à des flexions qu'il ne convient pas de dépasser, que, malgré les différences de qualité et de fabrication,
la plupart des fers employés dans la construction des planchers
fournissent des valeurs peu différentes entre elles pour le coefficient d'élasticité E, et généralement comprises entre 17 000 000 000
et 18 000 000 000 kilogr., tandis qu'au contraire la détermination
des coefficients de rupture présente des irrégularités et des différences très-grandes.

443. EMPLOI DES FERS RECTANGULAIRES POUR LES PLANCHERS.
— Les fers à double T ne se fabriquent que dans certaines forges
spécialement pourvues de l'outillage nécessaire, et dans beaucoup de cas l'on peut être conduit, par la nécessité ou par la
différence des prix, à employer des fers rectangulaires. C'est
pourquoi l'on a joint à ce tableau les dimensions des fers rectangulaires équivalents aux fers à double T, et dont l'épaisseur
a serait $\frac{1}{5}$ de la hauteur b, ce qui revient à calculer cette dernière dimension par la formule

$$\frac{RI}{v'} = 6\,000\,000\,\tfrac{1}{6}ab^2 = \tfrac{1}{2}pC^2,$$

ou, à cause de $\qquad a = \tfrac{1}{5}b,$

$$200\,000\,b^3 = \tfrac{1}{2}pC^2,$$

d'où $\qquad b^3 = \dfrac{\tfrac{1}{2}pC^2}{200000}.$

444. PLANCHERS EN BOIS. — Enfin, pour mettre les constructeurs à même de comparer l'emploi du fer à celui du bois, au
point de vue de l'économie, en obtenant dans tous les cas le
même degré de solidité et de résistance à la flexion, j'ai aussi

calculé les dimensions qu'il conviendrait d'adopter pour des planchers dont les solives seraient en bois.

Dans ce calcul, l'on a supposé pour le bois,

$$R = 6\,000\,000 \text{ kilogr.},$$

et la largeur $\qquad a = \tfrac{1}{3}\,b\,,$

ce qui conduit à la formule pratique

$$b^3 = \frac{\tfrac{1}{2}\,p\mathrm{C}^2}{33333}.$$

445. OBSERVATION RELATIVE AUX GROSSES POUTRES. — Le tableau suivant, sous le nom de poutres, ne comprend pas ce qui est relatif aux grosses poutres, sur lesquelles viennent s'assembler parfois les solives des grands planchers, parce que la charge par mètre courant de longueur de ces poutres ne peut être fixée à l'avance. Pour le calcul de ces pièces principales, on se servira d'ailleurs des mêmes formules que celles employées par le tableau, et l'on adoptera des proportions analogues.

TABLE DES DIMENSIONS A DONN[...]

DÉSIGNATION des LOCAUX.	CHARGE PAR MÈTRE CARRÉ de plancher p'.	ÉCARTEMENT DES POUTRES e.	CHARGE PAR MÈTRE COURANT de poutre $p = p'e$.	PORTÉE $2C$.	VALEURS DE $\frac{1}{2}C^2$	VALEURS DE $\frac{1}{2}pC^2$	HAUTEUR du FER b.	FER D'ARS-SUR-MOSE[...] ÉPAISSEUR du corps e_1.	POI[...] d[...] mèt[...] cour[...]
	kil.	m.	kil.	m.			m.	m.	ki[...]
Chambres d'habitation, cabinets.	250	0.70	175	3.00	1.125	197	0.08	0.0135	13
							0.10	0.006	11
							0.12	»	
				4.00	2.000	350	0.10	0.0147	17
							0.12	0.0065	14
							0.14	»	:
				5.00	3.125	547	0.12	0.0195	26
							0.14	0.006*	20
							0.16	»	›
							0.18	»	›
Bureaux, pièces de réception, salons ordinaires.	350	0.70	245	3.00	1.125	276	0.10	0.0075	12
							0.12	»	›
				4.00	2.000	490	0.12	0.0156	22.
							0.14	0.0060*	20.
							0.16	»	›
				5.00	3.125	766	0.14	0.0104	24.
							0.16	0.008*	22.
							0.18	»	›
				6.00	4.500	1102	0.18	0.009*	32.
							0.20	»	x
							0.22	»	x
				7.00	6.125	1500	0.18	0.0138	38.
							0.20	0.0100*	34.
Grands salons.	450	0.60	2.70	5.00	3.125	844	0.16	0.0092	23.
							0.18	»	»
							0.20	»	».
		0.60	2.70	6.00	4.50	1215	0.18	0.009*	32.
							0.20	»	-
							0.22	»	»'
		0.60	2.70	7.00	6.125	1654	0.18	0.175	45.
							0.20	0.010*	34.
							0.26	»	»,
		0.60	2.70	8.00	8 00	2160	0.20	0.0199	49.
							0.26	»	»
		0.50	2.25	9.00	10.125	2278	0.26	0 0120	52.

POUTRES ET AUX SOLIVES DES PLANCHERS.

BLE T DES FORGES				FERS RECTANGULAIRES			BOIS.		
LA PROVIDENCE.		DE MONTATAIRE.							
ÉPAISSEUR du corps.	POIDS du mètre courant.	ÉPAISSEUR du corps e_1.	POIDS du mètre courant.	HAUTEUR b.	ÉPAISSEUR $a = \frac{1}{5} b$.	POIDS du mètre courant.	HAUTEUR b.	ÉPAISSEUR $a = \frac{1}{3} b$.	VOLUME du mètre courant.
m.	kil.	m.	kil.	m.	m.	kil.	m.	m.	m.c.b.
»	»	»	»						
976	10.09	»	»	0.099	0.020	15.40	0.181	0.060	0.0109
040*	11.00*	0.005*	10.00						
»	»	»	»						
»	»	0.0103	14.97	0.120	0.024	22.40	0.219	0.073	0.0160
067	14.81	0.007*	13.00						
»	»	0.014	20.63						
02	19.10	0 007*	16.50	0.140	0.082	30.50	0.254	0.085	0.0216
08*	20.00	0.008*	29.00						
»	»	0.0153	12.19	0.111	0.022	19.00	0.202	0.067	0.0135
865	13.32	0.0052	10.20						
»	»	»	»						
08	16.25	0.0112	17.52	0.134	0.027	28.20	0.245	0.082	0.0201
»	»	0.007*	16.50						
»	»	»	»						
09*	24.25	0.0109*	20.00	0.156	0.031	37.60	0.284	0.095	0.027
»	»	0 00956*	22.25						
»	»	»	»						
092	26.34	0.0128	29.49	0.177	0.036	49.60	0.322	0.107	0.0345
»	»	0.0092	26.30						
»	»	»	»	0.196	0.039	59.50	0.356	0.119	0.0424
»	»	0.0130	24.00						
133	27.43	0.012	25.60	0.162	0.032	40.30	0.294	0.098	0.0288
»	»	»	»						
»	»	0.0156	33.85	0.183	0.037	52.70	0.332	0.111	0.0369
115	30.27	0.0116	30.40						
»	»	»	»	0.202	0.040	62.90	0.367	0.122	0.0447
130*	40.00	»	»						
»	»	»	»	0.221	0.044	75.70	0.402	0.134	0.0539
183	50.86	»	»						
201	54.41	0.0080*	40.00	0.225	0.045	78.80	0.409	0.136	0.0556

QUATRIÈME PARTIE.

TABLE DES DIMENSIONS A DON...

S²

DÉSIGNATION des LOCAUX.	CHARGE PAR MÈTRE CARRÉ de plancher p'.	ÉCARTEMENT DES POUTRES e.	CHARGE PAR MÈTRE COURANT de poutre $p = p'e$.	PORTÉE $2C$.	VALEURS DE		HAUTEUR du FER b.	FER D'ARS-SUR-MOSE... ÉPAISSEUR du corps e_1.	POS...
					$1/2\ C^2$.	$1/2\ pC^2$.			
	kil.	m.	kil.	m.			m.	m.	k...
		0.70	350	4.00	2.000	700	0.14	0.007	211...
Salles de réunion et d'assemblées. Magasins de marchandises encombrantes, mais de peu de poids.	500						0.16	»	
							0.18	»	
		0.70	350	5.00	3.125	1094	0.18	0.009*	32...
							0.20	»	
							0.22	»	
		0.70	350	6.00	4.500	1575	0.18	0.0161	411...
							0.20	0.0100*	34...
							0.26	»	
		0.70	350	7.00	6.125	2144	0.20	0.0195	483...
							0.26	0.012*	52...
		0.55	275	8.00	8.000	2200	0.20	0.0209	50...
							0.26	0.0120*	52...
		0.45	225	9.00	10.125	2278	0.26	0 0120*	52...
		0.70	420	5.00	3.125	1312	0.18	0.0090*	32...
							0.20	0.001*	34...
							0.22	»	
Salons pour les grandes réunions.	600	0.70	420	6.00	4.500	1890	0.20	0.0131	38...
		0.60	360	7.00	6.125	2205	0.26	0.012*	52...
		0.40	240	8.00	8.000	1920	0.20	0.0139	40...
							0 26	»	
		0.35	210	9.00	10.125	2126	0.20	0.0190	47...
							0.26	0.0120	52...
		0.30	180	10.00	12.500	2250	0.26	0.0120*	52...
		0.70	700	4.00	2.000	1400	0.18	0.0107	34...
							0.20	0.010*	3...
Magasins de marchandises lourdes. Entrepôts. Docks.	1000						0.22	»	
		0.70	700	5.00	3.125	2187	0 20	0.020	49...
							0.26	0.120*	52...
		0.50	500	6.00	4.500	2250	0.26	0.120*	52...
		0.35	350	7.00	6.125	2144	0.20	0.195	44...
							0.26	0.120*	52...

POUTRES ET AUX SOLIVES DES PLANCHERS.

| ...E T DES FORGES | | | | FERS RECTANGULAIRES | | | BOIS. | | |
| PROVIDENCE. | | DE MONTATAIRE. | | | | | | | |
...UR	POIDS du mètre courant.	ÉPAISSEUR du corps c_1.	POIDS du mètre courant.	HAUTEUR b.	ÉPAISSEUR $a=\frac{1}{5}b$.	POIDS du mètre courant.	HAUTEUR b.	ÉPAISSEUR $a=\frac{1}{3}b$.	VOLUME du mètre courant.
	kil.	m.	kil.	m.	m.	kil.	m.	m.	m.c.b.
	»	»	»						
	»	0.0074	17.00	0.152	0.030	35.50	0.276	0.276	0.0254
	21.20	0.0080*	20.00						
	»	»	»						
	»	0.0126	29.18	0.176	0.035	47.90	0.32	0.107	0.0342
	26.00	0.0091	26.16						
	»	»	»						
	»	»	»	0.199	0.398	62.00	0.362	0.121	0.0438
	40.00	»	»						
	»	»	»	0.220	0.044	75.70	0.401	0.134	0.0537
	50.36	»	»						
	»	»	»	0.222	0.0446	76.00	0.386	0.129	0.0498
	53.72	»	»						
	54.41	»	»	0.225	0.045	78.8	0.409	0.136	0.0556
	»	»	»						
	33.70	0.0136	33 80	0.182	0.036	52.40	0.340	0.113	0.0384
	»	»	»	0.211	0.042	69.00	0.384	0.128	0.0490
	52.22	»	»	0.223	0.045	78.10	0.404	0.135	0.0545
	»	»	»						
	43.67	»	»	0.213	0.043	71.30	0.386	0.129	0.0498
	»	»	»						
	52.50	0.0080	45.00	0.220	0.044	75.30	0.40	0.133	0.0532
	53.72	»	»	0.224	0.045	78.50	0.407	0.136	0.0554
	»	»	»						
	30.77	0.0154	36.95	0.191	0.038	56.50	0.348	0.116	0.0404
	»	»	»						
	51.37	0.0080*	45.00	0.222	0.044	76.00	0.403	0.134	0.0540
	53.40	0.0080*	45.00	0.224	0.045	78.50	0.407	0.136	0.0554
	50.35	0.0080*	45.00	0.221	0.044	75.70	0.401	0.134	0.0837

446. Comparaison des flexions des planchers proportionnée selon les règles données aux N^{os} **458** et suivants. — Si, à
l'aide de la formule du n° **290**

$$f = \tfrac{5}{24} \frac{p C^4}{EI},$$

nous calculons la flexion que, sous la charge normale admise,
prendraient des planchers de grands salons de 7 mètres de portée chargés d'un poids $p' = 450$ kilogr. par mètre carré de superficie, dont les poutres seraient écartées d'une distance

$$e = 0^m.60,$$

ce qui donne

$$p = p'e = 270^{kil}, \qquad 2C' = 7^m.00,$$

nous trouvons les résultats suivants, en prenant pour le fe

$$E = 20\,000\,000\,000^{kil},$$

et pour le bois,

$$E = 1\,500\,000\,000^{kil}.$$

La poutre P$_8$ de la Providence ayant

$$b = 0^m.260 \quad \text{et} \quad a = 0^m.067,$$

donne $\qquad \dfrac{I}{v'} = 0.00029974, \qquad v' = 0^m.13;$

l'on a donc $\qquad I = 0.000038966,$

$$f = \tfrac{5}{24} \times \frac{270 \times \overline{3.5}^4}{20\,000\,000\,000 \times 0.000038966} = 0^m.0108,$$

ou $\qquad \dfrac{0.0108}{7.00} = \tfrac{1}{648}.$

La poutre en fer méplat qui, dans le tableau, correspond à la
précédente, donne

$$b = 0^m.202, \qquad a = 0^m.040,$$

$$I = \tfrac{1}{12} ab^3 = 0.000027475.$$

L'on a donc

$$f = \tfrac{5}{24} \, \frac{270 \times \overline{3.5}^4}{20\,000\,000\,000 \times 0.000027475} = 0^m.0153,$$

et

$$\frac{f}{2\text{C}} = \frac{0.0153}{7.00} = \tfrac{1}{458}.$$

Pour la poutre en bois qui, dans le tableau, correspond aux deux précédentes, l'on a

$$b = 0^m.367, \qquad a = 0^m.122,$$

et par suite

$$\frac{\text{I}}{12} = \tfrac{1}{12} \, ab^3 = 0.00050255.$$

L'on en déduit

$$f = \tfrac{5}{24} \, \frac{270 \times \overline{3.5}^4}{1\,500\,000\,000 \times 0.00050255} = 0^m.0112,$$

et

$$\frac{f}{2\text{C}} = \frac{0^m.0112}{7.00} = \tfrac{1}{625},$$

ce qui se rapproche beaucoup du résultat de l'ancienne règle des charpentiers, rapportée au n° **512**.

L'on voit par cette comparaison que les poutres en fer méplat prendraient un peu plus de flexion sous les mêmes charges que les fers à double T. Quant aux poutres en bois, elles fléchiraient moins que les poutres en fer à double T, et elles semblent dès lors proportionnées d'une manière convenable eu égard à l'altérabilité du bois.

Enfin, il faut aussi se rappeler que beaucoup de fers de très-bonne qualité ne fournissent pas toujours, pour le coefficient d'élasticité, une valeur égale à 20 000 000 000 kilogr., et subiraient des flexions un peu plus fortes que celles que l'on vient de trouver.

Il résulte de cette comparaison que les trois systèmes de poutres, dont on a donné les dimensions dans le tableau précédent, paraissent proportionnés pour donner des flexions admissibles dans la pratique, mais qu'il ne conviendrait guère de dépasser.

447. Comparaison des prix des planchers proportionnés d'après les règles précédentes. — Pour donner une idée des prix comparatifs des différentes poutres employées pour les planchers, nous choisirons pour exemple celles qui conviendraient pour un grand salon de 7 mètres de portée.

Le tableau du n° **438** nous donne les poids suivants :

Poutres à double T écartées de $0^m.60$, P_8.

Poids du mètre courant, 40 kilogr.

Le prix moyen de ces fers étant de $31^f.60$ les 100 kilogr. rendus dans Paris, celui du mètre courant de poutre sera

$$40 \times 0^f.316 = 12^f.64,$$

et par mètre carré de surface de plancher,

$$\frac{12^f.64}{0.60} = 21^f.66.$$

Poutre en fer rectangulaire,

$$a = 0^m.040, \qquad b = 0^m.202.$$

Poids du mètre courant, $63^{kil}.2$.

Le prix étant de 28 fr. les 100 kilogr., celui du mètre courant serait de

$$63^{kil}.2 \times 0.28 = 17^f.70,$$

et par mètre carré de superficie,

$$\frac{17^f.70}{0.60} = 29^f.5.$$

Poutre en bois de sapin :

cube par mètre courant, $0^{m.c}.0447$.

Le prix du mètre cube de sapin équarri est d'environ 75 fr. Il en coûterait donc par mètre courant de poutre

$$0^m.0447 \times 75 = 3^f.35,$$

ou, par mètre carré de superficie,

$$\frac{3^f.35}{0.60} = 5^f.59.$$

Mais il faut remarquer que les planchers en bois exigent des ferrures et des dispositions particulières pour les passages des tuyaux de cheminée, etc., ce qui en augmente notablement le prix.

448. Des proportions convenables pour les fers à double T. — Malgré tout le soin apporté à la fabrication des fers à double T, il est difficile d'éviter qu'ils ne soient un peu gauchis dans le refroidissement, et il en résulte que souvent ils reposent sur leurs appuis par le bord de l'une des semelles inférieures, tandis que la charge peut porter sur le bord du côté opposé de la semelle supérieure. Le fer est ainsi exposé à un effort de déversement dont le bras de levier est d'autant plus grand que la largeur a des semelles est plus considérable par rapport à la hauteur b, et auquel ce fer oppose une résistance d'autant moindre que l'épaisseur e du corps est plus faible par rapport à cette même hauteur.

Il importe donc de limiter les valeurs des rapports $\frac{a}{b}$ et $\frac{e_1}{b}$, et il me semble prudent de leur assigner des limites qui ne soient pas, pour le premier, au-dessus de

$$\frac{a}{b} = 0.450 \quad \text{à} \quad 0.500,$$

et pour le second, au-dessous de

$$\frac{e_1}{b} = 0.045 \quad \text{à} \quad 0.050.$$

Tous les tableaux précédents ont d'ailleurs été calculés sur les fers à double T des usines d'Ars-sur-Moselle, de Montataire et de

la Providence, qui fabriquent des fers à semelles égales, ce qui, d'après toutes les expériences que nous avons relatées, semble la disposition la plus convenable pour l'uniformité de résistance.

449. DES POUTRES ACCOUPLÉES. — L'on emploie souvent, pour soutenir des planchers d'une grande étendue ou des parties de façades de maison, de grosses poutres en fer réunies en nombre suffisant. Dans le premier cas, ces poutres, placées du mur de face au mur de fond, reçoivent, par assemblage ou par superposition, les petites poutres sur lesquelles repose le plancher ; dans le second, elles supportent la maçonnerie élevée au-dessus. Dans l'un comme dans l'autre cas, la charge est uniformément répartie sur leur longueur et, bien qu'elles soient engagées dans la maçonnerie, la prudence ne permet guère de les considérer comme encastrées par leurs extrémités, parce qu'une économie mal entendue engage les constructeurs à ne pas leur donner assez de longueur pour que la charge supportée par leurs extrémités les maintienne horizontales au-dessus des points d'appui.

Afin de constater la charge qu'il convient de faire supporter à de semblables poutres, j'ai fait faire au Conservatoire quelques expériences spéciales que je crois utile de faire connaître.

450. EXPÉRIENCES SUR DES POUTRES À DOUBLE T ACCOUPLÉES. — La première poutre de ce genre, qui a été essayée, était destinée à être employée dans la construction du bâtiment des bureaux d'administration du Conservatoire des arts et métiers. Les fers qui la composent sont des fers à double T de l'usine de la Providence, de hauteur $b = 0^m.26$ et d'épaisseur $e_1 = 0^m.015$ au corps. Les semelles sont égales et ont une largeur $a = 0^m.065$; une nervure, qui existe au milieu de la hauteur, a $0^m.055$ de largeur totale.

Ces pièces ont 7 mètres de longueur ;

Le poids de l'une est de.............. .... 291^{kil}
Le poids de l'autre est de............. ... 282
Le poids moyen est donc de.......... .... $286^{kil}.50$
Ce qui porte le poids du mètre courant à. $40^{kil}.93$.

Elles sont réunies extérieurement par sept colliers en fer méplat de $0^m.008$ sur $0^m.050$, et maintenues écartées par autant de croisillons doubles en fer de $0^m.025$ de côté, contenus par le serrage des colliers extérieurs.

Le poids des sept armatures est de 49 kilogr.

La portée sous laquelle la poutre accouplée a été expérimentée était $2C = 6^m.80$. La charge a été uniformément répartie sur la longueur, excepté sur une longueur de $0^m.20$ du milieu, ce qui a peu d'influence sur les résultats.

Le tableau suivant contient les résultats des expériences.

EXPÉRIENCES SUR UNE POUTRE ACCOUPLÉE, FORMÉE DE DEUX FERS
A DOUBLE T, DE LA PROVIDENCE.

Hauteur $b = 0^m.26$; portée $2C = 6^m.80$.

CHARGES uniformément RÉPARTIES, $2pC$.	FLEXIONS		OBSERVATIONS.
	TOTALES.	par 100 KILOGR. de charge.	
kil.	mill.	mill.	
900 kil	2.38	0.264	Le moment d'inertie de la section transversale est pour chaque poutre
1444	3.82	0.264	
1988	5.36	0.269	$I = 0.00004048$.
2532	7.08	0.279	
3076	8.68	0.282	Il a été déterminé par la méthode grafique du n° 244,
3620	10.22	0.282	
4164	11.82	0.283	0.283
5252	14.94	0.284	
6340	17.98	0.283	
7428	21.10	0.284	
8516	24.36	0.286	
9604	27.62	0.298	
»	28.90	»	Après 17 h. de chargement.

Les chiffres contenus dans ce tableau montrent que les flexions sont restées proportionnelles aux charges, jusque vers celle de 7500 kilogr. environ. Au-dessous de cette charge, la flexion moyenne par 100 kilogr. de charge uniformément répartie, a été de $0^{mill}.283$, en laissant en dehors les deux premières flexions observées, pour écarter les effets du contact imparfait des poutres sur leurs appuis.

La charge maximum employée a été de 9604 kilogr., et son action prolongée pendant 17 heures a produit un accroissement de flexion de 1^{mill}.28, ce qui montre bien qu'au delà de 7428 kilogr., l'on ne pouvait plus compter sur la conservation de l'élasticité.

La valeur du coefficient d'élasticité de cette poutre accouplée peut se déduire de la formule

$$E = \frac{5}{24} \frac{pC^4}{fI},$$

en y faisant

$$pC = 50^{kil}, \qquad f = 0^m.000283, \qquad C = 3^m.40,$$

$$I = 0.00004048 \times 2 = 0.00008096,$$

pour les deux poutres.

L'on en déduit

$$E = 17\,869\,000\,000^{kil},$$

valeur qui s'éloigne peu de celles que l'on a trouvées dans plusieurs expériences précédentes pour de bons fers de ce genre, et qui prouve que, par suite de leur accouplement, les deux poutres ont résisté ensemble, comme elles l'auraient fait séparément.

Le plancher que cette poutre double doit supporter a 6^m.40 sur 6^m.30, et par conséquent 40^{mq}.32 de surface : la poutre étant placée au milieu n'a à supporter que la moitié de la charge totale du plancher, ou celle qui correspond à 20^{mq}.16. La charge à partir de laquelle son élasticité a commencé à s'altérer ayant été de 7428 kilogr., cela correspondrait à une charge par mètre carré de plancher égale à

$$\frac{7428}{20.16} = 368^{kil}.$$

Le local est destiné à de petits bureaux, où il y aura toujours très-peu de monde; mais comme l'on ne devrait jamais dépasser la charge égale à la moitié de celle sous laquelle l'élasticité commence à s'altérer, il s'ensuit que la charge normale et permanente de ce plancher ne devrait être que de 184 kilogr. par mètre carré, ce qui excède à peine le poids du hourdis joint à celui des petites poutres et à celui du parquet. L'on voit donc que cette poutre est un peu faible pour sa destination.

Influence du mouvement de la charge.

451. DE L'INFLUENCE DU MOUVEMENT DE LA CHARGE SUR LA FLEXION DES SOLIVES QUI LA SUPPORTENT. — On n'a considéré jusqu'ici les flexions produites par les charges que dans l'hypothèse où ces charges restent immobiles au point où elles sont placées; mais il n'est pas sans intérêt pour la stabilité des ponts, et surtout de ceux qui doivent servir au passage des trains de chemins de fer marchant à grande vitesse, d'examiner comment la vitesse du transport peut influer sur les flexions.

On comprend, en effet, facilement que quand un chariot ou simplement un cylindre roule sur des poutres qui fléchissent sous la charge, la courbure du chemin parcouru par le solide donne lieu à un développement de force centrifuge dont l'action normale à la courbure concourt avec le poids de la charge à augmenter la flexion et peut même produire la rupture. On se rappelle que la force centrifuge a pour expression

$$\frac{m V^2}{r} = \frac{P}{g} \cdot \frac{V^2}{r},$$

formule dans laquelle

m est la masse du corps en mouvement;

V sa vitesse dans le sens de la courbe;

r le rayon de courbure de la courbe.

On voit donc que, pour une même charge, l'effet de cette force ou l'accroissement de pression qu'elle peut produire, croît comme le carré de la vitesse et en raison inverse du rayon de courbure, c'est-à-dire qu'il sera d'autant plus grand que la flexion elle-même sera plus considérable.

Mais d'une autre part, on voit aussi que si les proportions
données au solide sont telles que la flèche de courbure que
produirait la charge au repos, soit nécessairement très-faible,
cette action de la force centrifuge ne pourra pas atteindre une
grande intensité, et qu'alors, aux limites usuelles de vitesse des
trains de chemins de fer, on pourra en faire abstraction.

452. EXPÉRIENCES EXÉCUTÉES À PORTSMOUTH. — De nombreuses
et intéressantes expériences ont été faites à ce sujet au dockyard
de Portsmouth par MM. Henry James, capitaine, et Douglas
Galton, lieutenant de la marine royale d'Angleterre.

Des barres de fonte de $2^m,745$ de portée ont été disposées de
manière à faire partie d'un petit chemin de fer horizontal, rac-
cordé vers ses deux extrémités par des courbes convenables,
avec des plans inclinés, au moyen desquels un chariot aban-
donné à lui-même pouvait acquérir une vitesse considérable.

Des appareils ingénieux, munis de styles, traçaient pendant
le passage, sur une surface plane, les flexions que prenaient
les barres, ce qui a permis de comparer celles qui avaient lieu
pendant le mouvement aux flèches de courbure obtenues quand
le chariot était au repos et placé au milieu des barres.

Ces expériences ont été répétées sur des barres de fonte ayant
toutes la même portée $2C = 2^m.745$, mais de sections différentes. Les résultats ainsi que les données sont consignés dans
les tableaux du n° **455**, où l'on trouve la flexion produite par
des charges diverses au repos et celle qui a lieu pendant le
mouvement à différentes vitesses ainsi que le rapport de ces
flexions.

L'examen de ces tableaux montre d'abord qu'effectivement les
flexions maximum prises par les solides, croissent avec la vitesse
du mouvement, et l'on voit en outre que la rupture a lieu sous
des charges de plus en plus faibles à mesure que la vitesse devient plus grande.

L'observation a aussi prouvé que la rupture a lieu en général
à des points situés au delà du milieu de la longueur des barres
et qu'elle se produit souvent en plusieurs endroits différents à
la fois.

L'influence de la vitesse de passage sur des solides qui fléchissent est donc rendue très-manifeste par ces expériences, et l'action de la force centrifuge dans cet effet est incontestable; mais comme il faut toujours un certain temps pour que les flexions se produisent, et que cette force qui en dépend se développe pendant le passage, il arrive qu'au delà de certaines limites de vitesse, l'effet ou la flexion diminue au lieu d'augmenter. C'est ce qui résulte des expériences suivantes faites sur des barres d'acier et de fer forgé.

Expériences sur deux barres d'acier de 0m.685 de longueur, 0m.0508 de largeur, et 0m.0063 d'épaisseur.

Vitesses en 1″............	»	m. 4.57	m. 7.00	m. 8.83	m. 10.35	m. 13.40
Flexion au milieu........	mill. 17.8	mill. 25.9	mill. 33.6	mill. 36.8	mill. 33.00	mill. 26.20

Expériences sur deux barres de fer de 2m.745 de longueur, 0m0254 de largeur, et 0m.0762 d'épaisseur, avec une charge de 805 kilogr.

Vitesses en 1″............	»	m. 4.57	m. 8.83	m. 11.00	m. 13.20	»
Flexion au milieu........	mill. 7.36	mill. 9.90	mill. 12.70	mill. 15.75	mill. 10.90	»

Ces expériences ont donné lieu à des recherches théoriques fort intéressantes pour la science, de la part de M. le professeur Willis.

Mais ce savant géomètre a été conduit à des calculs trop compliqués pour être d'un usage habituel, et nous chercherons à discuter les résultats des expériences par une méthode plus simple, qui sera suffisamment exacte pour la pratique.

Quant aux applications usuelles, nous ferons remarquer d'abord qu'une partie de ces expériences ont commencé avec des charges, et, par conséquent, sous des flexions qui dépassaient déjà de beaucoup celles que l'on peut admettre pour des constructions permanentes et que donneraient nos formules pratiques.

Ainsi, les barres de fonte de 0in.0254 de largeur sur 0m.0508 d'épaisseur et 2m.745 de portée n'auraient dû supporter en leur milieu qu'une charge permanente de 119kil.44, tandis que chariot employé a toujours pesé au moins 508 kilogr., ce qui revenait à 254 kilogr. par barre.

Les barres de 0^m.0254 de largeur sur 0^m.762 d'épaisseur qui, sous la portée de 2^m.745, ne devaient être soumises d'une manière permanente qu'à une charge de 268^{kil}.70, n'ont été d'abord chargées, il est vrai, que de 254 kilogr. par barre; mais il est à remarquer qu'elles n'ont été rompues qu'à la vitesse de 13^m.10, sous une charge de 404 kilogr. dans un cas et de 372 kilogr. dans l'autre.

Ainsi, il résulte de ces expériences que les dimensions déterminées par nos formules pratiques sont telles, que les solives légères, comme les barres expérimentées, par rapport à la charge mobile, peuvent supporter le passage de charges qui dépassent celles que nous admettons comme permanentes avec des vitesses de 13 mètres par seconde. A plus forte raison, lorsqu'il s'agira de ponts de toutes formes, dont le tablier et les autres parties accessoires augmentent le rapport de la masse à celle de la charge, dans une proportion plus grande que celle qui existait dans les expériences, pourra-t-on négliger l'influence de la vitesse des charges à supporter.

Toutefois, il doit résulter au moins de ces expériences que, pour les ponts suspendus, les ponts de bateaux sujets à éprouver des flexions, et par conséquent des courbures considérables, la prudence exige que les consignes qui prescrivent de n'y laisser passer les voitures qu'au pas, soient strictement observées.

455. DISCUSSION DES RÉSULTATS DE CES EXPÉRIENCES. — Pour soumettre les résultats de ces expériences au calcul, il faut remarquer que la force centrifuge dépend de la masse du corps en mouvement, de sa vitesse et du rayon de courbure correspondant à la flexion. Or, ce rayon dépend lui-même de la pression dans la valeur de laquelle la force centrifuge entre pour une partie souvent très-considérable. De plus, l'observation montre que le point de la plus grande flexion n'est pas au milieu des barres, et sa position est ainsi très-difficile à déterminer exactement.

Mais, s'il ne paraît pas possible d'exprimer rigoureusement toutes les circonstances qui se produisent dans de semblables mouvements, l'on peut, néanmoins, s'en rendre un compte approximatif par les considérations suivantes.

Le rayon de courbure r, correspondant à la pression, au repos, est donné par la formule du n° **275**

$$r = \frac{EI}{PC},$$

en appelant 2P l'effort que l'on suppose exercé au milieu de la barre et dont on connaît *a priori* une partie, la moitié du poids du chariot; $2C = 2^m.745$ la portée totale des barres, E et I ayant les significations connues.

Mais si l'on se rappelle que, dans le cas simple d'un solide posé sur deux points d'appui, et chargé en son milieu d'un poids 2P, l'on a (n° **278**) la relation

$$f = \tfrac{1}{3}\frac{PC^3}{EI}, \quad \text{d'où l'on tire} \quad \frac{EI}{PC} = \frac{C^2}{3f};$$

on en déduit la valeur très-simple du rayon de courbure

$$r = \frac{C^2}{3f},$$

qui montre que, quelle que soit la forme du profil transversal d'un solide, dont on peut négliger le poids par rapport à la charge qu'il porte, le rayon de courbure est égal au carré de la demi-portée, divisé par trois fois la flèche de courbure.

D'une autre part, si l'on néglige le poids des rails par rapport à celui du chariot, la force centrifuge a pour expression

$$\frac{P'V^2}{gr},$$

en désignant par P′ la charge qui agit ici au milieu de chaque barre ou la moitié du poids du chariot, et par V la vitesse de transport.

D'après la valeur précédente du rayon de courbure, cette expression de la force centrifuge devient

$$\frac{P'}{g}\frac{V^2}{r} = \frac{3V^2}{gC^2}P'f.$$

Par conséquent, on pourrait facilement calculer l'intensité de la force centrifuge développée dans chacune de ces expériences, si l'on avait la valeur de la flexion correspondante à chaque charge.

Ce qu'il importe de reconnaître, pour vérifier les considérations précédentes, c'est de s'assurer si la charge supportée par chaque rail, augmentée de la valeur de la force centrifuge, calculée comme nous venons de l'indiquer, surpasse effectivement la charge capable de rompre le solide.

Pour faire cette vérification, nous sommes forcés de supposer la charge au milieu de la portée du solide, attendu que son emplacement au moment de la plus grande flexion et de la rupture n'est pas donné, et de plus, nous ne connaissons que la flèche observée dans l'expérience qui a immédiatement précédé la rupture avec la charge correspondante.

Il est donc évident par là que la valeur de l'effort total à laquelle nous parviendrons sera moindre que l'effort même qui a produit réellement la rupture. Nous pourrons, d'après cela, nous assurer si les considérations précédentes se rapprochent suffisamment des résultats de l'expérience pour pouvoir servir, à l'occasion, à apprécier à l'avance, approximativement, les effets de la vitesse des trains de chemin de fer sur les rails et surtout sur les ponts.

On a rapporté, dans les tableaux suivants, tous les éléments des expériences et des calculs.

Les charges totales en kilogr., indiquées dans la première colonne, sont les poids du traîneau et se partagent en deux parties égales pour donner la valeur de la charge $2P = P'$, qui pesait sur chaque rail et que nous considérons au moment de son passage au milieu.

On a calculé pour chaque barre le poids qui, placé au milieu de sa longueur, eût produit la rupture, en admettant que la fonte employée fût de résistance moyenne, ce qui revient à supposer (n° **551**)

$$R_r = 32\,441\,000 \text{ kilogr.}$$

On conçoit, d'ailleurs, que ce coefficient pouvant varier assez notablement d'une barre à l'autre, cette charge de rupture ne peut être déterminée bien exactement.

En ajoutant la moitié du poids du traîneau à la valeur trouvée pour la force centrifuge, on a eu la valeur de la quantité

$$P' + \frac{3V^2}{gC^2}P'f,$$

qui exprime la valeur approximative, mais un peu trop faible, de l'effort total auquel le corps était soumis pendant le passage.

Lorsque les poids du traîneau ont été graduellement augmentés jusqu'à la rupture, et surtout quand les dernières charges ont différé très-peu les unes des autres, l'on a obtenu, pour cet effort, des valeurs très-voisines de la charge de rupture au repos. Mais quand, au contraire, les charges ont été augmentées trop rapidement, il est arrivé, dans la plupart des cas, que la valeur de $P' + \frac{3V^2}{gC^2}P'f$ a été trouvée très-supérieure à la charge de rupture au repos, ce qui en rend compte *a fortiori*. Dans quelques autres cas, la flexion produite par l'avant-dernière charge étant notablement plus faible que celle due à la dernière, l'effort total a été un peu inférieur à la charge de rupture au repos, mais cela s'est présenté rarement.

Les nombres consignés dans la colonne intitulée *Flexion au repos* ne sont pas, à l'exception du premier chiffre de chaque série, déterminés par expérience directe; l'observation de la flexion ayant été faite chaque fois pour la charge la plus faible, on s'est servi de cette flexion pour calculer toutes les autres par les formules que nous avons données; les différences que l'on peut remarquer entre les flexions des différentes barres d'un même échantillon donnent en quelque sorte la mesure de leurs résistances comparatives.

Les expériences de la première série ont toutes été faites sur des barres de 2^m.745 de longueur, présentant une section rectangulaire de 0^m.0254 sur 0^m.0508; dans la deuxième et la troisième série la longueur est restée la même; mais les dimensions transversales ont été portées successivement à 0^m.0254 sur 0^m.0762 et 0^m.1016 sur 0^m.8381.

Ces trois séries sont les seules qui figurent dans les tableaux suivants : elles sont suffisantes pour faire connaître les résultats principaux auxquels ont été conduits MM. James et Galton, qui ont encore expérimenté sur des barres plus fortes et d'une plus grande portée, des barres de diverses substances, et aussi des pièces courbes telles que celles que l'on emploie si fréquemment dans la construction des ponts en fonte.

EXPÉRIENCES DE MM. HENRY JAMES, CAPITAINE, ET DOUGLAS GALTON, LIEUTENANT DE LA MARINE ROYALE D'ANGLETERRE.

PREMIÈRE SÉRIE.

POIDS du chariot.	BARRE DE GAUCHE $a = 0^m.0254$, $b = 0^m.0508$, $2C = 2^m.745$.			CHARGE sur chaque barre, $2P = P'$.	FORCE centrifuge, $\frac{2 V^2}{g C^2} P'f$.	EFFORT total, $P' + \frac{3 V^2}{g C^2} P'f$.
	FLEXION au repos.	FLEXION pendant le mouvement.	RAPPORT des flexions.			
Vitesse du chariot, $4^m.57$.—Charge de rupture au repos calculée pour une barre, $516^k.42$.						
kil.	m.	m.		kil.	kil.	kil.
506.0	0.0223	0.0315	1.41			
566.5	0.0279	0.0432	1.54			
652.5	0.0376	0.0502	1.34			
707.0	0.0434	0.0637	1.47			
775.0	0.0530	0.0761	1.43			
850.0	»	rupture.	»	425.0	76.27	501.27
506.0	0.0218	0.0282	1.28			
566.5	0.0264	0.0358	1.33			
652.5	0.0368	0.0493	1.24			
707.0	0.0422	0 0635	1.55			
775.0	0.0515	0.0775	1.51			
811.0	0.0533	0.0895	1.68			
824.0	0.0537	0.0915	1.70			
836.0	0.0553	0.1119	1.91	419.0	73.78	491.78
506.0	0.0157	0.0186	1.19			
566.5	0.0195	0.0223	1.14			
614.0	0.0236	0.0279	1.18			
660.0	0.0272	0.0340	1.25			
707.0	0.0305	0.0447	1.47			
761.0	0.0345	0.0602	1.74			
813.0	0.0383	0.0736	1.92			
824.0	»	rupture.	»	412.0	102.8	514.8
Vitesse du chariot, $7^m.31$ en $1''$.						
506.0	0.0162	0.0259	1.59			
566.0	0.0203	0.0393	1 94			
614.0	0.0244	0.0685	2.81			
640.0	0.0264	0.0800	3.04			
652.0	»	rupture.	»	326.0	226.2	552.2
506 0	0.0165	0.0221	1.43			
566.0	0.0205	0.0279	1.35			
614.0	0.0248	0.0488	2.37			
640.0	0.0269	0.0722	2.69			
652.0	0.0276	0.0965	3.50			
664.0	0.0286	»	»			
677.0	0.0297	0.1000	3.37			
691.0	»	rupture.	»	345.5	299.7	645.2
506.0	0.0187	0.0289	1.54			
566.0	0.0233	0.0372	1.59			
614.0	0.0279	0.0432	1.58			
640.0	0.0305	0.0512	1.70			

SUITE DE LA PREMIÈRE SÉRIE.

POIDS du chariot.	BARRE DE GAUCHE $a = 0^m.0254,\ b = 0^m.0508\ 2C = 2^m.745.$			CHARGE sur chaque barre, $2P = P'$	FORCE centrifuge, $\frac{3V^2}{gC^2}P'f.$	EFFORT total, $P' + \frac{2V^2}{gC^2}P'f.$
	FLEXION au repos	FLEXION pendant le mouvement.	RAPPORT des flexions.			

Vitesse du chariot, $7^m,31$ en $1''$.—Charge calculée de rupture au repos, $516^{kil}.42$.

kil.	m.	m.		kil.	kil.	kil.
652.0	0.0315	0.0565	1.80			
664.0	0.0327	0.0612	1.87			
677.0	0.0337	0.0644	1.90			
691.0	0.0347	0.0680	1.96			
703.0	0.0360	0.0707	1.95			
716.0	0.0370	0.0780	2.11			
727.0	»	rupture.	»	363.5	246.0	609.5

Vitesse du chariot. $8^m.84$ en $1''$.

| 506.0 | 0.0241 | 0.0457 | 1.89 | | | |
| 566.0 | » | rupture. | » | 283.0 | 164.0 | 447.0 |

La flèche 0.0457 était très-inférieure à celle qui a eu lieu à la rupture.

506.0	0.0284	0.0645	2.17			
533.0	0.0330	0.0853	2 56			
546.0	»	rupture.	»	273.0	295.4	568.4

506.0	0.0244	0.0584	2.39			
533.0	0.0274	0 0770	2.80			
546.0	»	rupture.	»	273.0	266.7	539.7

Vitesse du chariot, $10^m.006$ en $1''$.

506.0	0.0215	0.0513	2 40			
533.0	0.0238	0.0677	2.83			
546.0	»	rupture.	»	273.0	300.2	573.2

506.0	0.0205	0.0333	1.61			
533.0	0.0231	0.0472	2.05			
546.0	0.0244	0.0620	2.54			
558.0	0.0254	0.0765	3.02			
571.0	0.0264	0.0926	3.51			
583.0	»	rupture.	»	291.5	438.5	730.0

| 506.0 | 0.0330 | 0.0770 | 2.34 | | | |
| 519.0 | » | rupture. | » | 259.5 | 318.4 | 577.9 |

Vitesse du chariot, $11^m.950$ en $1''$.

| 506.0 | 0.0218 | 0.0472 | 2.16 | | | |
| 519.0 | 0.0238 | 0.0571 | 2.38 | 259.5 | 336.9 | 596.4 |

506.0	0.0183	0.0417	2.28			
519.0	0.0198	0.0574	2.97			
533.0	»	rupture.	»	266.5	354.6	621.1

506.0	0.0177	0 0381	2.14			
519.0	0.0188	0.0533	2.83			
533.0	0.0198	0.0586	2.76			
546.0	»	rupture.	»	273.0	370.9	643.9

DEUXIÈME SÉRIE.

POIDS du chariot.	BARRE DE GAUCHE. $a = 0^m.1254$, $b - 0^m.0762$. $2C = 2^m.745$.			CHARGE sur chaque barre, $2P = P'$.	FORCE centrifuge, $\dfrac{3V^2}{gC^2}P'f$.	EFFORT total, $P' + \dfrac{3V^2}{gC^2}P'f$.
	FLEXION au repos.	FLEXION pendant le mouvement.	RAPPORT des flexions.			

Vitesse du chariot $4^m.575$ en $1''$. — Charge calculée de rupture au repos, $1611^{kil}.96$.

kil.	m.	m.		kil.	kil.	kil.
506.0	0.0094	0.0104	1.10			
804.0	0.0175	0.0147	0.87			
1065.0	0.0259	0.0246	0.95			
1338.0	0.0363	0.0418	1.11			
1495.0	0·0441	0·0596	1.34			
1526.0	0.0457	0.0685	1.50			
1545.0	»	rupture.	»	772.5	179.8	952.3
506.0	0.0096	0.0112	1. 0			
804.0	0.0180	0.0175	0.97			
1065.0	0.0267	0.0290	0.97			
1338.0	0.0383	0.0396	1.10			
1495.0	»	rupture.	»	747.5	100.6	848.1

L'avant-dernière charge était trop différente de la dernière.

506.0	0.0073	0.0079	1.07			
804.0	0.0137	0.0154	1.11			
1065.0	0·0215	0.0211	1.04			
1338.0	0.0303	0.0381	1.26			
1495.0	0.0347	0.0469	1.35			
1545.0	0.0371	0.0564	1.52			
1569.0	0.0381	0.0673	1.76			
1578.0	»	rupture.	»	789.0	180.4	969.4

Vitesse du chariot, $8^m.84$ en $1''$.

506.0	0.0081	0.0091	1.11			
804.0	0.0154	0.0193	1.26			
1065.0	0.0223	0.0345	1.52			
1209.0	0.0272	0.0462	1.70			
1251.0	0.0289	0.0523	1.80			
1282.0	0.0299	0.0549	1.83			
1308.0	0.0310	0.0576	1.86			
1332.0	0.0319	0·0640	2.00			
1396.0	0.0330	0.0678	2.05			
1430.0	»	rupture.	»	715.0	615·0	1330.0
506.0	0.0106	0.0137	1.28			
804.0	0.0200	0·0302	1.50			
1065.0	0.0292	0.0507	1.75			
1338 0	»	rupture.	»	669.0	430.3	1099.3

SUITE DE LA DEUXIÈME SÉRIE.

POIDS du chariot.	BARRE DE GAUCHE $a=0^m.0254,\ b=0^m.0762,\ 2C=2^m.745.$			CHARGE sur chaque barre, $2P=P'$.	FORCE centrifuge, $\dfrac{2V^2}{gC^2}P'f$.	EFFORT total, $P'+\dfrac{3V^2}{gC^2}P'f$.
	FLEXION au repos.	FLEXION pendant le mouvement.	RAPPORT des flexions.			

Vitesse du chariot, $8^m.84$ en $1''$. — Charge calculée de rupture au repos, $1161^{kil}.96$.

kil.	m.	m.		kil.	kil.	kil.
506.0	0.0084	0.0172	1.57			
804.0	0.0157	0.0223	1.42			
1065.0	0.0231	0.0404	1.75			
1338.0	0.0332	0.0702	2.07			
1362.0	»	rupture.	»	681.0	606.5	1287.5

Vitesse du chariot, $11^m.00$ en $1''$.

506.0	0.0099	0.0175	1.71			
804.0	0.0185	0.0284	1.53			
1065.0	0.0272	0.0528	1.94			
1135.0	»	rupture.	»	562.5	583.5	1146.0

506.0	0.0086	0.0127	1.47			
804.0	0.0157	0.0277	1.75			
1065.0	0.0128	0.0482	2.05			
1088.0	»	rupture.	»	544.0	515.5	1059.5

506.0	0.0124	0.0182	0.47			
804.0	0.0236	0.0332	1.42	Les deux dernières charges sont		
1065.0	»	rupture.	»	trop différentes.		

Vitesse du chariot, $13^m.10$ en $1''$.

506.0	0.0086	0.0112	1.29			
804.0	0.0157	0.0236	1.50			
938.0	0.0193	0.0396	2.04			
989.0	»	rupture.	»	494.5	545.5	1040.0

506.0	0.0068	0.0152	1.92			
804.0	0.0129	0.0272	2.10			
938.0	0.0155	0.0475	3.07			
962.0	»	rupture.	»	481.0	636.5	1117.5

506.0	0.0061	0.0096	1.58	0.0066	0.0127	1.92
804.0	0.0114	0.0218	1.90	0.0127	0.0259	2.04
938.0	0.0134	0.0330	2.35	0.0150	0.0355	2.36
989.0	0.0152	0.0470	3.09	0.0165	0.0508	3.00
1097.0	»	rupture.	»	»	»	»

TROISIÈME SÉRIE.

POIDS du chariot.	BARRE DE GAUCHE. $a=0^m.1016,\ b=0^m.8381,\ 2C=2^m.745.$			CHARGE sur chaque barre, $2P=P'.$	FORCE centrifuge, $\frac{3V^2}{gC^2}P'f.$	EFFORT total, $P'+\frac{8V^2}{gC^2}P'f.$
	FLEXION au repos.	FLEXION pendant le mouvement.	RAPPORT des flexions.			

Vitesse du chariot, $4^m.575$ en $1''$. — Charge calculée de rupture au repos, $1161^{kil}.8$.

kil.	m.	m.		kil.	kil.	kil.
506.0	0.0109	0.0160	1.46			
805.0	0.0213	0.0343	1.64			
1065.0	0.0322	0.0508	1.57			
1340.0	0.0477	0.0970	2.01			
1450.0	0.0550	0.1179	2.14			
1472.0	0.0566	0.1230	2.17			
1500.0	»	rupture.	»	750.0	313.4	1063.4
506.0	0.0144	0.0198	1.36			
805.0	0.0279	0.0368	1.32			
1065.0	0.0434	0.0536	1.29			
1340.0	0.0645	0.1043	1.62			
1492.0	0.0770	0.1230	1.59	746.0	311.8	1057.8

Vitesse du chariot, $8^m.84$ en $1''$.

506.0	0.0188	0.0274	1.45			
804.0	0.0365	0.0517	1.42			
938.0	0.0462	0.0740	1.43			
1065.0	0.0561	0.1050	1.87			
1210.0	Les deux barres se sont rompues.			605.0	805.0	1410.9
506.0	0.0152	0.0256	1.68			
805.0	0.0294	0.0550	1.87			
1065.0	0.0457	0.0942	2.06			
1210.0	»	rupture.	»	605.0	723.0	1328.0

Vitesse du chariot, $11^m.00$ en $1''$. — Charge calculée de rupture au repos, $1161^{kil}.8$.

506.0	0.0132	0.0241	1.82			
804.0	0.0254	0.0556	2.19			
934.0	0.0320	0.0985	3.08			
985.0	»	rupture.	»	492.5	953.2	1445.7
506.0	0.0147	0.0313	2.11			
804.0	0.0284	0.0789	2.78			
934.0	Les deux barres se sont rompues.			467.0	723.8	1190.8

Vitesse du chariot, $13^m.10$ en $1''$.

506.0	0.0160	0.0391	2.45	Ces deux charges sont trop dif-		
805.0	Les deux barres se sont rompues.			férentes.		
506.0	0.0127	0.0325	2.56			
635.0	0.0155	0.0587	3.35			
690.0	0.0195	0.0809	4.13	La barre de droite s'est rompue.		
742.0	0.0216	0.1115	5.14	371.0	1152.5	1523.5

454. Conséquences de ces expériences. — Les résultats de la discussion de ces expériences montrent que, dans la plupart des cas, les efforts totaux composés du poids de la moitié du chariot et de la force centrifuge ont atteint ou dépassé la charge de rupture au repos; ce qui rend parfaitement évidente l'action de la force centrifuge dans le passage rapide des trains. Dans les plus grandes vitesses essayées, l'intensité de la force centrifuge atteint et dépasse même de beaucoup le double du poids du chariot.

La force centrifuge ayant pour expression

$$\frac{3 V^2}{g\,C}\, P'f,$$

on voit qu'à charge égale elle est proportionnelle, comme on le sait déjà, au carré de la vitesse, et en outre proportionnelle à la flèche de courbure. Il résulte de cette dernière conséquence que, dans les constructions où l'on aura intérêt à diminuer cette action de la force centrifuge, il conviendra d'employer les matériaux et les formes qui, pour une même charge, donnent lieu aux moindres flexions.

Ainsi l'on devra préférer les matériaux pour lesquels le coefficient d'élasticité E a la plus grande valeur. Par ce motif, le fer sera choisi plutôt que la fonte et que le bois.

Altération des essieux.

455. Altération des essieux par la prolongation de leur service. — Les accidents si graves qu'entraîne la rupture d'un essieu de machine locomotive et même de wagon ont justement préoccupé l'attention publique, et l'on s'est demandé s'il ne serait pas prudent de prescrire une limite de chemin parcouru au delà de laquelle tous les essieux du matériel des chemins de fer devraient être réparés ou visités soigneusement. On pourrait craindre que cette mesure n'éprouvât quelque opposition de la part des ingénieurs chargés du matériel des compagnies, auxquelles elle imposerait des dépenses et des contrôles; mais l'intérêt public et l'intérêt bien entendu des compagnies elles-

mêmes est que la question soit examinée avec soin et que la
vérité étant une fois connue, toutes les mesures nécessaires
soient prises.

Pour m'éclairer sur cette question importante, j'ai eu recours
à deux hommes parfaitement compétents, et dont la longue
expérience donne à leur opinion et aux faits qu'ils ont observés
une grande autorité. Ce sont MM. Marcoux et Arnoux, tous
deux anciens officiers d'artillerie, le premier directeur du matériel du service des malles-postes, et le second administrateur
des messageries générales. Je ne puis mieux faire que de tran-
scrire textuellement les notes qu'ils ont bien voulu me donner à
ce sujet.

456. Note sur les essieux des voitures en service sur les
routes ordinaires, par M. Marcoux. — « Plusieurs ingénieurs
distingués pensent qu'un service trop prolongé des essieux des
voitures, marchant à grande vitesse sur les routes ordinaires,
détériore la nature du fer, et que ses parties nerveuses se changent en gros grains à facettes brillantes, comme on en trouve
dans les fers de mauvaise qualité.

« Des observations journalières, faites pendant plus de douze
ans dans le service des malles-postes, m'ont démontré que
l'altération du fer des essieux dont le service est trop prolongé
ne se produit pas ainsi, et que, si l'on casse ces essieux à froid,
on ne trouve de changements appréciables ni dans la texture,
ni dans la grosseur du grain.

« Je ne pense pas qu'on puisse faire des expériences plus con-
cluantes sur d'autres voitures, parce que les malles-postes mar-
chent à une vitesse qu'aucune autre voiture, en service sur les
routes ordinaires, n'a encore atteinte. Cependant, dans tous les
essieux cassés dans ce service pendant douze ans, je n'ai reconnu
aucun changement appréciable dans la texture du grain avec ce
qu'il était au moment de la fabrication des essieux.

« Doit-on conclure de mes observations que le fer des essieux
ne s'altère pas dans un trop long service? Non, sans doute : je
pense, au contraire, que les vibrations que les essieux éprouvent dans les marches à grande vitesse détériorent le fer, sans
pour cela que la texture du grain éprouve de changement ap-

préciable; mais je n'en suis pas moins convaincu que les essieux
sont moins résistants après un long service, et en conséquence
j'ai prescrit, dans le cahier des charges de l'entretien des malles-
postes, que les essieux de ces voitures seront renouvelés après
avoir fourni un parcours de 60 mille kilomètres.

« Ainsi, je le répète, d'après mes observations sur les essieux
cassés pendant douze ans dans le service des malles-postes, la
texture du grain du fer ne change pas d'une manière appréciable dans un long service, mais les vibrations qu'éprouvent les
essieux produisent d'autres effets qui contribuent à les faire
casser. J'ai remarqué que des essieux bien fabriqués, avec des
fers de bonne qualité, cassaient après avoir fourni un parcours
de 60 à 80 mille kilomètres, parce qu'il se forme, au-dessous du
collet des fusées, de petites fissures qu'il est difficile de reconnaître sans chauffer le fer des fusées : si ces fissures, qui ont
peu de profondeur lorsqu'elles se forment, restent inaperçues,
les essieux cassent à cet endroit quand elles pénètrent de 10 à
15 millimètresdans la section de la fusée.

« Je pense que ces fissures se forment après un long travail,
qu'elles sont occasionnées par les vibrations des essieux, et que
cet effet se produit d'une manière analogue à ce qui se passe
lorsqu'on casse un fil de fer en le courbant plusieurs fois en
différents sens. Si l'on ne fait subir à un fil de fer que de très-
faibles inflexions sur une grande longueur, on ne parvient pas
à le rompre : c'est l'effet que doivent produire les vibrations sur
le corps de l'essieu. Mais, si l'on serre le fil de fer dans un étau
et qu'on lui fasse subir plusieurs inflexions en sens contraires,
le fer s'allonge d'un côté, se refoule de l'autre, et le fil se casse
près de l'étau, comme les essieux cassent au collet des fusées. »

Les figures 5 de la planche V indiquent l'accroissement graduel des fissures observées sur les essieux des malles-postes.

457. NOTE SUR LES ESSIEUX DES MESSAGERIES GÉNÉRALES, PAR
M. C. ARNOUX. — « Les ruptures un peu fréquentes d'essieux de
diligences datent de loin et ont duré longtemps.

« C'est vers l'époque où l'emploi des ressorts droits a permis
de construire des voitures à trois caisses, de les charger davan-

tage, et de leur imprimer une vitesse croissant avec l'amélioration des routes, que ces accidents se sont multipliés.

« On a pu constater en moyenne une rupture sur 120 ou 160 mille kilomètres parcourus.

« Sur trois essieux cassés, il y en avait *deux de devant* et *un de derrière*.

« Pour les premiers, la rupture était généralement au tiers de leur longueur, entre les deux roues.

« Pour les seconds, toujours au collet ou à la naissance de la fusée.

« Aux uns comme aux autres, ces points étaient très-voisins de ceux où portait la charge.

« L'usage, en messagerie, est de faire les essieux en fer à nerf, au bois, corroyé à la petite forge, ou en fer provenant de fonte au bois.

« Dans tous les cas, la cassure affectait généralement le même aspect; une petite crique se déterminait à l'arête antérieure et inférieure de l'essieu, là en effet où se trouve la plus grande fatigue, due à la double action de la charge et de la traction ; puis cette rupture s'étendait par zone dont cette crique était le centre, d'un grain aussi net et aussi fin que celui de l'acier fondu, et quand elle était parvenue aux deux tiers de la section, le reste rompait avec un aspect plus ou moins nerveux (pl. V, fig. 6).

« L'usage était de mettre les voitures en grande réparation après une année de service, et de recharger les fusées à la deuxième réparation, opération que l'usé des fusées et surtout des rondelles d'essieux rendait nécessaire : mais l'on se bornait à cette réparation, parce qu'il était alors établi que, le corps de l'essieu ne s'usant pas, les plus anciens étaient les mieux éprouvés, et l'on ne mettait le corps de l'essieu au feu que lorsqu'on voulait en modifier la forme ou la force.

« Les voitures faisaient en moyenne, repos compris, 80 à 100 kilomètres par jour; c'était donc un parcours de 60 à 70 mille kilomètres avant que l'on touchât aux essieux.

« Le besoin d'alléger constamment le poids mort des voitures nous porta à diminuer la force que l'usage avait établie pour les essieux : ils plièrent, et force nous fut de leur rendre à peu près leur ancien poids. Cette opération, appelée *rembarrage*, con-

sistait à rapporter une barre tout le long de l'essieu et à le cor-
royer de nouveau.

« De telle sorte que simultanément on rembarrait les essieux
trop faibles, et l'on continuait à recharger les fusées des anciens.

« Les uns et les autres étaient marqués d'une manière différente.

« Bientôt nous nous aperçûmes qu'aucun essieu cassé ne portait la marque *rembarré*, tandis que les essieux rechargés cassaient seuls. Nous dûmes dès lors conclure que l'usage altérait
le corps de l'essieu, et dès ce moment le second mode fut sup-
primé. A mesure que nos essieux rechargés disparaissaient, les
accidents diminuaient.

« Une autre observation nous frappa.

« Lorsque nous adoptâmes les grandes sassoires, la charge,
au lieu de se trouver aux deux tiers de la longueur entre les
fusées, fut reportée près des fusées comme sur les essieux de
derrière, et dès ce moment les essieux de devant ne cassèrent
pas plus que les autres.

« Avant de prendre le parti de rembarrer tous les essieux, ce
qui coûtait plus que l'opération plus simple de recharger les
fusées, nous avons essayé de recuire le corps dans les cendres
du foyer, dans la sciure : l'essieu revenait un peu, mais pas
assez.

« Rien n'établissait encore que le parcours de 70 000 kilo-
mètres·fût la limite à laquelle l'essieu cessait d'être sûr ; il est à
croire même que cette limite, qui varie avec la charge, la
nature de la route et la vitesse, était plus éloignée : mais,
comme après ce trajet les fusées sont assez usées pour néces-
siter une réparation, nous avons pris le parti de ne faire qu'une
même opération, qui nous évitait des erreurs ; et bien nous en
a pris, car, il y a sept ou huit ans que nous n'avons eu un essieu
cassé sous nos grandes voitures.

« S'il n'en a pas été de même pour les petits services, cela a
tenu à une autre circonstance. Pour ces petits essieux, on avait
fait la faute de conserver trop de force au corps d'essieu, à l'endroit où se détache la fusée ; et cette disposition vicieuse nous
a causé bien des ruptures de fusées, à leur naissance.

« Comme règle générale, nous avons remarqué que, sur les routes pavées, le temps du bon service des essieux est notoirement plus rapproché que sur les routes à empierrement.

« Pour faciliter la construction, nous avons adopté (pl. V, fig. 7 et 8) des encastrures aux essieux, c'est-à-dire que les essieux se trouvent dans une sorte de boîte assez mince d'ailleurs : cette disposition, s'opposant à l'amplitude des vibrations, nous a paru avantageuse.

« De l'ensemble de nos observations nous avons conclu :

« 1° Que le service altérait la nature de l'essieu et le rendait cassant ;

« 2° Que, sans préciser la durée certaine d'un essieu, on pouvait admettre comme limite inférieure 70 000 kilomètres dans les circonstances de charge, de vitesse, et de routes de nos services ;

« 3° Que, dans ces mêmes circonstances, le poids d'un essieu peut être évalué au trente-cinquième ou au quarantième du poids qu'il a à supporter ;

« 4° Qu'il faut éviter dans la forme des changements brusques de dimensions ;

« 5° Qu'il faut éviter les angles vifs rentrants, surtout à la naissance des fusées, dont ils déterminent la cassure ;

« 6° Que de toutes les mesures que l'on peut prendre pour éviter les effets de la désagrégation, la plus sûre est de reforger l'essieu, qui devient aussi bon que s'il n'avait pas servi.

« De nombreux essieux neufs ou rembarrés ont été soumis à l'action du mouton, de manière à déterminer leur rupture ; rarement on est parvenu à les casser. D'autres, au contraire, après le service, se sont ouverts d'abord, puis se sont rompus en laissant voir, d'une manière plus ou moins prononcée, l'aspect que nous avons signalé. »

458. Des épreuves que l'on fait subir aux essieux. — Les essieux destinés au service de l'artillerie, et ceux que l'on emploie dans les chemins de fer, sont soumis à des épreuves qui ont pour but de constater la qualité du fer employé à leur confection ; et comme il est de la plus grande importance d'obtenir ces essieux, exposés à des chocs, à des efforts soudains, en matériaux de première qualité, très-ductiles, susceptibles de plier notablement avant de se rompre, les épreuves sont déterminées surtout en vue de la résistance au choc.

L'on a reproché bien des fois à ce mode d'épreuve qu'en produisant des flexions permanentes, qui obligeaient ensuite à un redressement en sens contraire, il altérait évidemment l'élasticité du fer et par suite sa résistance à la rupture, de sorte qu'un essieu qui avait résisté à l'épreuve n'était plus aussi bon après qu'avant.

Il est incontestable que quand une barre de fer a subi une flexion qui subsiste en tout ou en partie, sous l'action d'un effort quelconque, l'élasticité d'une portion de ses fibres a été altérée, mais il ne s'ensuit pas pour cela nécessairement que, lorsque cette barre aura été redressée avec les précautions convenables, et surtout si l'opération se fait à chaud, la barre ne sera pas, à très-peu près, aussi résistante après l'épreuve qu'avant, pourvu toutefois qu'elle n'ait pas été rompue ou déchirée en quelques endroits non apparents, ce qui, en diminuant le nombre des fibres résistantes, atténuerait sa force.

Il n'est pas inutile d'ailleurs de faire remarquer combien il importe, sous ce rapport, que tout le paquet qui est destiné à former un essieu soit composé de barres de fer de qualité et de nature identiques, afin qu'à l'épreuve et dans le service, toutes les fibres se comportent de même et présentent la même résistance. Sans cette attention, il pourrait arriver, par exemple, que les fibres extérieures en fer ductile eussent subi sans altération des déformations considérables, tandis que les fibres intérieures, si elles étaient d'un fer dur et moins ductile, auraient pu éprouver des ruptures non apparentes.

Le mode de fabrication exerce aussi, comme on le verra, une influence très-notable sur la résistance. Le corroyage au rouge blanc soudant opéré au laminoir ou sous le marteau pilon, qui, d'une seule passe ou d'un seul coup, assure la soudure complète d'un paquet, sont préférables, pour cette opération, à l'action des marteaux ordinaires, dont le travail plus lent permet au fer de se refroidir en partie.

Après le soudage des paquets, le travail de la forge exerce aussi une grande influence sur la résistance. Une partie de ce

travail et de celui de l'étampage se fait trop souvent à des températures relativement basses, et le fer y perd de sa ductilité.
Tel essieu qui présente du nerf très-ductile dans sa plus grande
étendue, offre des grains très-gros dans d'autres, où il devient
ainsi bien plus sujet à se rompre par un choc qui l'oblige à fléchir beaucoup.

Enfin, l'opération du recuit, selon qu'elle est faite avec plus
ou moins de soins, paraît avoir, pour l'uniformité de la résistance des essieux dans toutes leurs parties, une importance
très-grande.

Il ne peut entrer dans le cadre de cet ouvrage de donner
plus de détails sur l'influence des procédés de fabrication; mais
ce qui précède suffira sans doute pour faire comprendre comment, parmi des officiers d'artillerie également instruits et
expérimentés, il a pu se former des opinions très-diverses sur
la valeur des épreuves, et comment il est très-difficile de se prononcer d'une manière absolue sur cette question délicate.

459. RAPPEL DES FORMULES À EMPLOYER. — Mais avant d'aller
plus loin, cherchons à déterminer, à l'aide des formules exposées dans la 3e partie de ces leçons, où nous avons parlé de la
flexion, les valeurs réelles ou au moins approchées des variations de longueur éprouvées par les fibres dont les dimensions
ont été le plus chargées, et celles des efforts auxquels elles ont
été soumises.

Le solide étant ici à section rectangulaire, et la ligne des fibres
invariables se trouvant au milieu de sa hauteur b, la formule
qui donne la variation de longueur d'une fibre située à la distance V' de la couche des fibres invariables, est (nos **513**
et **314**),

$$i = \frac{3fv'}{C^2},$$

et à cause de $v' = \frac{1}{2}b$, elle devient, pour le cas actuel et pour
les fibres inférieures et supérieures de l'essieu au milieu de sa
longueur,

$$i' = \tfrac{3}{2}\frac{fb}{C^2}.$$

L'effort correspondant à cette variation de longueur a alors pour expression

$$E i' = \frac{3\,E f v'}{C^2} = \tfrac{3}{2}\,\frac{E f b}{C^2}.$$

Cette formule nous permettra de calculer pour chaque numéro d'essieu la valeur de l'effort que subissent dans l'épreuve les fibres extérieures, qui éprouvent les plus grandes variations de longueur, et de reconnaître si cet effort dépasse considérablement les limites de la résistance élastique, et se rapproche plus qu'il ne convient de celles de la résistance à la rupture.

Il est nécessaire, cependant, de rappeler très-explicitement que ces formules, comme toutes celles que nous avons établies aux n^{os} **209** et suivants, sont fondées sur les phénomènes observés quand la flexion et l'allongement des solives sont renfermés dans les limites où l'élasticité n'est pas altérée, c'est-à-dire quand, après la cessation des efforts, les solides reprennent leur forme et leurs dimensions primitives. Dans le cas actuel, les limites de l'élasticité ont été évidemment dépassées, puisque les essieux conservent tous après l'épreuve une certaine flexion.

Or, toutes les expériences rapportées dans la première partie de cet ouvrage sur la résistance à l'extension, de même que celles dont les résultats sont consignés dans la troisième, et qui sont relatives à la flexion, nous montrent que le coefficient d'élasticité E diminue rapidement à mesure que les extensions ou les flexions augmentent.

Par conséquent, dans l'application de formules précédentes, si les valeurs de l'allongement proportionnel i' des fibres sont à très-peu près exactes, attendu qu'elles sont la conséquence purement géométrique de la flexion, il n'en sera aussi à peu près de même de la valeur $E i'$ de l'effort supporté par les fibres qui auront subi la plus grande extension, qu'autant que nous pourrons y introduire la valeur de E correspondante à celle de i'.

A cet effet, faute d'une loi mathématique qui lie les valeurs de E à celles de i', nous sommes obligés de recourir à la repré-

sentation graphique des résultats des expériences de M. Hodgkinson, que nous avons donnée au n° **10** de la première partie,
et au moyen de laquelle nous pouvons déterminer approximativement les valeurs de E correspondantes à celles de i'.

En opérant ainsi sur la formule

$$Ei' = \tfrac{3}{2}\frac{Efb}{C^2},$$

nous pourrons déterminer approximativement, pour chaque
numéro d'essieu, l'effort supporté par les fibres qui auront
subi dans l'épreuve la plus grande extension, et obtenir des
valeurs de cet effort d'une exactitude suffisante pour nous
éclairer sur l'énergie comparative de ces épreuves.

460. MODE D'ÉPREUVE. — Le règlement du 11 juin 1841, et
les cours sur le service des officiers d'artillerie dans les forges,
déterminent, ainsi qu'il suit, l'épreuve que les divers numéros
d'essieux doivent subir*.

« Le mouton est un parallélipipède en bronze ou bien en fer
fondu, garni à sa base d'une frappe ou plaque de bronze ; il
pèse 300 kilogr. Ce mouton est contenu par deux montants,
entre lesquels il monte et descend ; au haut des montants se
trouve une poulie, sur laquelle passe un cordage auquel il est
attaché, et qui sert à l'élever par le moyen d'un treuil ; sous le
mouton est une enclume ou table de fer coulé de 22 à 27 centimètres de largeur, dont les extrémités sont plus élevées que
le reste de la surface supérieure ; le milieu est disposé, suivant
les essieux soumis à l'épreuve, pour recevoir le talon unique
des n°ˢ 1, 2 et 4, ou les deux talons du n° 3, de manière que le
milieu de l'essieu porte sur le milieu de la table, en même
temps que sur les extrémités relevées de la table. On place des
cales en fer de 0ᵐ.0067 (3 lignes) sous les extrémités du corps
d'essieu. Ces dispositions terminées, on élève le mouton jusqu'à ce que sa base soit à 1ᵐ.60 au-dessus de l'essieu pour les
n° 1, 2 et 4, et de 1 mètre seulement pour le n° 3. Le mouton

---

* *Cours sur le service des officiers d'artillerie dans les forges*, p. 260.

tombe alors, par suite du mouvement de bascule que l'on fait
faire au crochet qui le soutient, ou de la rencontre du crochet
avec un arrêtoir, par lequel il est dégagé.

Il n'est pas dit dans cette description des épreuves quelle est
la largeur des cales et si la manière dont elles sont placées peut
influer plus ou moins sur la longueur réelle de la portée.

D'après des renseignements que nous avons pris dans diverses
inspections du service des forges, cette largeur n'est pas partout exactement la même. Dans les unes elle est de 0ᵐ.025,
dans d'autres de 0ᵐ.040 ; et comme ces cales sont engagées de
toute leur largeur sous le corps d'essieu, la portée totale 2C se
trouve diminuée du double de cette largeur, ce qui augmente
encore l'énergie de l'épreuve. Enfin, nous admettrons que la
largeur des cales n'est que de 0ᵐ.025, ce qui suffit pour assurer
la position de l'essieu.

Pour certains essieux plus courts, on dispose des cales de
façon que l'essieu étant toujours supporté par les extrémités du
corps, la flexion soit encore de 0ᵐ.067.

La figure ci-contre donne une idée du dispositif général de
ces épreuves.

Figure de la plaque et disposition des essieux pour l'épreuve.

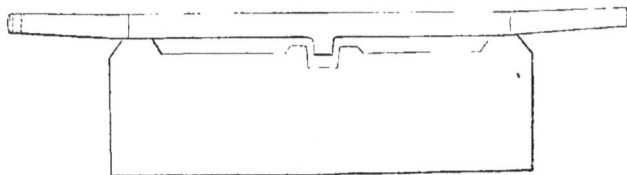

Il résulte des différences que nous venons de signaler, que,
selon les inspections de forges, les portées réelles pendant les
épreuves ont les valeurs indiquées dans le tableau suivant, où
l'on a réuni les autres données nécessaires à la comparaison
que nous désirons établir.

Poids de la plaque, 850 kilogr.; elle est posée sur un ma-
drier de 0ᵐ,08 d'épaisseur, assis sur une couche de béton de
0ᵐ.25 d'épaisseur.

La flexion limite de 0ᵐ.067 étant toujours atteinte dans les épreuves, l'on voit que son rapport à la portée est loin d'être constant, et que pour l'essieu n° 4, destiné aux affûts de place qui ne tirent habituellement qu'à faible charge, il est beaucoup plus grand que pour les affûts de siége et de campagne, qui emploient de plus fortes charges, ce qui ne paraît pas rationnel.

DONNÉES RELATIVES AUX ÉPREUVES DES ESSIEUX DE L'ARTILLERIE.

NUMÉROS et DESTINATION des essieux.	LONGUEUR TOTALE du corps.	HAUTEUR DU CORPS au milieu b.	PORTÉES RÉELLES 2C.	FLEXION LIMITE f.	RAPPORT de la FLEXION à la portée. $\frac{f}{2C}$.	HAUTEUR de CHUTE du mouton.
	m.	m.	m.	m.		m.
N° 1. Affûts de siége	1.020	0.086	0.97	0.067	$\frac{1}{145}$	1.60
N° 2. Affût de campagne, canons lisses.	1.060	0.080	1.01	0.067	$\frac{1}{151}$	1.60
N° 2 *bis*. Affûts de campagne, canons rayés....	1.030	0.066	1.01	0.067	$\frac{1}{151}$	0.90
N° 3. Caissons et voitures de campagne, canons rayés........	1.060	0.076	0.98	0.067	$\frac{1}{146}$	1.00
N° 3 *bis*. Caissons et voitures de campagne, canons rayés....	1.030	0.064	0.98	0.067	$\frac{1}{146}$	0.65
N° 4. Affûts de place	0.780	0.080	0.73	0.067	$\frac{1}{109}$	1.60
N° 5. Affûts de côte en bois.......	0.930	0.080	0.88	0.067	$\frac{1}{131}$	1.60
		diamètre des corps 0.092			$\frac{1}{86}$	1.60

A l'aide des données précédentes et des formules

$$i' = \tfrac{3}{2} \frac{fb}{C^2} \quad \text{et} \quad Ei' = \tfrac{3}{2} \frac{Efb}{C^2}$$

il devient facile de calculer l'allongement proportionnel maximum, et l'effort correspondant que peuvent subir, dans les épreuves, les fibres des faces inférieures de l'essieu, quand elles atteignent la plaque de fonte qui limite la flexion. L'on forme ainsi le tableau suivant, qui permet d'apprécier l'énergie des épreuves.

TABLEAU DES ALLONGEMENTS ET DES EFFORTS MAXIMUM SUPPORTÉS PAR LES FIBRES INFÉRIEURES DES ESSIEUX DE L'ARTILLERIE DANS LES ÉPREUVES.

	NUMÉROS DES ESSIEUX							
	1.	2.	2 bis.	3.	3 bis.	4.	5.	6.
Allongements proportionnels l'....	m. 0.00368	m. 0.00315	m. 0.00260	m. 0.00318	m. 0.00268	m. 0.00603	m. 0.00415	m. 0.00111
Valeurs de E fournies par le tracé.	kil. 6900	kil. 8400	kil. 10300	kil. 8300	kil. 10000	kil. 3900	kil. 5750	kil. 2500
Valeur de l'effort El'	25.39	26.57	26.78	26.39	26.80	23.52	23.86	27.65

461. Conséquences du tableau précédent. — Les résultats ci-dessus montrent que les épreuves que l'on fait subir aux essieux obligent les fibres de la partie convexe à subir des allongements excessifs qui dépassent de beaucoup les limites de l'élasticité, et qui ont des valeurs telles qu'il n'y a que des fers très-doux et très-ductiles qui puissent les supporter.

Mais comme la résistance à l'allongement décroît de plus en plus rapidement, à mesure que cet allongement a dépassé davantage la limite de l'élasticité, il s'ensuit aussi, comme le montre ce tableau, qu'à de plus grands allongements ne correspondent pas toujours les plus grands efforts de résistance des fibres.

Il est même remarquable que les valeurs de l'effort supporté par les fibres qui ont subi le plus grand allongement, soient presque identiquement les mêmes pour tous les numéros d'essieux, sauf pour les n°⁵ 4 et 5, où elles sont un peu plus faibles, malgré la plus grande extension des fibres, et pour le n° 6, pour lequel l'effort paraît être le plus considérable.

Dans aucun cas cette valeur de l'effort supporté par les fibres extérieures les plus allongées n'atteint la limite de la résistance à la rupture qui, pour les fers ductiles, est d'environ 35 à 40 kilogr. par millimètre carré.

Ces résultats expliquent comment dans ces épreuves, pourvu que le fer ait la ductilité nécessaire pour se prêter aux allongements qu'il doit subir, il ne se produit presque jamais de **rupture.**

462. De l'effort supporté par les fibres situées à l'intérieur. — Les allongements éprouvés par les fibres placées au-dessous de la couche des fibres invariables étant proportionnels à leur distance à cette couche, il est assez curieux de calculer l'effort auquel elles sont soumises, en tenant encore compte de la variation du coefficient E. Le tracé nous en fournit aussi les moyens.

Ainsi, en recherchant l'effort auquel sont soumises les fibres placées au milieu de la distance qui sépare la couche des fibres invariables de la surface inférieure, ce qui revient à remplacer dans la formule b par $\dfrac{b}{2}$, et en prenant la valeur de E correspondante à l'allongement de ces fibres, l'on trouve les résultats suivants :

EFFORTS SUPPORTÉS PAR LES FIBRES INTÉRIEURES DES ESSIEUX.

	NUMÉROS DES ESSIEUX							
	1.	2.	2 bis.	3.	3 bis.	4.	5.	6.
Allongements proportionnels l'...	m. 0.00184	m. 0.00157	m. 0.00130	m. 0.00159	m. 0.00134	m. 0.00301	m. 0.00207	m. 0.00555
Valeurs de E correspondantes....	kil. 14000	kil. 15400	kil. 16900	kil. 15300	kil. 16750	kil. 8800	kil. 8800	kil. 4200
Valeur de l'effort EI'	25.76	24.18	21.97	24.33	22.44	26.49	26.50	23.31

Ces valeurs diffèrent, les unes en plus, les autres en moins, de celles qui sont relatives aux fibres extérieures, et il est remarquable que pour les essieux n°s 4 et 5, dont les fibres extérieures s'allongent plus que dans tous les autres essieux, la résistance développée dans les fibres intérieures soit parfois plus grande que celle des fibres extérieures. Cela résulte évidemment de la variation de la valeur du coefficient E avec l'allongement proportionnel.

Il s'ensuit que, dans la fabrication des essieux, il importe beaucoup, comme nous l'avons déjà dit plus haut, que les barres dont se compose le paquet soient toutes de la même qualité et présentent la même ductilité. Car si l'extérieur était composé de barres de fer très-ductile et l'intérieur de fer dur, à grains et peu extensible, il se pourrait que l'essieu ayant supporté l'épreuve sans présenter aucune trace d'altération, il y eût cependant à l'intérieur des fibres rompues.

La discussion précédente, que nous ne prétendons pas présenter comme conduisant à des appréciations parfaitement exactes des efforts auxquels sont soumises les fibres du métal des essieux dans les épreuves qu'on leur fait subir, nous montre cependant que les épreuves appliquées aux fers ductiles, dont il importe de constater l'emploi exclusif dans ces essieux, ne sont pas aussi exagérées qu'on serait tenté de le supposer.

Cependant, puisqu'il est bien établi que les allongements proportionnels produits par les épreuves sont très-inégaux, et que les plus faibles excèdent déjà le double ou le triple de ceux sous lesquels l'élasticité s'altère, il semble rationnel de rechercher les moyens de rendre les épreuves plus uniformes pour tous les numéros d'essieux.

463. DES MOYENS À PRENDRE POUR RENDRE LES ÉPREUVES À PEU PRÈS UNIFORMES POUR TOUS LES ESSIEUX. — Si l'on voulait régler les épreuves de manière qu'elles eussent pour tous les essieux la même énergie, et que les fibres du fer fussent soumises aux mêmes efforts, il est évident, d'après les formules précédentes, qu'en supposant qu'il s'agisse de fers pour lesquels le coefficient d'élasticité E serait sensiblement le même et suivrait la même loi de variation en fonction des allongements, il suffirait de régler les flexions f ou la hauteur des cales, de manière que la valeur de

$$\frac{fb}{C^2}$$

fût toujours la même. Et comme les essieux n°s 1, 2, 3, 2 *bis* et

3 *bis* ont tous, à très-peu près, les mêmes longueurs du corps, il s'ensuit que la condition précédente revient à dire que, pour ces essieux, le produit fb doit rester constant, ou que les flexions ou les hauteurs des cales doivent être en raison inverse des hauteurs du corps des essieux.

Cela suppose, ce qui est d'ailleurs vrai, que dans l'épreuve la flexion limitée par l'épaisseur des cales sera toujours atteinte, auquel cas, passé la limite qui produit cette flexion, la hauteur de chute du mouton n'a plus d'autre influence sur l'épreuve que la rapidité avec laquelle la flexion est produite.

Cette circonstance n'est cependant pas indifférente, attendu, d'une part, qu'un choc rapide du mouton a quelque analogie avec les effets produits dans le tir et dans les cahots que les voitures peuvent éprouver, et de l'autre, que certains fers durs sont beaucoup moins susceptibles de résister à des chocs brusques qu'à des efforts exercés moins rapidement. Il en est de même de certains aciers, et dans bien des cas analogues, la même quantité totale de force vive ou le même travail développé par la pesanteur sur un mouton qui choque un autre corps, produit des effets physiques différents, selon le rapport qu'il y a entre la hauteur de chute et le poids du mouton.

Quoi qu'il en soit, comme les fers doux, qui se prêtent, sans rompre, aux allongements ou aux flexions, les plus brusques et les plus considérables sont, en définitive, ceux qui conviennent le mieux au service de l'artillerie, il n'y a pas d'inconvénient à ce que la hauteur de chute soit assez grande pour que la flexion s'opère rapidement. Mais cependant il est bon que cette hauteur ne soit pas exagérée, parce qu'il est utile de pouvoir constater que le fer n'est pas trop mou et trop facilement extensible, ce qui serait un défaut que l'on ne pourrait reconnaître si le choc avait une intensité telle que la flexion fût toujours, non-seulement atteinte, mais conservée en totalité par l'essieu, ce qui n'est pas désirable.

464. Observations sur les conséquences des épreuves. — Il résulte de la discussion précédente que les épreuves des essieux d'artillerie, telles qu'elles sont exécutées, soumettent le fer à des allongements qui dépassent de beaucoup les limites de l'élasticité, et que, par conséquent, il n'y a que des matériaux très-ductiles et de qualité supérieure qui puissent les supporter.

Cette conséquence ne donnerait par elle-même lieu à aucune objection, puisqu'en définitive l'artillerie ayant besoin d'être complétement assurée que ses essieux sont, non pas seulement bons, mais excellents, il est tout naturel qu'elle trouve dans l'énergie des épreuves la garantie de cette condition.

Mais on objecte aux épreuves qu'elles dépassent le but que l'on doit se proposer, et qu'en produisant des flexions et des déformations permanentes, elles altèrent la qualité des meilleurs essieux, et que ceux qui y ont résisté sont moins bons qu'avant l'épreuve.

Telle est l'objection la plus sérieuse que l'on fasse à ce mode d'épreuves, qui est analogue à celui qu'ont adopté les ingénieurs de chemins de fer. Il est donc utile d'examiner la valeur d'une semblable objection, soit au point de vue des effets physiques, soit à celui des conditions du service.

465. LES ÉPREUVES ALTÈRENT-ELLES RÉELLEMENT LA RÉSISTANCE DES ESSIEUX QUI LES ONT SUPPORTÉES SANS ÉPROUVER DE RUPTURES PARTIELLES? — Telle est la première question qu'il importe d'examiner, et à ce sujet l'expérience seule peut prononcer; nous l'avons consultée directement, comme nous allons le dire.

Lorsqu'une barre de fer ductile a éprouvé, sans rupture d'aucune de ses fibres, une flexion permanente sous l'action d'efforts qui ont altéré son élasticité, il est souvent facile de la redresser, même à froid, et si le métal supporte encore, sans rupture d'aucune fibre, cette seconde épreuve, elle devient l'indice certain d'une très-grande ténacité unie à la ductilité, conditions essentielles auxquelles doit satisfaire un essieu.

C'est du reste ce que prouvent les épreuves faites à Nevers en 1858 sur des essieux de bonne fabrication, comme on le verra plus loin. Mais il ne m'en a pas moins paru utile de constater si, après le redressement, le coefficient d'élasticité de la barre et sa résistance à la flexion, sont restés les mêmes.

A cet effet, une barre de fer provenant des forges d'Anzin et Denain, ayant 3ᵐ.20 de longueur et une section de 0ᵐ.039 de hauteur sur 0ᵐ.029 de largeur sous la portée de 2ᵐ.930, a été soumise a des charges successivement croissantes, jusqu'à ce que son élasticité fût altérée et qu'elle eût pris une flexion permanente de 0ᵐ.020 ou $\frac{1}{149}$ de sa portée.

Après une première expérience, la barre a été retournée, redressée à froid avec des maillets en bois, et soumise à une seconde épreuve, qui a été poussée jusqu'à ce que les flexions allassent toujours en croissant sous la dernière charge essayée, signe évident de l'altération de l'élasticité.

Cette deuxième épreuve a été suivie d'une troisième, opérée dans des conditions analogues après le redressement de la barre.

Les résultats de ces expériences sont consignés dans le tableau suivant; et pour le calcul des valeurs du coefficient d'élasticité, il convient de rappeler que l'on a

$$2C = 2^m.98, \qquad a = 0^m.029, \qquad b = 0^m.039,$$

d'où

$$I = 0.000\,000\,141,$$

ce qui, avec la formule

$$E = \frac{PC^3}{3fI},$$

permet de trouver pour chaque série d'expériences la valeur de ce coefficient, qui correspond aux limites où les flexions sont restées proportionnelles aux charges.

EXPÉRIENCES SUCCESSIVES SUR LA FLEXION D'UNE BARRE DE FER DONT L'ÉLASTICITÉ A ÉTÉ ALTÉRÉE PAR LA PREMIÈRE ÉPREUVE, FAITES AU CONSERVATOIRE DES ARTS ET MÉTIERS.

CHARGES.	1re EXPÉRIENCE. FLEXIONS TOTALES.	pour 10 KILOGR.	OBSERVATION et VALEUR du coefficient d'élasticité.	2e EXPÉRIENCE. FLEXIONS TOTALES.	pour 10 KILOGR.	OBSERVATION et VALEUR du coefficient d'élasticité.	3e EXPÉRIENCE. FLEXIONS TOTALES.	pour 10 KILOGR.	OBSERVATION et VALEUR du coefficient d'élasticité.
kil.	mill.	mill.		mill.	mill.		mill.	mill.	
40	7.04	1.76		7.64	1.91		7.76	1.94	
80	14.18	1.77		15.14	1.89		15.48	1.93	
120	21.36	1.78 } 1.78	E=21970000000	23.00	1.91 } 1.903	E=20566000000	23.22	1.93 } 1.93	E=20263000000
160	28.54	1.78		31.22	1.95		31.32	1.95	
200	35.96	1.79		39.72	1.98		39.78	1.98	
240	50.76	2.11		48.90	2.03		48.86	2.03	
280	71.34		Flexion permanente de 20 millim.	57.44		La barre continue à fléchir.	68.26		La barre continue à fléchir sous une faible charge additionnelle
320				68.58			91.48		
360				80.00					
400									

466. CONSÉQUENCE DES EXPÉRIENCES PRÉCÉDENTES. — Les résultats consignés dans ce tableau donnent pour la

$$1^{\text{re}} \text{ série}\ldots\ldots\ldots\quad E = 21\,970\,000\,000^{\text{kil}}$$

$$2^{\text{e}} \text{ série}\ldots\ldots\ldots\quad E = 20\,566\,000\,000$$

$$3^{\text{e}} \text{ série}\ldots\ldots\ldots\quad E = 20\,263\,000\,000$$

$$\text{Moyenne}\ldots\ldots\quad E = 20\,933\,000\,000^{\text{kil}}.$$

L'on voit donc que, malgré l'altération de l'élasticité dans chacune de ces expériences, et le redressement qui les a suivies, le coefficient d'élasticité n'a pas varié de plus de $\frac{1}{12}$, et que, dans les deux dernières expériences, il est resté presque identiquement le même.

Il suit de là que si l'élasticité, et par suite la résistance du fer qui a subi des flexions de $\frac{1}{37}$ de sa portée et des allongements proportionnels égaux à $0^{\text{m}}.0021$, a été altérée, cette altération est très-peu sensible, et qu'elle ne diminue pas d'une manière notable la résistance que le métal peut encore offrir à de nouveaux efforts.

467. CONDITIONS SPÉCIALES AUXQUELLES DOIVENT SATISFAIRE LES ESSIEUX DE L'ARTILLERIE. — Outre les effets brusques du recul occasionnés par le tir, les essieux des voitures de l'artillerie sont exposés à parcourir les plus mauvais chemins et souvent à être versés, culbutés de la manière la plus violente. Il est donc, pour ce service, de toute nécessité que le fer dont ils sont fabriqués soit aussi doux et aussi ductile que possible, plutôt même que très-rigide. Des épreuves par le choc sont donc, dans ce but, très-rationnelles, parce que les fers durs et peu ductiles ne peuvent les supporter, et l'énergie de ces épreuves met de suite en évidence si les fers employés à la fabrication des essieux qui y sont soumis possèdent ou non les qualités voulues. Elles permettent ainsi d'éliminer les fers médiocres, et de n'admettre dans le service que ceux qui sont réellement de qualité supérieure.

C'est ce que montrent fort bien les épreuves comparatives suivantes, qui ont été exécutées à Nevers par l'inspecteur des forges.

Les essieux soumis à ces expériences étaient des n°s 2 *bis* et 3 *bis*, destinés au matériel nouveau des canons rayés.

Ils formaient quatre groupes différents par la qualité du métal :

1° Deux essieux en fer corroyé aux cylindres n°s 2 *bis* et 3 *bis*, et deux essieux en acier puddlé corroyé aux cylindres n°s 2 *bis* et 3 *bis*, provenant des forges de Fourchambault ;

2° Essieux en fer corroyé au marteau, des forges de Salbres (Loir-et-Cher) ;

3° Essieux en fer martelé, provenant directement de la loupe, des mêmes forges que le précédent ;

4° Essieux en fer corroyé au marteau, et pour la fabrication desquels l'on avait employé du fer de qualité médiocre.

Les essieux du premier groupe ont reçu d'abord seize coups de mouton tombant de hauteurs qui ont été progressivement augmentées de 0^m.10 en 0^m.10, depuis la hauteur réglementaire, qui, pour ces numéros d'essieux, a été fixée à 0^m.90 pour le n° 2 *bis*, et à 0^m.68 pour le n° 3 *bis*, jusqu'à celle de 1^m.65 ; et après chaque série de deux coups, l'essieu était retourné et redressé au moyen d'un troisième coup à même hauteur.

Cette première épreuve n'ayant produit aucune altération, elle a été suivie d'une nouvelle série de seize coups de mouton tombant de hauteurs variables comme précédemment ; puis enfin l'essieu a reçu dix coups de mouton, élevé chaque fois à 1^m.65.

Après avoir reçu ce nombre total de quarante-deux coups de mouton et avoir été redressé dix fois, les essieux ne présentaient ni altération ni commencement de rupture.

Les deux essieux en acier puddlé ont subi les mêmes épreuves sans présenter la moindre altération. Le second a été ensuite soumis à quatre chocs de mouton tombant successivement des hauteurs de 0^m.90, 1^m.10, 1^m.30 et 1^m.50, sans que cet essieu ait été, comme précédemment, retourné pour être redressé, et sans que la flèche de courbure ait été limitée par l'enclume.

Cette dernière épreuve, qui est analogue à beaucoup d'autres exécutées sur des essieux en acier pudlé corroyé, confirme ce que l'on sait de la grande ductilité de ce produit nouveau de la métallurgie.

Un essieu du deuxième groupe, en fer corroyé au marteau, a supporté neuf coups de mouton, tombant de hauteurs croissant, depuis 0^m.65, de 0^m.20 en 0^m.20, jusqu'à 1^m.65. Il a été retourné et redressé trois fois pendant ces épreuves, et s'est cassé au dixième coup, où la hauteur de chute avait été portée à 1^m.75.

Un essieu du troisième groupe, en fer martelé, provenant directement de la loupe, a supporté d'abord un premier coup de mouton avec la hauteur de chute de 0^m.65, puis deux coups avec la chute de 0^m.85. Après avoir été redressé une fois, il a cassé sous la chute du mouton tombant de 1^m.65.

Enfin, sur dix essieux du quatrième groupe, fabriqué en fer corroyé, mais de qualité médiocre, quatre ont cassé au premier coup de mouton tombant de la hauteur réglementaire de 0^m.65.

468. CONSÉQUENCES DE CES ÉPREUVES. — La première conséquence de ces expériences, c'est que les épreuves éliminent de suite les fers de qualité médiocre.

L'on voit aussi combien un corroyage énergique améliore la qualité et augmente surtout la ductilité des fers. Les essieux du troisième groupe, obtenus directement de la loupe, mais sans corroyage, se sont montrés très-inférieurs à ceux des deux premiers. Ceux du second groupe, quoique corroyés au marteau, selon l'ancien procédé de fabrication, bien que fort bons et éminemment propres au service, se sont cependant montrés moins ductiles que ceux du premier, qui avaient été corroyés au laminoir, dont la rapidité et l'uniformité d'action assurent le soudage de toutes les mises chauffées au rouge blanc.

469. CONCLUSIONS. — En résumé, les expériences qui précèdent ont mis en évidence que les fers qui les supportent sans avaries sont de première qualité, à la fois résistants et ductiles, et que l'épreuve ne les altère pas, au moins d'une manière notable, puisque après l'avoir subie et avoir été redressés plusieurs fois, ils peuvent en supporter encore avec succès d'autres beaucoup plus énergiques.

Il n'y a donc pas, je pense, lieu de renoncer à ce mode d'épreuves, et il convient seulement d'en coordonner les conditions de manière que, pour tous les numéros d'essieux, la fatigue des fibres qui subissent la plus grande déformation et supportent, par conséquent, les plus grands efforts, soit la même, ainsi que nous l'avons dit au n° 463.

Mais il ne serait ni prudent ni rationnel, comme cela a été proposé, d'augmenter encore ces épreuves; cette aggravation produirait non-seulement de plus grandes déformations dans le fer et serait sans aucun avantage pour le service, mais elle aurait en outre des inconvénients graves.

Car si l'on augmentait la flexion que l'essieu peut prendre avant de rencontrer la plaque de fonte, l'on accroîtrait les allongements déjà excessifs des fibres de sa face inférieure, et les compressions et déformations de sa face supérieure. L'on s'exposerait ainsi à produire quelques ruptures non apparentes. Si au contraire la flexion restait la même, l'augmentation de hauteur de chute ne servirait qu'à produire sur les bons fers un écrouissage qui altérerait d'une manière permanente la liaison des molécules, tendrait à séparer les fibres et nuirait évidemment à la résistance ultérieure. L'on peut reconnaître ce genre d'effets en les exagérant par le battage à froid d'un morceau de fer sous le marteau.

En résumé, de l'ensemble de la discussion précédente, nous croyons pouvoir conclure qu'il y a lieu de proportionner convenablement les flexions maxima auxquelles les essieux peuvent être exposés, en adoptant la marche suivante.

470. Règle proposée pour les épreuves des essieux de l'artillerie. — A la condition que l'allongement proportionnel

$$i' = \frac{3fv'}{C^2} = \tfrac{3}{2}\frac{fb}{C^2}$$

des fibres qui subissent la plus grande déformation soit le même pour tous les numéros d'essieux, il est nécessaire d'ajouter que

cet allongement i' ne devra pas dépasser une valeur déterminée.

La discussion à laquelle nous nous sommes livré au n° **462**
nous a montré que, pour les essieux de campagne n°s 2 et 3 des
canons lisses, qui subissaient à peu près autrefois, par le tir et
par les accidents divers auxquels ils étaient exposés, les plus
grands efforts auxquels des essieux puissent avoir à résister, la
valeur de i' était d'environ 0^m.00315 à 0^m.00318. L'on pourrait
donc admettre, pour cet allongement, une valeur uniforme

$$i' = 0.0032,$$

avec d'autant plus de motifs que les procédés actuels de fabrication fournissent en général, à qualité égale des minerais, des
fers beaucoup plus ductiles que les anciens.

Cette limite des allongements proportionnels correspondrait
d'ailleurs à une valeur de $E = 8250$ par millimètre carré et à un
effort

$$Ei' = 8250 \times 0.0032 = 26^{kil}.40,$$

ce qui, pour de bons fers, est assez éloigné de la limite de la
rupture pour qu'il soit possible de l'atteindre sans inconvénients.

Cette base étant admise, et la portée 2C de l'essieu pendant
l'épreuve et la hauteur b du corps étant connue, l'on pourrait
calculer pour chaque numéro d'essieu la valeur de la flexion
maximum que l'épreuve lui permettrait de prendre, et fixer
ainsi pour chaque numéro d'essieu la hauteur des cales à employer ou la distance du dessous du corps à l'enclume ou aux
cales d'arrêt.

En appliquant cette base aux divers essieux en service, l'on
aurait :

LIMITE de LA FLEXION ou hauteur des cales.	NUMÉROS DES ESSIEUX.							
	1.	2.	2 *bis.*	3.	3 *bis.*	4.	5.	6.
$f = \dfrac{2}{3}\dfrac{C^2 i'}{b}$ · · · · · · · · · · · ·	m. 0.0058	m. 0.0068	m. 0.0082	m. 0.0067	m. 0.0080	m. 0.0035	m 0.0052	m. 0.0039

471. Avantages de l'application de la règle précédente.
— La modification que l'on vient d'indiquer aux épreuves pres-
crites par les règlements en vigueur pour les épreuves des
essieux de l'artillerie, a l'avantage de n'y introduire qu'un changement très-léger, puisqu'il ne s'agirait que d'avoir pour chaque
numéro d'essieux une hauteur de flèche ou des cales de dimensions particulières.

Ce moyen est plus simple que celui qui a été récemment
indiqué par un savant ingénieur des mines, qui proposait de
faire varier la hauteur de chute du mouton selon les numéros
des essieux, dans des proportions qui ne pouvaient être déterminées que par des considérations théoriques dont une partie
offrait quelque incertitude.

La flexion maximum déterminée par le règlement étant d'ailleurs toujours atteinte et subsistant en partie dans tous les cas,
il devrait en être de même de celles que l'on propose de lui
substituer, et les allongements maxima éprouvés par les fibres
ayant toujours été les mêmes pour tous les numéros d'essieux,
les épreuves resteraient très-comparables de l'un à l'autre,
même si les hauteurs de chute n'étaient pas exactement proportionnées pour obtenir les flexions voulues, ce qui du reste
serait très-difficile et même impossible à obtenir également
pour toutes les variétés de fer.

Nous croyons donc que, tout en conservant le mode actuel
d'épreuve des essieux de l'artillerie, en maintenant pour le poids
du mouton et les hauteurs de chute les proportions adoptées
jusqu'ici, il y a lieu de modifier les flexions maxima que les
essieux peuvent prendre, ainsi qu'il a été indiqué dans le tableau
précédent.

472. Épreuves des essieux destinés au service des chemins
de fer. — Les conclusions auxquelles la discussion précédente
nous a conduit sont complétement d'accord avec le mode et
les conditions d'épreuves adoptées par le chemin de fer du
Nord.

En effet, dans la spécification générale pour la fourniture des
essieux adoptés par la compagnie, on lit le détail suivant :

« Les essais ont lieu à raison d'une épreuve par lot de vingt-cinq essieux, suivant le mode ci-dessous adopté pour les essieux de wagons en fer de 0^m.110 au corps.

« L'essieu est placé sur deux points d'appui, distants l'un de l'autre de 1^m.50, et sur son milieu on laisse tomber, d'une hauteur de 3^m.60, un mouton du poids de 500 kilogr., jusqu'à ce qu'on obtienne une flèche de 0^m.25, mesurée normalement à une corde initiale de 1^m.50, déduction faite de la conicité de l'essieu. Le nombre de coups de mouton sous lesquels se sera produite la flèche de 0^m.25 devra être supérieur à trois.

« L'essieu doit ensuite pouvoir se redresser complétement, sans qu'il se manifeste aucune crique ou indice de rupture.

« Quand les dimensions des essieux sont autres que celle ci-dessus supposée, les conditions d'épreuves sont modifiées, de telle sorte que l'allongement et le raccourcissement des fibres extrêmes restent les mêmes.

« Dans le cas où l'essieu pris pour essai ne satisferait pas aux conditions ci-dessus, le lot entier de vingt-cinq auquel il appartiendrait se trouverait refusé. »

« Les essieux employés aux épreuves, quel que soit le résultat de ces épreuves, ne seront pas portés sur les factures et seront rendus au fournisseur. »

En appliquant à ces conditions d'épreuve la formule

$$i' = \frac{3fv'}{C^2},$$

et y faisant pour le cas actuel

$$f = 0^m.25, \qquad v' = 0^m.055, \qquad C = 0^m.75,$$

l'on en déduit pour la valeur approximative de l'allongement proportionnel,

$$i' = 0^m.0733,$$

quantité supérieure aux plus forts allongements obtenus dans les épreuves des essieux de l'artillerie.

Mais il convient de remarquer que, par une des clauses ci-dessus rappelées, les essieux qui ont subi l'épreuve sont rendus aux fournisseurs, ce qui indique qu'on pense qu'ils ont subi dans leur résistance une altération qui en rendrait l'emploi dangereux.

Dans les épreuves de l'artillerie, tous les essieux la subissent, et ceux qui y ont bien résisté sont admis dans le service, ce qui oblige à limiter davantage l'énergie de ces épreuves.

La clause relative aux essieux de dimensions autres que celles des essieux droits de wagons, et par laquelle il est dit que, pour ces essieux, les épreuves seront modifiées de telle sorte que l'allongement et le raccourcissement des fibres extérieures restent les mêmes, est, comme on le voit, précisément conforme à ce que nous avons indiqué pour les essieux de l'artillerie, et nous paraît la seule manière rationnelle de régler ces sortes d'essais.

Il y a lieu aussi de remarquer la clause par laquelle il est dit que la flèche de 0m.25 ne devra être obtenue qu'après plus de quatre coups de mouton. Cette condition indique que si, pour les essieux, l'on doit évidemment rechercher l'usage exclusif des fers doux et ductiles, l'on ne croit pas cependant devoir y employer des fers trop mous, trop flexibles, qui donneraient lieu trop facilement à des déformations.

473. DE L'ACTION DU FROID SUR LE FER. — Autrefois, à l'époque des longues campagnes de nos armées dans le nord de l'Europe, un dicton des vieux canonniers exprimait l'action que le froid exerce sur le fer, en disant que *le fer gelait*. Par suite de cette opinion très-accréditée alors, l'on avait soin, après de longues nuits passées l'hiver au bivac, de ne pas se mettre en marche sans frapper dans le sens longitudinal sur les fusées des essieux, pour y produire des vibrations qui, disait-on, *dégelaient* le fer.

D'une autre part, il m'a été affirmé, il y a longtemps, par des officiers très-instruits, qu'à la fin du siége de Hambourg, au moment où la garnison française allait évacuer cette place, l'ordre donné de mettre tous les canons en fonte hors de service ne put être exécuté qu'à la faveur d'un froid très-intense, qui aurait facilité beaucoup la rupture des tourillons à coups de masses de forge, même pour des bouches à feu de gros calibre.

Enfin c'est une idée généralement répandue parmi les ouvriers terrassiers du nord et de l'est de la France, que, par le froid, leurs pioches cassent plus facilement que par un temps doux.

Il est rare que de vieux dictons, inexacts dans leur expression, ne soient pas, sous quelque rapport au moins, fondés sur des observations réelles, et la question de l'influence que le froid peut exercer sur la résistance du fer est encore restée plutôt indécise parce que les observations sont difficiles à recueillir qu'elle n'a été niée d'une manière absolue.

L'on comprend d'abord très-bien que des bandages de roues, des frettes de moyeux, des cerclages appliqués sur des corps très-rigides qui auraient été employés à chaud et se trouveraient ainsi, après leur refroidissement, à un état de tension considérable, soient exposés à se rompre même spontanément par l'action d'un abaissement notable de température qui augmente cette tension.

Aussi remarque-t-on que l'hiver le nombre des bandages de roues du matériel des chemins de fer qui cassent est beaucoup plus considérable que pendant l'été. D'un autre côté, l'on sait que ces accidents n'arrivent guère qu'aux fers durs à grains, et que les fers doux ductiles à nerf n'en fournissent que peu d'exemples.

La seule question nous paraît être celle-ci :

Le fer en barre se rompt-il plus facilement par le choc quand il est exposé à une température très-basse que par les températures moyennes ?

La solution de cette question, dont nous avons déjà parlé aux n⁰ˢ 370 et suiv., exige de nouvelles observations.

Charpentes.

474. CONDITIONS GÉNÉRALES DE STABILITÉ DES APPAREILS DE CONSTRUCTION COMPOSÉS DE PLUSIEURS PIÈCES. — Les charpentes qui servent à couvrir les bâtiments sont composées par la réunion de plusieurs pièces, dont l'ensemble doit satisfaire autant que possible à la condition d'invariabilité de la forme générale indispensable à la solidité. En admettant que chacune des pièces du dispositif adopté soit tellement proportionnée qu'elle n'éprouve, sous l'action des efforts auxquels elle peut être exposée, que des variations de longueur très-faibles et admissibles, sans

que la solidité de la construction soit compromise, l'invariabilité de la forme de ce dispositif ne sera cependant assurée
qu'autant que les angles de la figure qu'il forme seront eux-
mêmes invariables ou rendus tels par des moyens particuliers.

Or, de toutes les figures polygonales de la géométrie, il n'y
a que le triangle dont la forme soit par elle-même invariable,
puisque aucun de ses angles ne peut croître ou diminuer sans
que le côté opposé n'éprouve une variation correspondante.
C'est donc à cette forme que l'on doit ramener tous les dispositifs de charpente, et telle est aussi la règle que les charpentiers ont admise depuis des siècles.

Au moyen de cette réduction de tous les dispositifs que l'on
peut employer à des parties ou à des éléments triangulaires,
l'on n'a plus, dans la construction, qu'à s'occuper de donner
aux côtés de ces triangles les dimensions qui conviennent au
genre et à l'intensité des efforts auxquels ils sont soumis, et,
comme d'ailleurs il importe de ne pas multiplier inutilement
les pièces, il ne sera pas inutile de jeter un coup d'œil sur le
rôle que jouent les différents éléments des pièces composées.
Nous emprunterons quelques-unes des considérations suivantes
à un ouvrage de M. R. H. Bow*, ingénieur civil anglais, où elles
sont exposées d'une manière aussi simple que claire.

Lorsque la forme générale d'un appareil de construction n'est
pas telle qu'elle suffise par elle-même pour assurer l'invariabilité de la forme, ce qui revient à dire, quand elle n'est pas
triangulaire ou composée de triangles, les pièces que l'on y
ajoute pour la rendre invariable s'appellent des *armatures*, et,
selon le rôle qu'elles remplissent, elles peuvent recevoir différents noms génériques.

On nomme *arc-boutant* toute pièce qui doit résister à la compression, *tirant* celle qui est soumise à un effort de tension, et
lien celle qui peut être alternativement ou indifféremment exposée à l'une ou à l'autre de ces deux sortes d'efforts.

La pièce ainsi renforcée s'appelle quelquefois *poutre* ou *pièce
armée*.

---

* *A Treatise on bracing*, by R. H. Bow, ingénieur civil. Edinburg, 1851.

Dans un quadrilatère dont les diagonales ne peuvent résister qu'à la compression, ou comme *arc-boutants*, aucun angle ne peut varier qu'autant que l'une ou l'autre de ces diagonales ne se raccourcisse.

Dans un quadrilatère dont les diagonales agissent comme *tirants*, aucun angle ne peut varier sans que l'une de ces diagonales ne s'allonge.

Dans l'un et l'autre des cas qui précèdent, les deux diagonales sont nécessaires pour assurer l'invariabilité de forme. Le premier est celui des constructions en charpente, dont les pièces ne sont reliées que par des chevilles en bois ou autres moyens offrant peu de résistance à la traction. Le second est celui où les diagonales sont des tiges flexibles en fer, incapables de résister à la compression.

Mais quand les diagonales peuvent à la fois résister à la compression et à l'extension, une seule suffit pour assurer l'invariabilité de forme du quadrilatère. Tel est le cas des poutres évidées en fonte, celui des charpentes où les diagonales sont *moisées*, celui des poutres en treillis, quand les armatures en fer sont convenablement proportionnées et très-bien assemblées avec les pièces principales par des rivets.

Il suit de là que pour les constructions en charpente ordinaire, dans lesquelles on n'emploie que le bois, le dispositif convenable pour les poutres que l'on veut armer est celui qu'indique la figure suivante :

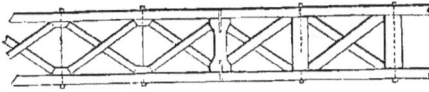

Lorsque, pour donner plus d'apparence de légèreté à la con-

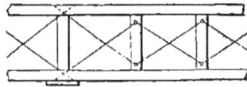

struction, l'on veut employer des diagonales en fer de petites dimensions, il convient aussi de conserver les deux diagonales.

Dans les poutres en fonte évidées, dont les diagonales font corps avec les pièces longitudinales et peuvent résister à la compression et à la traction, il suffit de conserver l'une des diagonales, et alors le quadrilatère peut avoir l'une des formes suivantes :

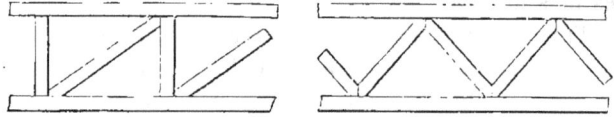

Il en est de même dans les poutres en fer forgé dont les côtés et les diagonales, interposées entre les pièces longitudinales, sont convenablement proportionnés.

475. MODE DE RÉSISTANCE DES PIÈCES LONGITUDINALES. — Dans tous les dispositifs de ce genre, les pièces longitudinales sont soumises directement, dans le sens de leur longueur, à des efforts de compression ou d'extension agissant à très-peu près également sur toutes leurs fibres, et par conséquent l'on utilise ainsi, pour la solidité de la pièce armée, la résistance totale de toute la matière dont se compose la pièce. C'est ce qu'il est facile de rendre évident de plusieurs manières.

En considérant, par exemple, le dispositif de la figure ci-dessus, l'une des plus en usage, et supposant qu'une semblable poutre, posée sur deux points d'appui et chargée en son milieu ou uniformément sur sa longueur, vienne à fléchir, il est clair que si la pièce horizontale supérieure était supprimée, le solide

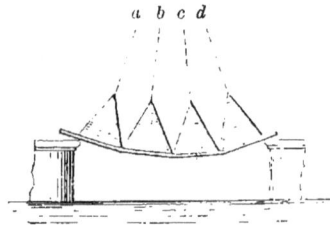

affecterait la forme de la figure ci-contre, et que tous les sommets a, b, c, d, e des triangles formant l'armature se rapprocheraient. La pièce supérieure s'oppose donc à ce rapprochement par sa résistance directe à la compression.

Si, à l'inverse, la pièce inférieure était supprimée, le solide en fléchissant présenterait la forme de la figure ci-contre, et les sommets a', b', c', d', e' des triangles de l'armature s'écarte-

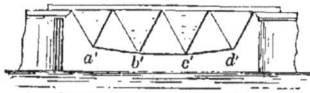

raient. C'est donc en résistant à cet éloignement que la pièce horizontale inférieure agit.

L'on voit de plus, par cette simple considération, que les pièces de l'armature ne contribuent en rien par elles-mêmes à la solidité de la pièce armée, puisque, dans l'une ou l'autre des hypothèses ci-dessus, elles pourraient être supprimées sans que la résistance de la pièce horizontale conservée fût en rien diminuée. Ces armatures ne servent absolument que de moyen de réunion entre les pièces horizontales, auxquelles elles transmettent les efforts de compression et d'extension résultant de l'action de la charge.

476. AVANTAGE QUE PRÉSENTE CE GENRE DE CONSTRUCTION. — Ainsi que nous venons de le dire un peu plus haut, l'avantage de ce dispositif consiste en ce que toutes les fibres des pièces horizontales sont soumises presque également, les unes à la compression, les autres à l'extension, et éprouvent des raccourcissements ou des allongements égaux, de sorte qu'elles fatiguent autant les unes que les autres, et développent des résistances égales.

Il faut en effet se rappeler que dans les pièces pleines qui forment les poutres ordinaires, les allongements et les raccourcissements éprouvés par les fibres sont proportionnels à leur distance à la couche des fibres invariables, ainsi que les résistances qui en résultent. Dans ces variations de longueur, les résistances de toutes les fibres sont donc loin d'être mises également en jeu; celles qui sont au-dessus et au-dessous subissent les plus grandes variations et les plus grands efforts, et, quand elles ont atteint la limite de leur résistance élastique ou absolue, elles se raccourcissent ou s'allongent de plus en plus, ou finissent par céder tout à fait, en cessant alors de contribuer à la résistance du solide. Les fibres immédiatement voisines sont ensuite, et de proche en proche, soumises à des efforts de plus en plus grands, et la résistance totale de la pièce va sans cesse en diminuant.

La matière qui constitue les deux pièces horizontales ou extérieures d'une poutre armée est donc plus uniformément et mieux employée que celle des poutres ordinaires, cela est incontestable, et il peut y avoir alors, à résistance égale, une économie notable à employer ces dispositifs. Mais cette économie est en partie compensée par le poids des armatures, qui ne contribuent en rien par elles-mêmes à la résistance.

D'une autre part, les assemblages des armatures avec les pièces horizontales n'offrent pas, à beaucoup près, la même résistance que celui des tôles pleines et continues des poutres en fer employées pour les grandes portées, et nous ferons voir plus loin, par un exemple, que les flexions des poutres en treillis sont, à quantité égale de matière employée, beaucoup plus grandes que celles des poutres en tôle bien construites.

Un avantage très-réel de ce genre de construction, est celui qu'on lui a trouvé aux États-Unis, où il a été pour la première fois employé sur de grandes proportions; il est relatif aux poutres en bois dites *poutres américaines*, dans la construction desquelles l'on peut se servir de bois de dimensions modérées, faciles à se procurer et à transporter sur le lieu où ils doivent être mis en œuvre et assemblés pour obtenir des poutres de grandes portées ; qualités précieuses dans des pays peu peuplés, où les voies et les moyens de transport sont imparfaits. Tel est aussi le cas de l'Algérie, où plusieurs ponts ont été construits avec des poutres de ce genre.

Mais là, je pense, se bornent en général les avantages du système, et il présente, d'autre part, surtout pour les ponts en bois, des inconvénients assez graves pour que l'emploi doive en être limité aux cas spéciaux analogues à ceux que nous venons d'énumérer.

Le principal de ces inconvénients, c'est le peu de résistance transversale de ces poutres de grande hauteur, qui sont exposées à se déverser sous l'action de forces horizontales, telles que le vent ou les balancements imprimés au tablier pendant le passage des charges. L'inégale dessiccation des bois peut aussi contribuer à diminuer la solidité de ces pièces. L'expérience de plusieurs ponts en bois de ce système construits en Algérie, et qui, malgré les moyens que l'on a employés pour les consolider, n'offrent plus des garanties suffisantes de solidité, montre la gravité de ce défaut.

Il est peu sensible pour les poutres en treillis en fer, dont les matériaux sont moins sujets à des variations; mais leur faiblesse dans le sens transversal exige aussi qu'elles soient consolidées ou reliées entre elles par des pièces spéciales, quand cela est possible, ou renforcées latéralement par des carlingues, ce qui augmente le poids de métal employé.

Un inconvénient plus particulier aux poutres en treillis en fer, c'est leur grande flexibilité. Leur résistance à la flexion n'est point augmentée, comme on pourrait le croire, en proportion de leur hauteur, comme cela arrive pour les pièces pleines, attendu qu'ici, comme on l'a vu au n° **475**, les armatures ne contribuent par elles-mêmes en rien à la solidité de la pièce. C'est du reste ce que montrent très-bien, comme on le verra plus loin, des expériences directes faites sur une poutre de ce genre que M. Love a envoyée au Conservatoire.

477. ÉTUDE DE QUELQUES DISPOSITIFS DE POUTRES EN TREILLIS. Après cet examen général du mode d'action des diverses parties dont sont formées les pièces composées de charpente, examinons en particulier quelques-uns des dispositifs les plus simples des poutres en treillis ou poutres américaines.

Considérons d'abord une poutre en treillis simple, formée d'un nombre pair de triangles isocèles, chargée en son milieu d'un poids 2P, et reposant librement sur deux points d'appui A et G.

La pièce inférieure AG est supposée partagée en un nombre pair de parties égales formant les bases d'autant de triangles isocèles, et au-dessus du milieu de chacune de ces bases se trouve, sur la pièce supérieure A'F', le sommet de chacun de ces triangles.

Poutre en treillis simple formé de triangles isocèles, chargée d'un poids 2P au milieu de sa longueur 2C.

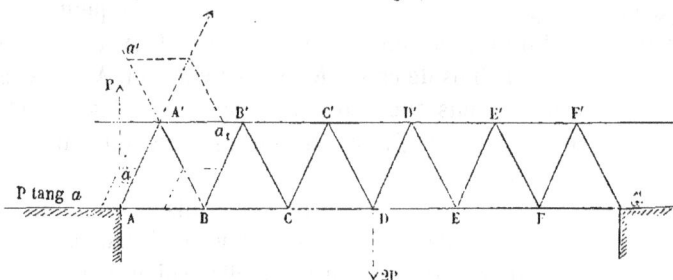

En considérant cette poutre comme parvenue à l'état d'équilibre sous la charge 2P agissant au milieu D de sa portée 2C, on pourra, ainsi qu'on l'a fait pour tous les cas analogues, la regarder comme composée de ses deux moitiés encastrées en D et soumises de bas en haut à des efforts verticaux égaux à P, et rechercher quelles sont les tensions et compressions qui se développent dans les armatures AA', A'B, BB', B'C,....

Dans cette recherche, l'on peut sans crainte regarder les points A, A', B, B', C, C',.... comme autant d'articulations libres, ainsi qu'on le fait pour les charpentes, en négligeant l'influence de la rigidité des assemblages.

Cela posé, il est facile de voir que l'effort vertical P, qui agit en A de bas en haut, développe dans l'armature AA' un effort de compression, et dans la barre AB'du triangle ABB' un effort de tension dont P est la résultante. En nommant donc a l'angle PAA' que font les directions de toutes les armatures avec la verticale, il est facile de voir que l'effort de compression dirigé de A vers A' sera $\dfrac{P}{\cos a}$, et que l'effort d'extension agissant en A et dirigé dans le sens BA, sera P tang a.

L'effort de compression $\dfrac{P}{\cos a}$, qui agit de A vers A', et qu'il est permis de supposer transmis en A', ne peut être équilibré que par un effort de tension dirigé suivant A'a' et égal à $\dfrac{P}{\cos a}$, et par un effort de compression dirigé suivant A'a et égal à 2P tang a.

Si nous transportons en B l'effort de tension $\dfrac{P}{\cos a}$ exercé en A' dans la direction A'a', il est facile de voir encore qu'il donnera lieu, par sa décomposition :

1° A un effort de tension 2P tang a agissant en B' de B vers A, lequel s'ajoutant à celui P tang a qui est déjà exercé en A dans le même sens, produira en B une tension totale égale à 3P tang a.

2° A un effort de compression $\dfrac{P}{\cos a}$, dans le sens de BB' et de B vers B'.

Ce dernier effort transporté en B' donne lieu, dans le sens de B'C, à un effort de tension égal à $\dfrac{P}{\cos a}$, et, dirigé de C vers B' et dans le sens de B'C', à un effort de compression 2P tang a, qui, s'ajoutant à celui 2P tang a qui vient de A' vers B', produit en C' une compression totale égale à 4P tang a.

En continuant à raisonner de même, l'on verrait dans la moitié gauche de la poutre :

1° Que tous les côtés AA', BB', CC', etc., sont soumis à des compressions égales à $\dfrac{P}{\cos a}$;

2° Que tous les côtés A'B, B'C, C'D, etc., sont soumis à des tensions égales à $\dfrac{P}{\cos a}$;

3° Que les différentes parties de la pièce inférieure, et qui forment les bases des triangles, sont soumises à des tensions qui ont successivement les valeurs

en A....... P tang a,

en B....... 3P tang a,

en C....... 5P tang a, etc.;

4° Que les parties de la pièce supérieure qui réunissent les sommets des triangles sont soumises à des compressions qui ont successivement les valeurs

en A′...... 2P tang a,

en B′....... 4P tang a,

en C′....... 6P tang a.

Les mêmes décompositions des efforts s'opérant dans la partie droite de la poutre, l'on voit :

1° Que tous les côtés des triangles isocèles qui forment l'armature sont alternativement soumis à des compressions et à des tensions égales à $\dfrac{P}{\cos a}$;

2° Que les parties de la pièce inférieure sont soumises à des tensions qui vont en croissant depuis le point d'appui vers le milieu de la poutre, suivant une loi facile à exprimer ;

3° Que de même les parties de la pièce supérieure sont soumises à des compressions qui vont en croissant depuis l'extrémité jusqu'au milieu, suivant une autre loi aussi simple.

En nommant $2n$ le nombre pair de parties dans lesquelles la longueur de la portée 2C a été divisée ;

b la hauteur totale de la poutre ou des triangles AA′B, BB′C,....

La tension de la pièce inférieure au milieu D de sa longueur aurait pour expression

$$(2n+1)\text{P tang } a,$$

et la compression de la pièce supérieure dans le sens du côté milieu de sa longueur,

$$n \times 2\text{P tang } a.$$

Or, si l'on remarque que chacune des bases AB, BC,.... des triangles est égale à $\dfrac{2C}{2n}$, et que l'on a ainsi

$$\text{tang } a = \tfrac{1}{2}\frac{\text{AB}}{b} = \tfrac{1}{2}\frac{C}{nb},$$

il en résulte que la tension maximum de la pièce inférieure a pour expression

$$\frac{2n+1}{2n} \cdot \frac{PC}{b} = \left(1 + \frac{1}{2n}\right)\frac{PC}{b},$$

et la compression maximum,

$$2nP \times \frac{1}{2n}\frac{C}{b} = \frac{PC}{b},$$

et que ces deux efforts seront d'autant plus voisins de l'égalité que le nombre $2n$ des triangles sera plus considérable.

Observons enfin que si la poutre, au lieu d'être supposée formée d'une série de triangles isocèles, comme nous l'avons fait, n'était composée simplement que des deux pièces supérieure et inférieure, reliées par trois montants verticaux de hauteur b, placés aux extrémités A et G et au milieu de sa portée 2C, et assemblés assez solidement pour que les deux rectangles ainsi formés ne pussent pas tourner autour de leurs angles, l'on trouverait, en supposant que la flexion eût lieu par rotation autour de l'une ou de l'autre extrémité du montant du milieu, que l'effort d'extension de la pièce supérieure et l'effort de compression de la pièce inférieure seraient tous les deux exprimés par

$$\frac{PC}{b}.$$

L'on arriverait au même résultat en supposant que la flexion eût lieu par rotation autour du milieu de ce même montant, le bras de levier de la résistance à la compression, et celui de la résistance à l'extension étant alors réduite à $\frac{1}{2}b$.

L'on voit donc que l'existence des armatures ne contribue par elle-même en rien à la résistance de la poutre, et qu'elle n'a, comme nous l'avons dit plus haut, d'autre effet que d'écarter les pièces supérieure et inférieure, et d'augmenter le bras de levier et le moment de leur résistance propre, en soumettant d'ailleurs toutes leurs fibres à des efforts très-voisins de l'égalité.

Il conviendrait, d'après cela, de limiter le nombre de ces

armatures à ce qui est strictement nécessaire pour maintenir les deux pièces principales à l'écartement voulu, et pour assurer la rigidité de la poutre dans le sens perpendiculaire à son plan milieu.

478. AUTRE DISPOSITIF DU TREILLIS. — L'on a employé dans la construction des ponts du chemin de fer du Midi des poutres

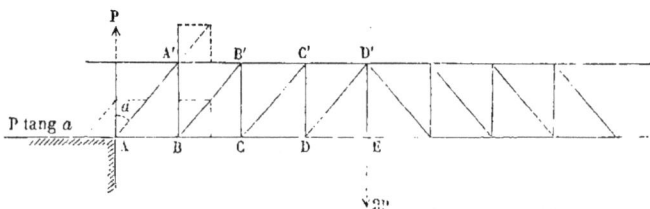

en treillis dont l'armature se compose de pièces verticales et de pièces inclinées alternant à partir du milieu de la portée, ainsi que l'indique la figure ci-dessus. Ce dispositif simple est aussi en usage pour les arbalétriers des charpentes en fer.

En conservant les mêmes notations et raisonnant comme ci-dessus, il est facile de voir que la réaction verticale P de la pile en A doit être équilibrée par une compression exercée de A en A' et égale à $\frac{P}{\cos a}$, et par une tension exercée en A dans le sens de la longueur de la pièce inférieure, et dont l'intensité est exprimée par P tang a.

La compression $\frac{P}{\cos a}$ transportée en A' s'y décompose en une tension dans le sens de l'armature verticale A'B dirigée de bas en haut et égale à P, et en une compression P tang a exercée en A' vers B'.

La tension verticale P transportée en B reproduit des décompositions identiques, d'abord en B, de sorte que ce point d'assemblage ou d'articulation se trouve soumis à une tension totale 2P tang a agissant de B vers A, et qu'ensuite, par l'effet de la décomposition de la compression $\frac{P}{\cos a}$ exercée de B vers B', il se produit en B' une nouvelle compression P tang a exercée vers C', qui, s'ajoutant à celle qui s'exerçait déjà en A', donne lieu à une compression $2P \tang a$ de B' en C'.

En continuant ainsi, l'on trouverait :

1° Que tous les côtés inclinés AA', BB', CC',.... sont soumis à des compressions égales à $\dfrac{P}{\cos a}$;

2° Que tous les côtés verticaux A'B, B'C, C'D, ... sont soumis à des tensions égales à P;

3° Que les différentes parties de la pièce inférieure, qui forment les bases des triangles, sont soumises à des tensions croissantes qui ont successivement pour valeur :

$$\text{en A.......} \quad P \tang a,$$

$$\text{en B.......} \quad 2P \tang a,$$

$$\text{en C.......} \quad 3P \tang a,$$

$$\text{en D.......} \quad 4P \tang a,$$

et généralement au milieu,

$$(n+1)P \tang a,$$

$2n$ étant toujours le nombre des barres des triangles;

4° Que les différentes parties de la pièce supérieure qui réunissent les sommets des triangles, sont soumises à des compressions croissantes des extrémités vers le milieu de la poutre, et qui ont successivement les valeurs :

$$\text{en A'.. ....} \quad P \tang a,$$

$$\text{en B'.......} \quad 2P \tang a,$$

$$\text{en C'.......} \quad 3P \tang a,$$

et généralement au milieu,

$$nP \tang a.$$

Si l'on remarque que dans ce cas

$$\tan g\, a = \frac{AB}{AB'} = \frac{2C}{2nb} = \frac{C}{nb},$$

l'on verra que la tension maximum au milieu de la pièce inférieure est

$$(n+1)\,P \tan g\, a = \left(1 + \frac{1}{n}\right)\frac{PC}{b},$$

et que la compression maximum au milieu du côté supérieur
est

$$nP \tan g\, a = \frac{PC}{b},$$

et qu'elles diffèrent d'autant moins l'une de l'autre, que le
nombre $2n$ des triangles est plus considérable.

L'on voit encore dans ce cas, comme dans le précédent, que
tout l'effet des armatures se réduit à écarter les pièces supérieure et inférieure, et à augmenter le bras de levier et le moment de leur résistance propre, en soumettant d'ailleurs toutes
leurs fibres à des efforts d'extension ou de compression voisins
de l'égalité.

479. COMPARAISON DES DEUX DISPOSITIFS PRÉCÉDENTS. — L'on
remarquera que l'angle a ou l'inclinaison des côtés AA', BB',....
restant les mêmes :

1° Le nombre des triangles, et par conséquent celui des
pièces qui composent l'armature, est double dans le dispositif
du n° **477** de celui du n° **478** ;

2° Les compressions éprouvées par les côtés inclinés sont les
mêmes dans les deux dispositifs ;

3° Les tensions des côtés inclinés A'B, B'C,.... du premier
sont plus grandes que celles des côtés verticaux du deuxième
dans le rapport de $\dfrac{1}{\cos a}$ à 1 ou de 1 à $\cos a$;

4° Les tensions des parties de la pièce inférieure à la même
distance de l'appui sont les mêmes, puisque dans le premier

dispositif les points B et C sont respectivement à la même distance de l'appui que les points C, E,.... du deuxième, et que dans les deux cas les tensions sont égales à 3P tang a, 5P tang a,....;

5° Les compressions des parties de la pièce supérieure à distance égale des extrémités sont moindres dans le premier dispositif que dans le deuxième, attendu qu'en A' cette compression est pour le premier, 2P tang a, et pour le deuxième, P tang a, et que, pour le point B' du premier, elle est 4P tang a, et pour le point C' du deuxième, placé à même distance, elle est seulement 3P tang a, et ainsi de suite.... mais la différence est de moins en moins sensible proportionnellement, à mesure que l'on s'éloigne de la pile et que le nombre des côtés est plus grand, et ces compressions sont les mêmes au milieu des pièces.

Le second dispositif, avec un nombre double de pièces d'armatures, et par conséquent avec plus de matière et d'assemblage, ne consolide donc pas davantage que le premier les deux pièces longitudinales; ce qui montre de nouveau que les armatures n'ont d'autre influence que celle d'augmenter la hauteur b de la poutre ou le bras de levier de la résistance des pièces longitudinales à l'extension et à la compression.

480. EXPÉRIENCES FAITES AU CONSERVATOIRE DES ARTS ET MÉTIERS SUR DEUX POUTRES EN TREILLIS DU SYSTÈME PRÉCÉDENT. — Deux poutres du système précédent, destinées à un pont du

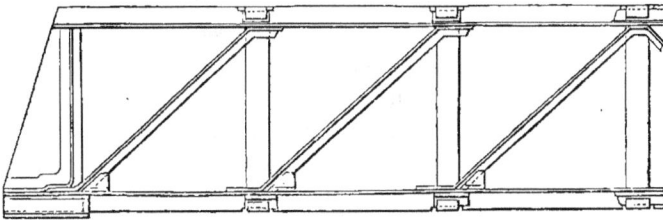

chemin de fer du Midi, ont été envoyées au Conservatoire des arts et métiers, sur ma proposition, par M. Love, ingénieur en chef du bureau des études de ce chemin, et elles ont été soumises à des expériences de flexion et de rupture dont nous allons rapporter les résultats.

DISPOSITIONS PARTICULIÈRES POUR CES EXPÉRIENCES. — La grandeur des efforts auxquels ces poutres devaient être soumises, et la difficulté d'opérer par des charges directes, m'ont engagé à faire établir dans les caves du Conservatoire un dispositif qui permît d'exécuter des expériences de ce genre à l'aide de la presse hydraulique.

Dans le piédroit d'une des voûtes de cave, l'on a engagé et solidement fixé deux blocs de pierre de 2^m.12 à 2^m.16 de longueur parallèle au mur et de 1 mètre de hauteur. Ces pierres, encastrées de 1^m.50 dans le mur et en saillie de 0^m.70 sur sa face, sont distantes entre elles de 1^m.18, ce qui donne la facilité d'opérer sur des portées de 5 mètres. Sous le milieu de l'intervalle de ces pierres, l'on a solidement établi dans le sol un dé en pierre de 1 mètre sur 1 mètre, destiné à recevoir la presse hydraulique qui devait agir de bas en haut sur la pièce à éprouver.

Cette presse à quatre cylindres, de MM. Hick et fils, de Bolton, pourrait, d'après les dimensions de ses pistons, qui ont chacun 0^m.75 de diamètre, fournir un effort total de 200 000 kilogr.

Les poutres à expérimenter avaient 1 mètre de hauteur, et elles ont été placées renversées sous les consoles en pierre. Deux forts chantiers en bois étaient interposés entre la poutre et les consoles et déterminaient la portée réelle de la poutre pendant l'expérience. Sur le plateau de la presse, un autre chantier de 0^m.25 de largeur seulement transmettait au milieu de la portée la pression exercée par la presse.

Un manomètre à air à haute pression, du système de M. Galy-Casalat, servait à mesurer la pression transmise au liquide par les petits pistons de la pompe, et chacune des divisions de l'échelle de ce manomètre correspondant à quatre atmosphères, il pouvait servir à indiquer la pression jusqu'à huit cents atmosphères.

Ces indications permettaient de calculer la pression totale transmise à la base des quatre pistons, et pour en conclure la pression réellement exercée sur le milieu de la poutre; il n'y avait que le frottement des cuirs de garniture contre la surface de ces pistons à en retrancher.

Des expériences spéciales, qu'il serait inutile de rapporter ici, nous ont appris que la pression réellement exercée par la presse était à très-peu près les 0.95 de la pression calculée d'après les indications du manomètre, ce qui nous a permis de connaître, avec l'exactitude suffisante pour de semblables recherches, l'effort auquel la poutre était soumise dans chaque cas.

Les chantiers en bois interposés entre la poutre et les consoles pouvant se comprimer notablement sous les pressions considérables à exercer, l'on a toujours eu le soin d'observer cette compression et de la déduire de la flexion totale apparente, pour obtenir la flexion vraie de la poutre. Ces quantités étaient d'ailleurs obtenues avec toute la précision désirable à l'aide de cathétomètres, comme il a été dit précédemment.

Les expériences ont été répétées sur deux poutres pareilles, dont la figure du n° 489 indique la disposition générale.

Les cornières qui, par leur assemblage, formaient les pièces supérieure et inférieure de la poutre avaient les dimensions suivantes, en les considérant comme formant un seul solide.

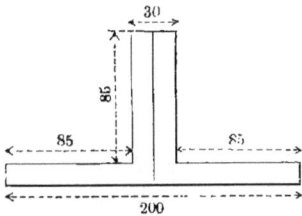

L'aire de la section transversale était pour chacune d'elles, d'après ces cotes,

$$A = 2 \times 0^m.085 \times 0^m.015 + 0^m.100 \times 0^m.03 = 0^{mq}.00555.$$

La hauteur de la poutre, mesure prise dans œuvre, entre les cornières, est de 1 mètre.

Les pressions ont varié de 20 en 20 atmosphères ou de 5 en 5 divisions de l'échelle du manomètre, dont chacune correspondait, comme on l'a dit, à 4 atmosphères. Il a été facile de calculer avec l'exactitude nécessaire les efforts 2P exercés au milieu de la poutre.

Les expériences ont été répétées sur deux poutres semblables et ont fourni les résultats contenus dans les tableaux suivants:

EXPÉRIENCES SUR DEUX POUTRES EN TREILLIS DESTINÉES AU CHEMIN
DE FER DU MIDI.

CHARGES 2P.	1re POUTRE.		2e POUTRE.	
	FLEXIONS		FLEXIONS	
	TOTALES.	par 1000 KILOGR. de charge.	TOTALES.	par 1000 KILOGR. de charge.
	mill.	mill.	mill.	mill.
7500 kil.	1.56	0.208	2.08	0.277
15000	3.50	0.233	4.14	0.276
22500	5.10	0.227	6.04	0.268
30000	6.76	0.228	7.74	0 258
37500	0.38	0.224	9.52	0.254
45000	10.06	0.224	11.40	0.253
52500	11.98	0.227	14.18	0.270
60000	15.42	0.257	20.85	0.347
63750	rupture.			
67500			rupture.	

Les flexions observées dans ces expériences avant la rupture
ont atteint, comme on le voit, les proportions suivantes :

1er *Exemple.* $\dfrac{0^m.01542}{5.83} = \frac{1}{377}$ de la portée.

2e *Exemple.* $\dfrac{0^m.02085}{5.83} = \frac{1}{280}$ de la portée.

Or nous savons par toutes les expériences précédentes que
de telles flexions dépassent celles qu'il convient d'admettre dans
la pratique, et qui ne doivent guère, pour des constructions
permanentes, être supérieures à $\frac{1}{600}$ ou même à $\frac{1}{800}$ de la
portée.

L'on remarquera de plus que ces deux poutres se sont rompues sous des charges qui dépassaient fort peu celles qui avaient
commencé à altérer l'élasticité, ce qui indique que les fers employés étaient durs et peu extensibles, et par conséquent très-
exposés à se rompre, dès que les allongements proportionnels
avaient dépassé les limites de l'élasticité. Il est donc nécessaire,
pour nous rendre compte des effets qui se produisent dans la

flexion de ces poudres, de déterminer les allongements qu'ont
pu subir les fibres les plus éloignées de leur axe de figure longitudinale.

Or la formule

$$i = \tfrac{3}{2}\frac{fb}{C^2}$$

du n° **314** nous permet de calculer l'allongement proportionnel
de ces fibres en y faisant

$$b = 1^m \quad \text{et} \quad C = 2^m.915.$$

Elle nous donne pour la

1re *Expérience.* $\quad i = \tfrac{3}{2}\dfrac{0^m.01542 \times 1^m}{(2.915)^2} = 0^m.00272.$

2° *Expérience.* $\quad i = \tfrac{3}{2}.\dfrac{0^m.02085 \times 1^m}{(2.915)^2} = 0^m.00368.$

Mais, d'après les résultats généraux des expériences connues,
l'élasticité des fers ductiles s'altère dès que l'allongement proportionnel atteint la valeur $i = 0^m.00080$, et celle des bons fers
en barre l'allongement $i = 0^m.00066$. Par conséquent, dans ces
expériences, le fer de la cornière inférieure des poutres a subi
un allongement proportionnel plus que triple dans la première,
et plus que quadruple dans la seconde, de celui par lequel
l'élasticité des bons fers commence à s'altérer.

L'on a fait remarquer plus haut que les fers de ces cornières,
en se rompant presque aussitôt que les flexions, et par conséquent les allongements avaient atteint les limites de l'élasticité,
s'étaient comportés comme des fers durs, et cet ensemble de
circonstances explique comment ces poutres se sont rompues
sous des charges inférieures à celles que les règles ordinaires
auraient indiquées.

OBSERVATIONS. — Ces résultats et ces réflexions nous montrent :

1° Que les solides de ce genre, par suite de la flexibilité de
leurs assemblages, ne peuvent être assimilés, quant à la résis-

tance à la flexion et à la rupture, à des solides continus comme une poutre en tôle ou une poutre à double T, dont toutes les parties sont solidaires et participent aux efforts développés par les réactions moléculaires pendant la flexion ;

2° Que les considérations statiques de décompositions des efforts, suffisamment exactes pour des solides simples tels que les charpentes ordinaires, le sont beaucoup moins peut-être quand on les applique à des pièces compliquées, offrant de nombreux assemblages, dont le jeu peut modifier beaucoup la transmission des efforts ;

3° Qu'enfin les pièces de ce genre ne sont pas susceptibles de supporter des efforts aussi considérables, à beaucoup près, que ceux que l'on déduit de ces considérations statiques.

481. INFLUENCE DE LA MULTIPLICITÉ DES ASSEMBLAGES. — Les poutres dont nous venons de nous occuper étaient d'une construction aussi simple que possible, qui a été adoptée dans beaucoup de cas pour les poutres armées et pour les arcs de certaines charpentes. Cette forme a offert les avantages de la légèreté et de l'économie, et comme dans des cas pareils les charges sont estimées notablement au-dessus de leur valeur réelle, l'on a été généralement satisfait de son emploi.

Mais pour les grandes constructions, telles que les ponts de chemins de fer, les ingénieurs ont compris que la multiplicité des assemblages pourrait avoir pour effet de rapprocher davantage les poutres en treillis des solides continus, et sous ce rapport je crois qu'ils ont eu raison.

Cependant l'étude de ce genre de construction ne me paraît pas encore complète, et je ne suis pas, pour ma part, suffisamment édifié sur le mérite qu'on lui attribue. Je crois donc qu'il serait fort utile que des expériences méthodiques fussent exécutées sur des poutres en treillis de divers dispositifs, et c'est ce que je me propose de faire dès que j'en aurai l'occasion et le temps.

482. POUTRE EN TREILLIS FORMÉE D'ARMATURES ENTRE-CROISÉES. — Passons à un troisième dispositif qui n'est qu'une modification du premier, et qui consiste en des armatures en nombre double et disposées symétriquement à celle du premier dispositif, de telle façon que les sommets des triangles du second se trouvent placés au-dessus du milieu des bases des triangles du premier, et *vice versa*, ainsi que le représente la figure ci-dessous.

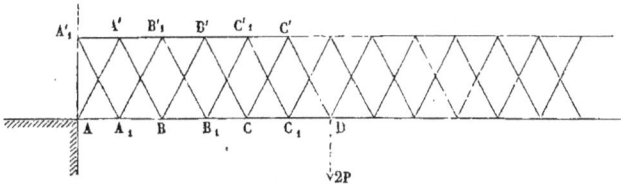

Si l'on suppose que les pièces supérieure et inférieure soient, à leurs extrémités, réunies par deux montants verticaux assemblés et assez rigides pour transmettre la réaction exercée par les appuis, l'on verra facilement, en raisonnant comme nous l'avons fait précédemment, que la tension maximum de la pièce inférieure et la compression maximum de la pièce supérieure, resteraient les mêmes que dans le premier cas; et quant aux tensions et compressions des armatures, comme il est naturel d'admettre que, par l'intermédiaire des montants AA'_1, la réaction P des appuis se partage en parties égales $\frac{P}{2}$ aux extrémités A et A'_1 des pièces inférieure et supérieure, l'on serait aussi conduit à reconnaître que toutes les armatures

$$AA', \; A_1B'_1, \; BB', \; B_1C'_1, \ldots .$$

sont soumises à un même effort de compression égal à

$$\frac{P}{2 \cos a},$$

et que toutes les tiges

$$A_1A'_1, \; BA', \; B_1B'_1, \; CB' \ldots ..$$

sont soumises à un même effort de traction égal à

$$\frac{P}{2 \cos a},$$

d'où il résulte que toutes ces tiges pourraient, à charge totale 2P égale, avoir une section moitié moindre que dans le premier cas. Mais comme elles seraient dans le nouveau dispositif en nombre double de celui du premier, il n'y aurait aucune économie de matière, et au contraire une augmentation de façon.

L'on arriverait de suite à la même conséquence, en remarquant que ce nouveau dispositif s'obtiendrait immédiatement si l'on supposait que, par un trait de scie, le premier étant refendu longitudinalement, selon son plan vertical moyen, donnerait deux solides pareils, mais d'épaisseur et de résistance moitié moindres, et si ensuite on retournait l'un d'eux sens dessus dessous, en l'appliquant contre le premier, on aurait évidemment un solide unique, aussi résistant que le premier, dans les deux parties duquel tout se passerait symétriquement quant aux tensions et aux compressions. Les pièces inférieure et supérieure ayant ensemble les mêmes dimensions que celles du premier dispositif, présenteraient la même résistance et les armatures toutes de section transversale moitié moindre, auraient aussi à supporter des efforts moitié moindres.

Il suit de là que, sauf l'avantage quelquefois assez important de permettre l'emploi de matériaux de petit échantillon faciles à trouver et à transporter, le dispositif plus compliqué que nous venons d'examiner ne semblerait pas offrir plus de résistance que le premier. Cependant il est possible, comme nous l'avons indiqué plus haut, que, par l'effet d'un assemblage bien exécuté des armatures à leur point de croisement, l'on parvienne, dans ce dispositif, à augmenter notablement la solidarité de toutes les parties et à utiliser la résistance des armatures.

Un raisonnement analogue s'appliquerait aux treillis semblables, mais dans lesquels les bases des triangles du premier dispositif auraient été partagées en trois ou quatre parties pour former des treillis à double ou triple croisement.

Ajoutons cependant que l'emploi de ces dispositifs à croisements multiples conduisant à donner aux tiges des armatures des épaisseurs de plus en plus faibles, les poutres en treillis qui en résultent deviennent de moins en moins susceptibles de résister aux efforts horizontaux perpendiculaires à leur plan, et par conséquent de plus en plus sujettes à se déverser, attendu que la résistance dans ce sens est proportionnelle au carré de l'épaisseur des armatures.

483. POUTRE EN TREILLIS SIMPLE FORMÉ DE TRIANGLES ISOCÈLES, CHARGÉE DE POIDS $2p$ A CHAQUE EXTRÉMITÉS DES BASES DES TRIAN-GLES. — Reprenons maintenant le cas du premier treillis simple, que nous avons étudié au n° **477**; mais supposons cette fois que la charge à supporter soit répartie sur l'étendue de cette poutre, de manière que chacune des extrémités B, C, D,.... des bases des triangles supporte une charge égale à $2p$. Ce serait par exemple le cas d'une poutre de pont dont le tablier serait soutenu par des longerons en bois ou en fer reposant sur les culées aux points B, C,....

Si n représente le nombre des poids $2p$ suspendus aux articulations B, C, D, la charge totale du pont sera

$$2P = 2np.$$

Chacun des appuis des extrémités exercera une réaction égale à

$$P = np.$$

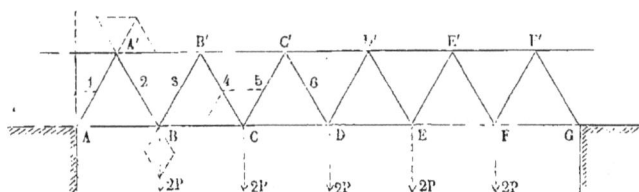

L'on voit d'abord, en raisonnant comme au n° **477**, que l'armature AA' éprouvera une compression exprimée par $\dfrac{P}{\cos a}$, et qu'en A la pièce inférieure sera soumise à une tension $P \tang a$.

La compression $\dfrac{P}{\cos a}$ exercée de A vers A', transportée en A' et décomposée en ce point selon les directions A'B et A'B', donne l'un :

1° En A' à une tension $\dfrac{P}{\cos a}$ dans le sens de A'B;

2° En A' à une compression $2P \tang a$ exercée de A' vers B'.

La tension sur l'articulation B est égale à $\dfrac{P}{\cos a}$ diminuée de la composante $\dfrac{p}{\cos a}$ du poids $2p$ dans le sens de la tige A'B. Elle est donc réduite à $\dfrac{P-p}{\cos a}$.

En la décomposant selon BA et selon BB', elle donne lieu :

1° A une tension $2(P-p) \tang a$ exercée de B vers A, et qui, s'ajoutant à la tension $P \tang a$ exercée en A, donne pour la tension horizontale de la pièce inférieure en B

$$(3P - 2p) \tang a;$$

2° A une compression $\dfrac{P-p}{\cos a}$ exercée de B vers B', laquelle se trouve diminuée de $\dfrac{p}{\cos a}$ par l'effet de la composante du poids $2p$ dans le sens de BB'. Cette compression des côtés BB' en B' n'est donc que

$$\frac{P-2p}{\cos a}.$$

En raisonnant de même, on verra que la compression $\dfrac{P-2p}{\cos a}$ exercée en B', selon la direction BB', étant décomposée selon B'C et B'C', elle donne lieu :

1° En B' à une tension $\dfrac{P-2p}{\cos a}$ dirigée selon B'C, mais qui, transportée en C, s'y trouve diminuée de la composante $\dfrac{p}{\cos a}$ du poids $2p$ suspendu en C. La tension exercée en C par la tige B'C n'est donc que

$$\frac{P-3p}{\cos a};$$

2° A une compression $2(P-2p) \tang a$ dans le sens de B'C', laquelle s'ajoutant à la compression $2\,\mathrm{P}$ tang a déjà exercée en A', donne pour la compression totale produite sur le côté B'C',

$$4(\mathrm{P} - p)\,\text{tang}\,a.$$

La tension $\dfrac{\mathrm{P} - 3p}{\cos a}$ exercée en C par là tige B'C supposée décomposée selon CB et selon CC', produit :

1° Une tension $2(\mathrm{P} - 3p)$ tang a agissant de C vers B, et qui, s'ajoutant à la tension $(3\mathrm{P} - 2p)$ tang a déjà exercée en B dans le même sens, donne pour la tension totale de la pièce horizontale inférieure en C,

$$(5\,\mathrm{P} - 8\,p)\,\text{tang}\,a;$$

2° Une compression $\dfrac{\mathrm{P} - 3p}{\cos a}$ exercée de C vers C', laquelle se trouve diminuée de $\dfrac{p}{\cos a}$, par l'effet de la composante du poids $2p$ dans le sens de CC'. Cette compression des côtés CC' en C' n'est donc que

$$\frac{\mathrm{P} - 4p}{\cos a}.$$

En la décomposant de même qu'on l'a fait en B', cette compression selon C'D et selon C'D', l'on verrait qu'elle donne lieu :

1° A une tension en C' égale à $\dfrac{\mathrm{P} - 4p}{\cos a}$ dans le sens de C'D, laquelle est diminuée en D de $\dfrac{p}{\cos a}$ par l'effet de la composante du poids $2p$ dans le sens de C'D, et y devient

$$\frac{\mathrm{P} - 5p}{\cos a};$$

2° A une compression $2(\mathrm{P} - 4p)$ tang a dans le sens de C'D', laquelle s'ajoutant à la compression $4(\mathrm{P} - p)$ tang a déjà exercée en C', donne pour la compression totale exercée sur le côté C'D',

$$6\,(\mathrm{P} - 2p)\,\text{tang}\,a.$$

Enfin la tension $\dfrac{\mathrm{P} - 5p}{\cos a}$ exercée en D dans le sens de CD', décomposée suivant DC, produit dans le sens de la pièce horizontale inférieure une tension $2(P - 5p)$ tang a qui, s'ajoutant à la tension $(5P - 8p)$ tang a déjà produite en C dans le même sens, donne pour la tension totale de cette pièce en D,

$$(7P - 18p) \text{ tang } a.$$

En continuant de proche en proche le même raisonnement, l'on voit que les compressions et les tensions des différentes parties de la poutre varient ainsi qu'il suit, en mettant pour P sa valeur déduite de $(2P = 2np)$:

N^{os} d'ordre des côtés.		Compressions.		Armatures parallèles à AA'.
1	AA'	$\dfrac{P}{\cos a}$	$=$	$\dfrac{n}{\cos a}$
3	BB'	$\dfrac{P - 2p}{\cos a}$	$=$	$\dfrac{(n-2)p}{\cos a}$
5	CC'	$\dfrac{P - 4p}{\cos a}$	$=$	$\dfrac{(n-4)p}{\cos a}$
7	DD'	$\dfrac{P - 6p}{\cos a}$	$=$	$\dfrac{(n-6)p}{\cos a}$

et généralement

$$\frac{\{n - (i-1)\}p}{\cos a}.$$

En appelant i le numéro d'ordre de l'armature à partir de la culée A :

N^{os} d'ordre des côtés.		Armatures parallèles à A'B		Tensions.
2	A'B	$\dfrac{P}{\cos a}$	$=$	$\dfrac{np}{\cos a}$
4	B	$\dfrac{P - 2p}{\cos a}$	$=$	$\dfrac{(n-2)p}{\cos a}$
6	C'D	$\dfrac{P - 4p}{\cos a}$	$=$	$\dfrac{(n-4)p}{\cos a}$

et généralement

$$\frac{\{n - (i-2)\}p}{\cos a}.$$

En comparant entre elles les compressions et les tensions des côtés qui aboutissent à une même articulation, l'on voit qu'elles sont respectivement égales et vont toutes en diminuant de la culée ou de l'appui vers le milieu de la poutre.

Pièce horizontale supérieure.

N^{os} d'ordre des côtés i.		Compressions.	
1	A'B'	$2\,\mathrm{P}\,\text{tang}\,a$	$= 2np\,\text{tang}\,a$
2	B'C'	$4\,(\mathrm{P}-p)\,\text{tang}\,a$	$= 4\,(n-1)\,p\,\text{tang}\,a$
3	C'D'	$6\,(\mathrm{P}-2p)\,\text{tang}\,a$	$= 6\,(n-2)\,p\,\text{tang}\,a\,;$

et généralement, si l'on représente par i le numéro d'ordre du côté supérieur à partir de la culée pour celui que l'on considère, la compression de ce côté sera exprimée par

$$2i\{n-i+1\}\,p\,\text{tang}\,a = 2i\{n-i+1\}\,p\,\frac{\mathrm{C}'}{(n+2)\,b},$$

en appelant 2C la portée et se rappelant que

$$\text{tang}\,a = \frac{\mathrm{C}}{(n+2)\,b}.$$

Pièce horizontale inférieure.

N^{os} d'ordre des côtés.		Tensions	
1	en AB	$(\mathrm{P}\,\text{tang}\,a$	$= np\,\text{tang}\,a$
2	en BC	$(3\mathrm{P}-2p)\,\text{tang}\,a$	$= \{n+2\,(n-1)\}\,p\,\text{tang}\,a$
3	en CD	$(5\mathrm{P}-8p)\,\text{tang}\,a$	$= \{n+4(n-2)\}\,p\,\text{tang}\,a$
4	en DE	$(7\mathrm{P}-18p)\,\text{tang}\,a$	$= \{n+6\,(n-3)\}\,p\,\text{tang}\,a\,;$

et généralement, si l'on représente par i le numéro d'ordre du côté inférieur que l'on considère à partir de la culée, la tension de ce côté sera

$$\{n+2(i-1)(n-i+1)\}\,p\,\text{tang}\,a$$
$$= \{n+2(i-1)(n-i+1)\}\,p\,\frac{\mathrm{C}}{(n+2)\,b}.$$

Il y a lieu de remarquer que les compressions et les tensions des pièces supérieure et inférieure de la poutre vont en augmentant de la culée vers le milieu.

484. APPLICATION. — Supposons qu'il s'agisse d'un pont de 20 mètres de longueur destiné au passage des voitures ordinaires et devant avoir 5 mètres de largeur.

Le poids propre du pont, dont on supposera le tablier en madriers de $0^m.08$ d'épaisseur, y compris ses poutrelles et ses menues ferrures, ne serait guère que d'environ 300 kilogr. par mètre carré, et la surcharge d'épreuve devant être de 200 kilogr. par mètre carré, le poids total à supporter par mètre courant de longueur sur une largeur de 5 mètres, serait donc de 2500 kilogr.

S'il doit y avoir deux poutres en treillis triangulaires de 1 mètre de base et 1 mètre de hauteur, le nombre des triangles sera de 20. Chaque poutre sera soumise à une charge de 1250 kilogr. par mètre courant, laquelle sera directement appliquée sur des longerons reposant aux points A, B, C, D,.... G, dont chacun supportera ainsi une charge $2p = 1250$ kilogr.

L'on a donc

$$2p = 1250^{kil}, 2C = 20^m, n = 18, \ b = 1^m$$

$$\cos a = \sqrt{1 + \overline{0.50}^2} = 0.89 \ \text{tang}, a = 0.50$$

L'application des formules du n° **483** donne les résultats consignés dans le tableau suivant :

NUMÉROS D'ORDRE des côtés.	ARMATURES PARALLÈLES		PARTIES DE LA PIÈCE	
	à AA'.	à A'B.	SUPÉRIEURE.	INFÉRIEURE.
	COMPRESSIONS.	TENSIONS.	COMPRESSIONS.	TENSIONS.
1	12640^{kil}		11250 ^{kil}	5625 ^{kil}
2		12640 ^{kil}	21250	16350
3	11236		30000	25875
4		11236	37500	33750
5	9832		43750	40625
6		9832	48750	46250
7	8427		52500	50725
8		8427	55000	53750
9	7023		56250	55625
10		7023		56250

485. OBSERVATION RELATIVE AUX PIÈCES SOUMISES A LA COMPRESSION. — Il n'entre pas dans le plan de ces leçons de donner sur cette partie importante des constructions civiles des détails pour lesquels nous renverrons aux ouvrages spéciaux, et en particulier au *Traité de la construction des ponts métalliques*, par MM. Molinos et Pronier, ingénieurs civils. Mais il est bon cependant d'appeler l'attention sur le soin qu'il convient d'apporter aux choix des formes à adopter pour les armatures et pour la pièce horizontale soumises à des efforts de compression.

L'on sait en effet, et les expériences de M. Hodgkinson ont confirmé que la charge de compression que l'on peut sans danger de flexion faire supporter à des solives d'une certaine longueur, varie en raison inverse d'une certaine puissance de leur longueur, et les formules ainsi que les tables déduites des expériences que nous avons données indiquent suffisamment la loi pratique de cette décroissance.

Pour résister à un effort égal, les pièces d'une certaine longueur soumises à la compression doivent donc offrir des sections bien plus grandes que celles qui sont soumises à l'extension.

Afin d'atténuer cet inconvénient, l'on devra donner aux pièces exposées à des efforts de compression des formes qui augmentent leur rigidité. L'emploi des fers à T, simples ou doubles ; celui des cornières sont donc indiqués naturellement pour ces pièces, et dans les grands ponts construits en tôle, il conviendra d'adopter des formes analogues.

Sous ce rapport, les treillis entre-croisés présentent quelque avantage, parce qu'aux points de croisement l'on peut réunir les pièces par des boulons et les rendre solidaires entre elles, quant aux flexions dans le sens horizontal ce qui tend à augmenter la rigidité de l'ensemble.

486. OBSERVATION SUR LA FORME DES PIÈCES SUPÉRIEURE ET INFÉRIEURE DES POUTRES ENTRE ELLES. — L'on remarquera que l'effet du dispositif que l'on vient d'étudier étant, par suite du grand écartement des pièces principales, de faire agir à peu près également pour résister, soit à la compression, soit à l'extension, toutes les fibres des pièces supérieure et inférieure, il n'y aurait pas de motifs pour employer à l'exécution de ces pièces des formes compliquées telles que celles des fers à T ou à double T, et qu'il y aurait lieu de préférer les formes les plus simples qui se prêtent mieux aux assemblages.

Mais il faut remarquer, d'une autre part, qu'il est indispensable de donner à ces solides, dans le sens horizontal, une résistance suffisante pour qu'ils ne soient pas exposés à se déverser ou à fléchir sous l'action des efforts horizontaux exercés par le vent. A cet effet, l'on devra les renforcer dans ce sens à l'aide de consoles, de goussets, de carlingues convenablement proportionnés.

487. COMPARAISON DES QUANTITÉS DE MÉTAL EMPLOYÉES DANS UNE POUTRE EN TREILLIS ET DANS UNE POUTRE PLEINE EN TÔLE. — Si l'on suppose que chaque millimètre carré de section de fer employé puisse supporter 6 kilogr., tant sous des efforts de compression que sous des efforts d'extension, l'on déduira facilement du tableau précédent les superficies qu'il serait nécessaire de donner aux sections transversales des diverses parties du latice, en divisant les efforts qui y sont indiqués par 6. Puis en multipliant ces aires par la longueur des armatures, qui, dans les proportions supposées, est égale pour toutes à

$\sqrt{1.25} = 1.118$, l'on aura le cube de fer à employer pour ces armatures.

Quant aux pièces longitudinales, les efforts auxquels elles sont soumises allant en croissant des extrémités vers le milieu, l'on pourrait, en opérant de même, déterminer la section transversale et par suite le poids de leurs différentes parties. Mais comme il y aurait lieu de faire un calcul analogue pour la pièce pleine avec laquelle nous voulons comparer le treillis, nous supposerons que dans ces deux pièces la section transversale est la même sur toute leur longueur de 20 mètres, et égale à celle qu'il convient de donner au milieu.

D'après ces bases, nous pouvons former le tableau suivant des volumes de fer à employer pour chacune des deux poutres en treillis du pont proposé.

NUMÉROS D'ORDRE DES COTÉS.	ARMATURES PARALLÈLES				PARTIES DE LA PIÈCE			
	à AA'.		à A'B.		SUPÉRIEURE soumise à la compression.		INFÉRIEURE soumise à l'extension.	
	SECTION en millimèt. carrés.	CUBE en décimèt. cubes.	SECTION en millimèt. carrés.	CUBE en décimèt. cubes.	SECTION en millimèt. carrés.	CUBE en décimèt. cubes.	SECTION en millimèt. carrés.	CUBE en décimèt. cubes.
1	2069	2.313						
2			2069	2.313				
3	1872	2.094						
4			1872	2.094				
5	1638	1.831						
6			1638	1.831				
7	1406	1.572						
8			1406	1.572				
9	1170	1.308			9375			
10			1170	1.308			9375	
et pour l'autre moitié.		9.118		9.118		187.5		187.5
		9.118		9.118		187.5		187.5
		18.236		18.236		187.5		187.5

TOTAL GÉNÉRAL des cubes pour l'une des poutres...... 411^{dc}.57.

Quant à la forme à donner aux diverses pièces qui doivent composer les poutres, il conviendrait, dans le cas actuel, d'adopter pour les armatures des fers à T simples ou doubles et pour les pièces longitudinales, des cornières au nombre de deux pour chacune ; mais nous ne pouvons ici entrer dans des détails de construction.

488. Comparaison d'une poutre en tôle pleine avec une poutre en treillis. — Si nous appliquons avec les mêmes données la formule des poutres en tôle de fer à double T du n° **230** qui, pour le cas d'une charge uniformément réparties et d'une disposition analogue à la figure ci-contre, est

$$\frac{ab^3 - 2\,a'b'^3 - 2\,a''b''^3}{b} = \frac{pC^2}{2\,000\,000},$$

elle se réduit, pour $2p = 1250$ kilogr. et $2C = 20$ mètres, à

$$\frac{ab^3 - 2\,a'b'^3 - 2\,a''b''^3}{b} = 0.03125.$$

En y faisant

$a = 0^m.25,\quad b = 1^m,\quad 2a' = 0^m.226,$
$b' = 0^m.964,\quad 2a'' = 0^m.016,\quad b'' = 0^m.738,$

l'on trouve pour le moment de la résistance de cette poutre,

$$\frac{ab^3 - 2\,a'b'^3 - 2\,a''b''^3}{b} = 0.041,$$

valeur plus forte qu'il ne serait nécessaire, et cependant le volume de cette poutre ne serait que

$$(ab - 2a'b' - 2a''b)20^m = 0^{mc}.420,$$

soit 420 décimètres cubes, tandis que celui de la poutre en treillis trouvé au n° **487** serait de 411 déc. cubes.

L'on voit qu'à résistance égale la poutre en tôle pleine aurait sensiblement le même poids que la poutre en treillis, et comme la première fléchirait beaucoup moins sous la charge que la seconde, elle nous semble beaucoup plus avantageuse.

Si l'on craignait que la poutre en tôle pleine, par suite de la

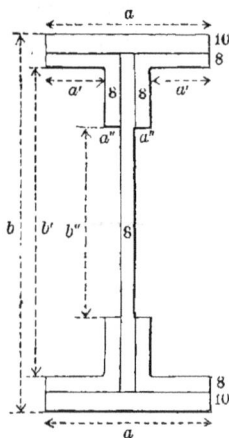

faible épaisseur de 0ᵐ.008 que nous lui avons supposée, ne fût un peu sujette à se voiler, inconvénient dont la poutre en treillis n'est pas plus exempte, on pourrait lui appliquer dans le sens transversal deux ou trois carlingues de 0ᵐ.008 d'épaisseur, ayant une saillie égale à $a' = 0^m.113$ et une hauteur $b' = 0^m.964$ qui n'exigeraient chacune que $1^{\text{décim. cube}}.64$ de fer.

489. NÉCESSITÉ D'EXPÉRIENCES SPÉCIALES. — La discussion à laquelle nous venons de nous livrer montre que la construction des poutres en treillis, malgré la faveur dont elle jouit aujourd'hui auprès des ingénieurs, et malgré les belles applications qui en ont été faites tout récemment, nous inspire, quant à la répartition des charges et des efforts, des doutes que nous regardons comme utile de lever par des expériences comparatives, que nous nous proposons d'organiser le plus tôt possible.

490. CONSIDÉRATIONS GÉNÉRALES. — Les considérations précédentes ont suffisamment indiqué l'importance des conclusions auxquelles conduit l'examen théorique et pratique de la résistance des matériaux dans toutes les constructions importantes; mais il n'est pas d'application plus fréquente de ces considérations que celles qui sont relatives à l'établissement des charpentes de toutes dimensions. Nous examinerons ce sujet avec l'attention qu'il comporte, en nous attachant surtout aux constructions en fer, qui tendent chaque jour à se répandre davantage.

Répartition des efforts et données pratiques.

491. CONDITIONS DE L'ÉQUILIBRE DES PIÈCES INCLINÉES. — PIÈCE INCLINÉE ENCASTRÉE A L'UNE DE SES EXTRÉMITÉS, ET SOUMISE, A L'AUTRE, A DES FORCES P ET Q RESPECTIVEMENT VERTICALE ET HORIZONTALE. — La relation générale du nᵒ **216,**

$$R = \frac{T}{A} \pm \frac{Mv'}{I}, \quad \text{ou} \quad R = \frac{Mv'}{I},$$

s'applique à ce cas, en y mettant pour M la somme des moments des forces extérieures P et Q, par rapport à la section d'encastrement en ayant soin de prendre positivement les moments des forces qui tendent à produire la flexion dans un sens, et négativement ceux des forces qui tendent à faire fléchir en sens contraire. On aura aussi attention de s'assurer si les fibres les plus allongées ou les plus raccourcies sont sollicitées dans le même sens par les forces qui produisent la flexion et par celles qui agissent dans le sens de la longueur.

Si, par exemple, une pièce AB de longueur C, regardée comme encastrée en B (pl. V, fig. 12), est soumise à deux efforts P et Q faisant avec sa direction des angles a et b, et que l'on nomme C' le bras de levier de la force P par rapport au point b, et h le bras de levier de la force Q par rapport au même point, les composantes des forces P et Q, perpendiculairement à sa longueur, seront

$$h \sin a = P \frac{C'}{C} \quad \text{et} \quad Q \sin b = \frac{h}{C},$$

et la somme de leurs moments par rapport à la section encastrée B sera

$$M = P(\sin a - Q \sin b) C = PC' - Qh,$$

et elles produiront une flexion

$$f = \frac{P \sin a - Q \sin b}{3 \, EI} C^3 = \frac{PC' - Qh}{3 \, EI} C^2.$$

Quant aux composantes qui agissent dans le sens de la longueur du solide, il est facile de voir qu'en prenant $AP = P$ et $AQ = Q$, et construisant les parallélogrammes respectifs, elles seront représentées par les longueurs AE et AF, et que, par les triangles semblables de la figure, on aura

$$C : AH :: P : AE = \frac{P \times AH}{C} = P \cos a,$$

$$C : AD :: Q : AF = \frac{Q \times AD}{C} = Q \cos b.$$

Leur somme, qui tend à comprimer la pièce, sera

$$T = \frac{P.AH + Q.AD}{C} = P \cos a + \cos b ;$$

de sorte que, pour la condition d'équilibre de stabilité, on aura ici

$$R = \frac{P \cos a + \cos b}{A} + \frac{P \sin a - Q \sin b}{I} Cv',$$

ou, dans le cas où Q est perpendiculaire à P,

$$R = \frac{Ph + QC'}{CA} + \frac{(PC' - Qh)v'}{I},$$

attendu qu'alors

$$\cos a = \frac{h}{C} \quad \text{et} \quad \cos b = \frac{C'}{C}.$$

Dans certains cas, l'on pourra déterminer l'une des forces ou sa direction de manière que la flexion, et par suite l'extension ou la compression due aux composantes normales, soit nulle. Il suffira de faire

$$P \sin a = Q \sin b$$

ou

$$PC' = Qh.$$

Ceci s'applique particulièrement aux arbalétriers des charpentes à tirants en fer, dont on peut faire varier l'inclinaison ou la tension.

Dans le cas (pl. V, fig. 13), où la force P est verticale, si Q est horizontale, $AD = C'$ est la projection horizontale de la pièce, $AH = h$ sa projection verticale, et l'on a

$$\cos a = \sin b, \quad \sin a = \cos b,$$

et par suite

$$f = \frac{P \sin a - Q \cos h}{3EI} + \frac{PC' - Qh}{3EI} C^2,$$

$$R = \frac{P \cos a + Q \sin a}{A} + \frac{P \sin a - Q \cos a}{I} Cv',$$

ou

$$R = \frac{Ph + QC'}{CA} + \frac{PC' - Qh}{I} v'.$$

492. Solide incliné encastré en B, et soumis a deux forces P et Q, l'une verticale, l'autre horizontale, agissant a son extrémité, et a une charge uniformément répartie sur sa longueur a raison de p kilogr. par mètre courant. — Dans ce cas, si, comme l'indique la figure 14 (pl. V), la charge uniformément répartie agit en sens contraire de l'effort P, la somme des moments des forces extérieures, par rapport à la section encastrée, est

$$(\text{P}\sin a - \text{Q}\cos a)\,\text{C} - p\sin a\,\frac{\text{C}^2}{2},$$

ou

$$(\text{Q}\cos a - \text{P}\sin a)\,\text{C} + p\sin a\,\frac{\text{C}^2}{2},$$

qui peuvent s'écrire sous cette autre forme :

$$\text{PC}' - \text{Q}h - \frac{p\text{CC}'}{2},\quad \text{ou}\quad \text{Q}h - \text{PC}' + \frac{p\text{CC}'}{2},$$

selon la grandeur respective des termes qui y entrent. On en déduit, pour la relation d'équilibre de stabilité, en tenant compte des composantes qui tendent à comprimer ou à allonger la pièce,

$$\text{R} = \frac{\text{P}h + \text{QC}' - p\text{C}h}{\text{CA}} + \frac{\text{PC}' - \text{Q}h - \dfrac{p\text{CC}'}{2}}{\text{I}}\,v',$$

ou

$$\text{R} = \frac{\text{P}\cos a + \text{Q}\sin a - p\text{C}\cos a}{\text{A}} + (\text{P}\sin a - \text{Q}\cos a - \tfrac{1}{2}p\text{C}\sin a)\,\text{C}\sin a)\,\text{C}\frac{v'}{\text{I}}.$$

La flexion se déduit des règles données aux n^{os} **291** et suiv. En effet, la résultante des forces P et Q, normalement à la longueur de la pièces, est

$$\text{P}\sin a - \text{Q}\cos a = \frac{\text{PC}' - \text{Q}h}{\text{C}},$$

et elle produit une flexion égale à

$$\tfrac{1}{3}\frac{(\text{P}\sin a - \text{Q}\cos a)}{\text{EI}}\text{C}^3 = \tfrac{1}{3}\frac{\text{PC}' - \text{Q}h}{\text{EI}}\text{C}^2,$$

de bas en haut si $P \sin a > \cos a$, ou $PC' > Qh$, ou

$$\frac{1}{3}\frac{(Q \cos a - P \sin a)C^3}{EI} = \frac{1}{3}\frac{Qh - PC'}{EI} C^2,$$

de haut en bas si $Q \cos a > P \sin a$ ou $Qh > PC'$.

Les composantes de la charge uniformément répartie perpendiculairement à la longueur de la pièce équivalent à une charge $p \sin a = \dfrac{pC'}{C}$ par mètre courant, agissant perpendiculairement à la longueur, et produisent une flexion exprimée par

$$\frac{1}{8}\frac{p \sin aC^4}{EI} = \frac{1}{8}\frac{pC'C^3}{EI}.$$

La flexion définitive est donc

$$f = \frac{C^3}{3EI}[(P \sin a - Q \cos a) + \tfrac{3}{8}pC \sin a] = \frac{C^2}{3EI}(PC' - Qh + \tfrac{3}{8}pCC')$$

ou

$$f = \frac{C^3}{3EI}[(Q \cos a - P \sin a) - \tfrac{3}{8}pC' \sin a] = \frac{C^2}{3EI}(Qh PC' - \tfrac{3}{8}pCC').$$

495. APPLICATION AUX CHARPENTES. — L'application de ces formules est particulièrement relative aux pièces de charpentes et surtout aux arbalétriers. En effet, quand une charpente de ce genre est parvenue à l'état d'équilibre, et que les assemblages ne s'ouvrent plus, on peut regarder les arbalétriers comme encastrés par leur extrémité supérieure, et comme soumis, à l'autre, à la réaction de la sablière et à celle du tirant. Dans ce cas, la charge p est le poids de la couverture, y compris les chevrons, les pannes, celui de l'arbalétrier lui-même, le poids de la neige et la pression du vent que le toit peut avoir à supporter. L'effort vertical P, qui provient de la réaction de la sablière, est égal à pC s'il s'agit d'un arbalétrier d'une longueur C.

La force horizontale Q (pl. V, fig. 15), est égale et contraire à l'effort qui tendrait à faire glisser l'arbalétrier au dehors, et, par conséquent, on a, en s'imposant la condition que l'extrémité de l'arbalétrier ne se déplace pas,

$$f = \frac{C^3}{3\,EI}\left(-\,Cp\sin a + Q\cos a + \tfrac{3}{8}pC\sin a\right) = 0,$$

ou

$$f = \frac{C^3}{3\,EI}\left(-\,pCC' - Qh + \tfrac{3}{8}pCC'\right) = 0,$$

d'où l'on tire, pour la condition que la flexion soit nulle,

$$Q\cos a = \tfrac{5}{8}pC\sin a \quad \text{et} \quad Q = \tfrac{5}{8}pC\,\text{tang}\,a,$$

ou

$$Qh = \tfrac{5}{8}pC', \quad Q = \tfrac{5}{8}\frac{pCC'}{h}.$$

On en déduit ensuite, pour la condition de stabilité,

$$R = \frac{pC\cos a + \tfrac{5}{8}pC\dfrac{\sin a}{\cos a}\sin a - pC\cos a}{A}$$

$$-\left(pC\sin a - \tfrac{5}{8}pC\sin a - \tfrac{1}{2}pC\sin a\right)C.\frac{v'}{I},$$

d'où

$$R = \tfrac{5}{8}\frac{pC(1 - \cos^2 a)}{A\cos a} + \tfrac{1}{8}p\sin a.\,C^2.\frac{v'}{I}$$

$$= pC\left(\tfrac{5}{8}\frac{1 - \cos^2 a}{A\cos a} + \tfrac{1}{8}C\sin a.\frac{v'}{I}\right),$$

ou

$$R = \tfrac{5}{8}\frac{pCC'^2}{AhC} + \tfrac{1}{8}pCC'\frac{v'}{I} = pC\left(\tfrac{5}{8}\frac{C'^2}{AhC} + \tfrac{1}{8}C'\frac{v'}{I}\right),$$

attendu que

$$1 - \cos^2 a = \sin^2 a = \frac{C'^2}{C^2}.$$

Si l'on négligeait le terme $pC \times \tfrac{5}{8}\dfrac{C'^2}{AhC}$, relatif aux efforts de compression longitudinale, la formule se réduirait à

$$R = \tfrac{1}{8}pC.\,C'\frac{v'}{I}, \quad \text{ou} \quad \frac{RI}{v'} = \tfrac{1}{8}pCC'.$$

D'après les notations ci-dessus,

pC' est la charge totale normale à la direction de l'arbalétrier;

C est la longueur totale, sur laquelle est répartie cette charge;
et cette formule revient à l'expression suivante :

Pour avoir la somme des moments des efforts normaux à
l'arbalétrier,
Multipliez le quart ($\frac{1}{4}pC'$) de la charge normale à sa longueur
par la moitié ($\frac{1}{2}C$) de sa longueur.

Il sera bon de se rappeler cette traduction de la formule en
langage ordinaire, quand on voudra en faire l'application à des
arbalétriers soutenus en différents points de leur longueur,
comme on le verra aux n°ˢ 527 et suivants.

494. Observation relative a la condition qui rend la
flexion f égale a zéro. — La condition que le déplacement du
pied A de la pièce inclinée soit nul est satisfaite dans les charpentes en bois, par la résistance du tirant ou de l'entrait avec
lequel l'arbalétrier est assemblé et chevillé, puis relié par un
lien en fer. Lorsque le tirant est en fer et que l'angle qu'il fait
avec l'arbalétrier est donné, on se réserve le moyen d'augmenter
la tension Q de façon que la relation

$$Q = \tfrac{5}{8}pC \tang a = \tfrac{5}{8}\frac{pCC'}{h}$$

soit satisfaite. On remarquera à ce sujet que le tirant en fer ne
peut recevoir cette tension en entier avant la pose de la couverture, parce qu'il en résulterait un effort qui tendrait à ouvrir
l'assemblage des arbalétriers vers le sommet, à moins que cet
assemblage ne soit à l'avance fortement consolidé. Il convient
d'augmenter graduellement cette tension, de manière à relever
ce sommet de la quantité dont il s'abaisse sous la charge dans
les premiers instants. Cependant, si l'on a employé, pour réunir
les arbalétriers au sommet, des boîtes en fonte bien disposées
ou des armatures convenables, on peut, dès l'origine et avant
le dressage, tendre fortement le tirant, jusqu'à faire prendre
aux arbalétriers une flexion égale et contraire à celle que pro-

duira la charge uniformément répartie sur le solide. Cette flexion éprouvée par l'arbalétrier sous l'action de la tension du tirant

$$Q = \tfrac{5}{8} pC \tang a = \tfrac{5}{8} \frac{pCC'}{h}$$

est égale à

$$f = \frac{C^3}{3\,EI} \cdot \tfrac{5}{8} pC \sin a = \tfrac{5}{24} \cdot \frac{C^2}{EI} pC \sin a = \tfrac{5}{24} \frac{C^3}{EI} \cdot pC.$$

Par conséquent, ayant au préalable calculé cette flexion, il sera facile, avant le levage des fermes, de tendre les tirants au degré convenable pour la faire prendre aux arbalétriers; et quand ensuite ils seront chargés, ils se redresseront en partie, si ce n'est tout à fait.

495. APPLICATIONS. — Les arbalétriers en bois étant de section rectangulaire, on a

$$A = ab \quad \text{et} \quad \frac{v'}{I} = \frac{6}{ab^2},$$

et l'on conçoit que le facteur

$$\tfrac{5}{8} \frac{1 - \cos a^2}{\cos a'} = \tfrac{5}{8} \frac{C'^2}{hC}$$

est toujours assez petit pour qu'on puisse, sans erreur sensible dans les applications, le remplacer par sa valeur moyenne. En effet, les inclinaisons des toits les plus usitées sont, pour les tuiles plates à crochet,

$$a = 45^0 \quad \text{et} \quad a = 57^0,$$

et pour les tuiles creuses posées à sec,

$$a = 63^0.$$

Or on trouve pour ce facteur les valeurs suivantes, selon que l'on fait

a égal à	45°,	[57°,	63°,
$\tfrac{5}{8} \dfrac{1 - \cos a^2}{\cos a'} = \tfrac{5}{8} \dfrac{C'^2}{hC}$,	0.442,	0.807,	1.093,

dont la valeur moyenne est 0.807, soit 0.781.

Pour un arbalétrier d'une section quelconque, on aurait donc

$$R = pC\left(\frac{0.781}{A} + \tfrac{1}{8}\frac{C'v'}{I}\right),$$

attendu que $C\sin a$ est la projection C' de l'arbalétrier, ou de la moitié de la portée totale $2\,C'$ de la ferme. Si l'arbalétrier est à section rectangulaire, on a donc

$$R = pC\left(\frac{0.781}{ab} + \tfrac{3}{4}\frac{C'}{ab^2}\right),$$

d'où

$$ab^2 = \frac{pC}{R}(0.781\,b + \tfrac{3}{4}C') = \frac{pC}{R}(0.781\,b + 0.75\,C').$$

Le produit pC représente, comme on l'a dit, le poids total de la couverture, y compris même celui de l'arbalétrier, que l'on estime d'abord approximativement.

Si l'on prend

$$R = 700\,000 \text{ kilogr.,}$$

comme le suppose M. le général Ardant[*], on est conduit à la formule pratique

$$ab^2 = pC(0.00000112\,b + 0.00000107\,C'),$$

ce qui est la formule adoptée au n° **516** de l'*Aide-mémoire*, 4ᵉ édition, et conviendra pour les charpentes ordinaires, où les bois ne sont pas à vive arête, et bien secs.

Mais si les bois sont équarris et bien choisis, on pourra hardiment faire

$$R = 800\,000 \text{ kilogr.,}$$

et l'on aura la formule

$$ab^2 = pC(0.000000976\,b + 0.0000009375\,C')$$

---

[*] *Études théoriques et expérimentales sur les charpentes à grande portée.*

Enfin, si l'on employait du bois de choix à vive arête, on pourrait même faire

$$R = 1\,000\,000\ \text{kilogr.},$$

ce qui conduirait à la formule pratique

$$ab^2 = pC(0.00000781\,b + 0.00000075\,C').$$

Ces formules s'appliquent aux arbalétriers des fermes simples à tirants en bois et aux arbalétriers supérieurs des fermes à la Palladio, ainsi qu'aux arbalétriers des fermes à tirants en fer forgé.

Nous allons en montrer l'application aux cas les plus usuels; mais auparavant il convient de donner quelques détails sur les couvertures en usage, dont le poids forme un des principaux éléments de la charge des charpentes, professé par M. E. Trélat.

496. DES COUVERTURES EN USAGE. — L'on emploie, selon les lieux et les circonstances, divers genres de couvertures sur lesquelles il est bon d'avoir quelques données, que nous emprunterons au cours de constructions civiles du Conservatoire des arts et métiers, professé par M. E. Trélat.

497. CHAUME. — Cette espèce de couverture, économique et assez durable, a le grave défaut d'être trop facilement combustible, ce qui a engagé l'administration publique à en proscrire l'emploi. Dans quelques circonstances particulières, et notamment pour des constructions isolées ou provisoires, on peut être obligé d'y recourir.

L'inclinaison doit être de 45 degrés; l'épaisseur de paille, de $0^m.50$ à $0^m.60$. Le poids du mètre carré est d'environ 60 kilogr.

498. COUVERTURES EN BOIS. — Lorsqu'on emploie des planches, et qu'on veut épargner l'emploi des pannes, on les fixe sur les arbalétriers, perpendiculairement à leur longueur et horizontalement, en les faisant recouvrir l'une par l'autre d'une certaine quantité. Si, au contraire, on conserve les pannes, les planches sont disposées perpendiculairement à leur longueur et dans le sens de la plus grande pente du toit.

L'inclinaison doit être de 40 à 45 degrés. Ce genre de couverture n'est ni durable ni étanche ; et malgré toutes les précautions possibles, il est rapidement altéré par l'effet des variations hygrométriques. Il pèse 20 à 25 kilogr. par mètre carré.

499. Bardeaux. — On nomme ainsi de petites planchettes minces, de 0ᵐ.25 à 0ᵐ.30 de longueur sur 0ᵐ.10 à 0ᵐ.12 de largeur, que l'on obtient en fendant à la hache des billes de hêtre ou de sapin, et que l'on applique, à la façon des ardoises, sur des toitures inclinées à 45 degrés à l'horizon.

Les bardeaux se recouvrent du tiers à la moitié de leur longueur, et cette couverture pèse de 20 à 44 kilogr. par mètre carré, selon que les bardeaux sont en bois blanc ou en bois dur.

Cette couverture est assez durable et étanche ; mais elle a le grave inconvénient d'être combustible, ce qui doit la faire proscrire des bâtiments d'habitation.

Dans les pays du Nord, l'on emploie aussi la couverture en bardeaux pour recouvrir les murs verticaux des maisons exposés aux vents de la pluie. L'on doit alors avoir soin de l'isoler de la surface des murs, de sorte que l'air puisse librement passer derrière. On recouvre souvent les bardeaux d'une bonne peinture à l'huile.

500. Tuiles. — L'on emploie une assez grande variété de tuiles pour les couvertures, parmi lesquelles nous signalerons les plus importantes.

501. Tuiles creuses du Midi. — Ces tuiles, de forme légèrement tronconique, se posent à recouvrement de la moitié de leur longueur. Elles n'ont point de crochet pour les fixer au lattis, ce qui oblige à limiter l'inclinaison du toit à 27 ou 30 degrés au plus, de crainte qu'elles ne glissent. D'une autre part, malgré la facilité qu'elles offrent pour l'écoulement de l'eau, cette inclinaison ne peut être inférieure à 15 degrés, pour éviter les infiltrations.

Quand elles sont posées à sec, le poids du mètre carré de couverture varie de 75 à 90 kilogr.

Lorsqu'elles sont maçonnées, ce qui est nécessaire dans les

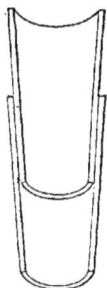

contrées où il y a beaucoup de vent, le poids par mètre carré s'élève à 100 et même à 136 kilogr.

Il en faut 24 par mètre carré lorsqu'elles ont 0^m.406 de longueur sur 0^m.230 de largeur, ce qui correspond au modèle le plus généralement employé.

502. Tuiles flamandes. — Ces tuiles, dont le profil transversal offre la forme ci-contre, portent un crochet qui sert à les arrêter sur le lattis. Elles se posent sur des toits inclinés de 40 à 50 degrés.

La facilité qu'elles offrent pour l'écoulement de l'eau, par leur forme et par la grande inclinaison du toit, permet de réduire le recouvrement à un tiers de leur longueur.

Ces tuiles ont ordinairement 0^m.352 sur 0^m.352, et quelquefois 0^m.352 sur 0^m.406.

Il en faut 15.25 par mètre carré de couverture, pesant de 55 à 58 kilogr.

503. Tuiles plates. — Ces tuiles, d'un usage assez général, ont ordinairement 0^m.31 de longueur, 0^m.23 de largeur et 0^m.015 d'épaisseur : elles pèsent moyennement 2^{kil}.30 ; elles s'emploient sous des inclinaisons de 40 à 60 degrés, et sont maintenues sur le lattis par un crochet.

Pour éviter l'introduction de la neige, l'on est obligé de porter le recouvrement à la moitié de la longueur de la tuile, ce qui rend cette couverture fort lourde.

Il faut alors par mètre carré 38 tuiles, pesant 88 kilogr.

Si l'on ne craint pas la neige, l'on peut réduire le recouvrement à un tiers de la longueur, et alors le nombre de tuiles à employer par mètre carré n'est que de 28 à 29.

Les dimensions et le poids des tuiles variant beaucoup, il ne sera peut-être pas inutile de donner ici quelques détails relatifs à l'usage de ces couvertures en Alsace, pour permettre d'en comparer le prix à celui des tuiles moulées des nouveaux modèles, fabriquées dans le département du Haut-Rhin.

DÉSIGNATION du MODE D'EMPLOI.	POIDS			Écartement des lattes d'axe en axe.	Nombre de tuiles par mètre carré en nombres ronds.	PRIX					Inclinaison minimum des chevrons par mètre.
	d'une tuile neuve		du mètre carré de tuiles neuves mouillées.			de 1000 tuiles.	du mètre carré de tuiles.	du mètre carré de lattis.	de la pose par mètre carré.	du mètre carré de couverture posée	
	sèche.	mouillée.									
	kil.	kil.	kil.	m.		fr.	fr.	fr.	fr.	fr.	m.
Tuiles ordinaires, couverture simple avec bardeaux....	1.75	2.05	61.50	0.20	30	30	0.90	0.60	0.55	2.05	1.00
Couverture double.	1.75	2.05	86.10	0.14	42	30	1.25	0.80	0.65	2.70	0.50

504. TUILES PERFECTIONNÉES. — Plusieurs fabricants de tuiles se sont proposé d'améliorer ce genre de couverture en réduisant l'étendue du recouvrement et, par suite, le poids de la couverture par mètre carré, et en permettant de diminuer l'inclinaison du toit, tout en conservant la même facilité pour l'écoulement de l'eau, et en opposant la même difficulté à l'introduction de la neige.

L'on est parvenu à ce résultat en moulant les tuiles de façon à assurer l'emboîtement des parties qui forment les joints, tant dans le sens vertical que dans le sens horizontal.

505. TUILES MOULÉES. — MM. Gilardoni frères, d'Altkirch (Haut-Rhin), ont imaginé divers modèles de tuiles, disposées de manière à diminuer considérablement le recouvrement, le poids et l'inclinaison des couvertures. Les trois principaux modèles de ces fabricants sont représentés dans les figures suivantes :

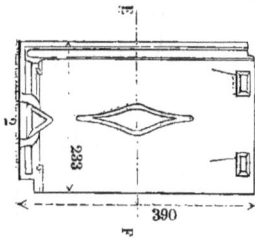

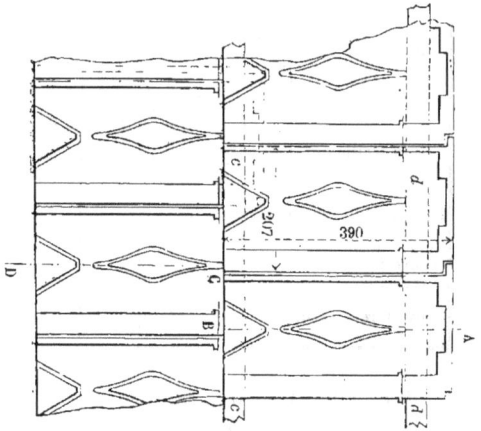

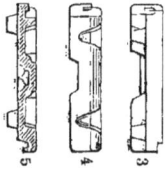

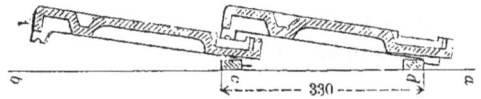

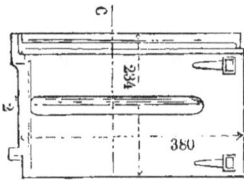

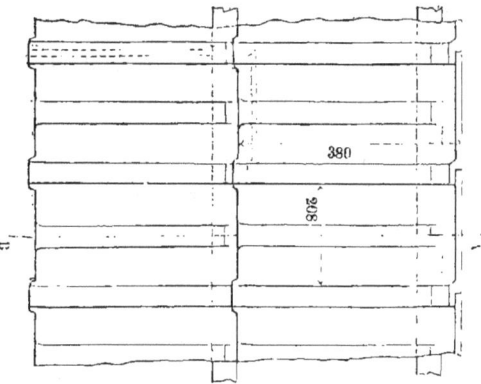

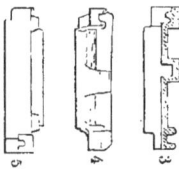

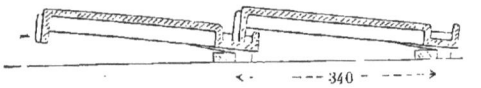

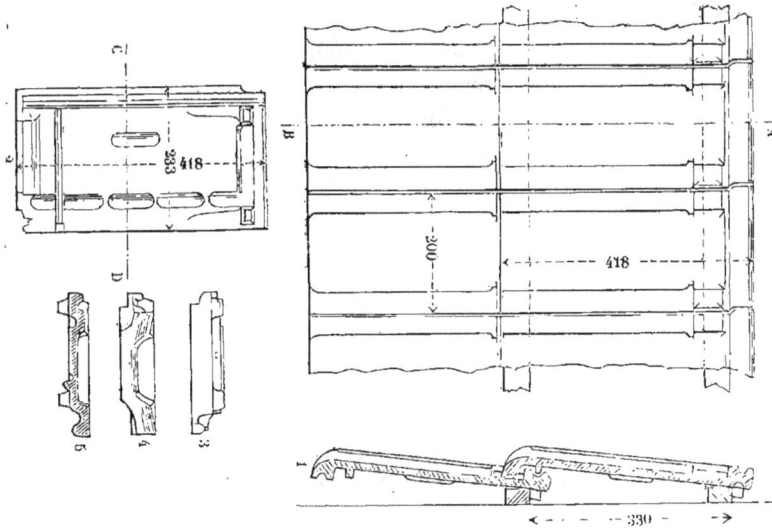

Nous empruntons au 143e bulletin de la Société industrielle de Mulhouse le tableau suivant, qui fournit sur ces trois variétés de tuiles des renseignements complets :

DÉSIGNATION du MODÈLE.	POIDS			Écartement des lattes d'axe en axe.	Nombre de tuiles par mètre carré en nombres ronds.	PRIX					Inclinaison minimum du chevron par mètre.
	d'une tuile neuve		du mètre carré de tuiles neuves mouillées.			de 1000 tuiles.	du mètre carré de tuiles.	du mètre carré de lattis.	de la pose par mètre carré.	du mètre carré de couverture posée	
	sèche.	mouillée.									
	kil.	kil.	kil.	m.		fr.	fr.	fr.	fr.	fr.	m.
Nº 3. Ordinaire à losange........	2.70	3.10	46.00	0.33	15	125	1.87	0.40	0.45	2.72	0.40
Nº 4. A agrafes	2.35	2.70	40.50	0.34	15	125	1.87	0.40	0.45	2.72	0.40
Nº 5. A double recouvrement. .	2.65	3.05	45.75	0.33	15	125	1.87	0.40	0.45	2.72	0.25 à 0.30

En comparant ces données avec celles qui sont relatives aux tuiles plates, et d'après les résultats de nombreuses applications, l'on reconnaît que ce genre de tuiles présente les avantages suivants :

Les joints sont complétement étanches, même quand l'inclinaison du toit à l'horizon est réduite à 12 ou 15 degrés.

Le pureau est égal à la longueur de la tuile diminuée seulement de la largeur des deux joints horizontal et vertical, de sorte que la couverture ne se compose, sur presque toute son étendue, que d'une seule épaisseur de tuile.

Le mètre carré de couverture n'exige que 15 tuiles, pesant, sèches, l'une, de $2^{kil}.35$ à $2^{kil}.65$.

Le chevronnage est simple, et l'écartement des chevrons est de $0^m.80$; celui des lattes est de $0^m.33$ environ.

Les tuiles, renforcées par des nervures, peuvent supporter, sans risque de rupture, le poids des couvreurs.

Toutes les tuiles sont accrochées les unes aux autres, ce qui présente un grand obstacle à l'action du vent qui tend à les soulever.

506. Tuiles de M. Courtois. — Ces tuiles s'assemblent par des joints inclinés dirigés dans le sens des diagonales de la surface du toit, afin de faciliter l'écoulement des eaux dans tous les sens. Ces joints sont à emboîtement, comme pour les tuiles précédentes.

L'inclinaison du toit peut être abaissée à 15 ou 20 degrés avec l'horizon.

Le nombre des tuiles à employer par mètre carré de couverture est de 18.2, pesant chacune $2^{kil}.40$, ou, ensemble, environ 44 kilogr. par mètre carré.

507. Tuiles Chatillon. — Ces tuiles, à crochet, à joints et à recouvrement obliques, ont la forme générale d'un losange de $0^m.52$ de longueur sur $0^m.30$ de largeur. Le pureau a $0^m.32$ de largeur sur $0^m.37$ de longueur dans le sens de la pente du toit. Il est monté en forme d'écailles de poisson. La partie supérieure au pureau, destinée à être recouverte par la tuile supérieure, est plate et terminée par des rebords qui sont recouverts par des saillies ménagées en dessous du pureau.

Ces tuiles pèsent 3 kilogr. l'une, et il en faut 16 par mètre carré de couverture, ce qui revient à un poids de 48 kilogr. par mètre carré.

L'inclinaison du toit peut être réduite à 16 degrés sur l'horizon.

508. DES ARDOISES. — On distingue aujourd'hui deux sortes de couvertures en ardoises : les anciennes et les nouvelles.

Les anciennes ardoises sont de deux modèles différents, dits :

La *grande carrée*.. de 0m.298 sur 0m.217 et 0m.003 d'épaisseur;

La *cartelette*......de 0m.217 sur 0m.162 et 0m.0025 d'épaisseur.

L'inclinaison du toit sur l'horizon, pour ce genre de couverture, ne doit pas être inférieure à 33 degrés.

Il faut, par mètre carré de couverture :

46 grandes carrées, pesant 29 kilogr.;

85 cartelettes, pesant..... 24 kilogr.

Le pureau est égal au tiers de la longueur des ardoises.

509. NOUVELLES ARDOISES. — L'on fabrique depuis quelques années, aux environs d'Angers, de très-grandes ardoises, dites *grandes anglaises*, qui paraissent d'un emploi plus avantageux que les petites, qui ont l'inconvénient d'être quelquefois enlevées par le vent ou brisées par le choc des corps étrangers.

Les nouvelles ardoises ont 0m.64 de longueur, 0m.36 de largeur et 0m.005 d'épaisseur. On fixe ces ardoises sur le lattis avec des clous en cuivre, de manière qu'elles se recouvrent d'un peu plus de la moitié de leur longueur. Il en résulte que sur toute la surface du toit il y a deux épaisseurs d'ardoises, plus, au-dessus de l'extrémité supérieure de chacune, une triple épaisseur de 0m.07 à 0m.11 de largeur. Le pureau est ainsi réduit à la moitié de la longueur des ardoises, diminuée de 0m.07 ou de 0m.11, selon les cas.

Avec ces ardoises, l'on peut couvrir sous des inclinaisons de 15 degrés et au-dessus.

La couverture pèse de 27 à 35 kilogr., selon que la troisième épaisseur a 0m.07 ou 0m.11 de longueur.

Il faut 9.92 ardoises des dimensions ci-dessus par mètre carré.

Ces couvertures sont très-solides, mais elles coûtent plus cher que la tuile et isolent moins l'intérieur. Leur bel aspect doit les faire rechercher pour les habitations soignées.

510. DES COUVERTURES EN PAPIER OU EN CARTON BITUMÉ. — Ce genre de couverture n'est guère employé que pour les constructions temporaires, et dans ce cas il peut être d'une assez grande utilité ; mais il doit être fait avec soin si l'on ne veut pas être exposé à des réparations fréquentes et coûteuses.

Cette couverture ne pèse guère que 5 à 6 kilogr. le mètre carré.

511. CHARGE DES TOITURES PAR MÈTRE CARRÉ. — En récapitulant les résultats précédents, nous pouvons former le tableau suivant, relatif aux divers modes de couvertures en usage :

TABLE DES INCLINAISONS ET DES POIDS, PAR MÈTRE CARRÉ EFFECTIF
DES DIVERSES SORTES DE COUVERTURE.

NATURE de LA COUVERTURE.	INCLINAISON du toit		POIDS du mètre carré effectif de couverture.	QUANTITÉ approximative de bois en mètres cubes par m·tre carré de couverture.
	en degrés à l'horizon.	exprimée par le rapport $\frac{c'}{h}$.		
	degrés.		kil.	m c.
Chaume............	45	1.00	60	0.063
Plancher............	45	1 00	20 à 25	0.050
Bardeaux............	45	1.00	20 à 44*	0.050
Tuiles creuses posées à sec............	27 à 30	1.96 à 1.66	75 à 90	0.058
Tuiles creuses maçonnées	27 à 31	1.96 à 1.66	136	0.068
Tuiles flamandes......	40 à 50	1.19 à 0.84	55 à 58	0.060
Tuiles plates à crochets.	40 à 60	1.19 à 0.58	60 à 88**	0.063
Tuiles de nouveaux modèles............	15 à 20	3.73 à 2 75	45	0.055
Ardoises ordinaires....	23 à 45	1.55 à 1.00	30 à 35	0.056
Ardoises nouvelles	15 à 33	3.73 à 1 53	27 à 35	0.056
Cuivre laminé........	18 à 21	3 07 à 2 60	14.00	0 042
Zinc n° 14............	18 à 21	3.07 à 2.60	8.50	0.042
Tôle galvanisée........	18 à 21	3 07 à 2.60	8.50	0 042
Mastic bitumineux....	18 à 21	3.07 à 2.60	25.00	0.056

* Selon que les bardeaux sont en bois blanc ou en hêtre.
** Selon que le pureau est des ⁹/₀ ou de ¹/₃ de la longueur de la tuile.

On estime qu'en moyenne le sapin pèse 550 kilogr. le mètre cube, et le chêne 900 kilogr.

La neige pèse 10 fois moins que l'eau, à égalité de volume, et l'épaisseur maximum à laquelle elle peut s'amonceler sur un toit est de $0^m.50$, ce qui correspondrait à une surcharge de 50 kilogr.; mais on ne compte que sur 25 kilogr.

Quant au vent, les pressions qu'il exerce ne sont que passagères, et l'on pourrait se dispenser d'en tenir compte dans les climats d'Europe. Cependant, par prudence, on les introduit dans le calcul, en supposant au vent une vitesse moyenne de 6 à 7 mètres, en calculant les pressions qu'il exerce d'après le tableau suivant :

PRESSIONS EXERCÉES PAR LE VENT SUR UNE SURFACE DE 1 MÈTRE CARRÉ, FRAPPÉE PERPENDICULAIREMENT.

VITESSE DÙ VENT.	PRESSION EN KILOGRAMMES.
m.	kil.
3.00	1.047
5.00	2.908
8.00	7.443
10.85	13.691
14.00	22.795
20.00	46.520
40.00 ouragan.	186.080

512. CHARGE DES TOITURES PAR MÈTRE CARRÉ DE SUPERFICIE. — A l'aide de ces éléments, il est facile d'établir le tableau suivant :

DONNÉES RELATIVES AUX POIDS DES COUVERTURES DE DIFFÉRENTS GENRES.

MODE de COUVERTURE.	TÔLE galvanisée.	ZINC n° 14.	TUILES plates.	ARDOISES.	TUILES creuses et maçonnées
Inclinaison à l'horizon	20°	20°	40°	40°	30°
Longueur des arbalétriers C..........	1.064 C'	1.064 C'	1.214 C'	1.214 C'	1.155 C'
Poids du mètre carré de couverture*....	65 kil.	65 kil.	125 kil.	100 kil.	100 kil.
Surface de couverture pour un écartement de ferme = à 3ᵐ 50..	3ᵐ·ᑫ.724 C'	3ᵐ·ᑫ.724C'	4ᵐ·ᑫ.249C'	4ᵐ.249 C'	4ᵐ·ᑫ.043C'
Charge totale de l'arbalétrier, pC......	242ᵏ.06 C'	242ᵏ.06 C'	531ᵏ.0 C'	425ᵏ.0 C'	808ᵏ.6 C'

* Y compris celui du bois de la charpente, estimé approximativement et supposé en sapin, celu d'une couche de neige de 0ᵐ.25 d'épaisseur, et la pression d'un vent de 6 à 8 mètres de vitesse. C' représente ici la demi-portée de la ferme.

FORMULES PRATIQUES POUR CALCULER LES DIMENSIONS DES ARBALÉTRIERS EN BOIS DES FERMES SIMPLES A TIRANTS EN BOIS ET EN FER ET DES ARBALÉTRIERS SUPÉRIEURS DES FERMES A LA PALLADIO.

NATURE de LA COUVERTURE.	FORMULES A EMPLOYER POUR LES VALEURS DE R ÉGALES		
	à 700 000 kil. BOIS BRUTS NON ÉQUARRIS. $ab^2 =$	à 800 000 kil. BOIS ÉQUARRIS A LA HACHE. $ab^2 =$	à 1 000 000 kil. BOIS DE CHOIX A ARÊTES VIVES. $ab^2 =$
Tôle galvanisée et zinc	$242.0.C'(0.000000112.b+0.00000107.C')$	$242.0.C'(0.000000976.b+0.00000037.C')$	$242.0.C'(0\ 000000781.b+0.00000075.C')$
Ardoises	$420.0.C'(0.00000112.b.+0.00000107..C')$	$425.0.C'(0.000000976.b+0.0000009375.C')$	$425.00.C'(0.000000781.b-+0.0000075.C')$
Tuiles plates	$531.0.C'(0.00000112.b.+0.00000107.C')$	$531.0.C'(0.000000976.b+0.900000937.5.C')$	$531.0.C'(0.000000781.b+0.00000075.C')$
Tuiles creuses maçonnées	$808.6.C'(0.00000112b.+0.00000107.C')$	$808.6.C'(0.000000976.b+0.0000009375.C')$	$808.6.C'(0.000000781.b+0.00000075.C')$

On déduit des données qui précèdent le tableau ci-dessus des formules à employer selon que l'on donne à R les différentes valeurs convenables à la qualité des bois qui doivent composer la charpente.

Les bois que l'on emploie pour les arbalétriers ne sont pas ordinairement à section carrée, et l'on peut voir, par les données fournies par les expériences de MM. Chevandier et Wertheim (n° **319**), que les bois de charpente ordinaires, équarris à la hache dans les forêts, ont habituellement une largeur a égale à 0.9 de l'épaisseur b; mais pour les bois équarris à la scie, on est maître de la proportion à établir entre les dimensions; et comme le sciage ne donne lieu qu'à une faible perte de bois, et permet d'utiliser les parties que l'on enlève, nous supposerons, pour les bois de choix, que l'on a fait

$$a = 0.75\,b.$$

Dans l'application des formules précédentes, nous ferons donc :

Pour les **bois bruts avec flaches**,

$$a = b;$$

Pour les **bois équarris à la hache**,

$$a = 0.9\,b;$$

Pour les **bois équarris à la scie et à vive arête**,

$$a = 0.75\,b.$$

En y introduisant ces proportions, l'on en déduit les épaisseurs b qu'il convient de donner aux arbalétriers, suivant la grandeur des portées, et, par suite, les valeurs correspondantes de a.

Mais, pour simplifier le calcul, ou tout au moins pour obtenir facilement une première valeur approchée de cette épaisseur b, on peut négliger, dans le second membre de ces formules, le terme qui contient l'élément b, attendu qu'il ne s'élève ordinairement qu'à 0.01 du terme qui contient la demi-portée de la ferme ; et si l'on y établit en même temps les rapports ci-dessus indiqués entre a et b, les formules se réduisent aux expressions insérées dans le tableau suivant :

NATURE de LA COUVERTURE.	FORMULES à employer pour les valeurs de R égales à		
	BOIS BRUTS non équarris $a = b$.	BOIS ÉQUARRIS à la hache $a = b$.	BOIS DE CHOIX à arêtes vives $a = 0,75b$.
Zinc, n° 14 et tôle galvanisée	$b^3 = 0.00026C'^2$	$b^3 = 0.00026C'^2$	$b^3 = 0.00024C'^2$
Ardoises	$b^3 = 0.00045C'^2$	$b^3 = 0.00043C'^2$	$b^3 = 0.00043C'^2$
Tuiles plates...........	$b^3 = 0.00057C'^2$	$b^3 = 0.00056C'^2$	$b^3 = 0.00053C'^2$
Tuiles creuses maçonnées.	$b^3 = 0.00087C'^2$	$b^3 = 0.00084C'^2$	$b^3 = 0.00081C'^2$

Il est facile de s'assurer que ces formules conduisent à des valeurs très-voisines de celles que fournissent les précédentes. Si, par exemple, nous prenons le cas dans lequel la différence doit être la plus grande, celui des plus fortes charges et des bois les plus grossiers, qui est relatif aux tuiles creuses maçonnées, en faisant $C' = 6$ mètres dans la formule

$$b^3 = 0.00087\,C'^2,$$

on en tire

$$b^3 = 0.0313,$$

d'où

$$b = 0^m.314.$$

Si l'on substitue ensuite cette valeur dans le deuxième membre de la formule à deux termes du 1er tableau,

$$b^3 = 808.6\,.\,C'(0.00000112\,.\,b + 0.00000107\,.\,C'),$$

elle devient

$$b^3 = 808.6 \times 6^m(0.00000035 + 0.00000632) = 0.0328,$$

d'où

$$b = 0^m.32.$$

La différence entre ces deux valeurs est assez faible pour permettre d'employer, dans la plupart des cas, les formules réduites, telles qu'elles sont insérées dans le tableau.

515. APPLICATION DES FORMULES PRÉCÉDENTES. — Comme application des formules que l'on vient d'exposer, nous donnons ici le tableau des dimensions des arbalétriers des fermes simples de différentes portées, pour les cas des bois grossièrement équarris, des bois équarris à la hache, et pour celui des bois de choix à arêtes vives.

TABLE DES DIMENSIONS DES ARBALÉTRIERS POUR DES FERMES SIMPLES
DE DIFFÉRENTES PORTÉES.

NATURE de la couverture.	PORTÉE de la ferme 2C'.	BOIS bruts équarris $a = b.$	BOIS équarris à la hache $a = 0.9b.$		BOIS de choix à arêtes vives $a = 0.75b$	
			b	a	b	a
Zinc, n° 14.		$b^3 = 0.00026.C'^2.$	$b^3 = 0.000252.C'^2$		$b^3 = 0.00024.C'^2.$	
	m.	m.	m.	m.	m.	m.
	5.00	0.11	0.117	0.105	0 114	0.086
	6.00	0.133	0.131	0.117	0.130	0.098
	8.00	0.161	0.159	0.143	0.157	0.118
	10.00	0.187	0.184	0.165	0.182	0.137
	12.00	0.211	0.208	0.187	0.205	0.144
Ardoises.		$b^3 = 0.00045.C'^2.$	$b^4 = 0.00044.C'^2$		$b^3 = 0.00043.C'^2.$	
	5.00	0.141	0.140	0.126	0.139	0.104
	6.00	0.160	0.158	0.142	0 157	0.118
	8.00	0.194	0.192	0.173	0.190	0.143
	10.00	0.224	0 223	0.201	0 220	0.165
	12.00	0.253	0.251	0.226	0.250	0.188
Tuiles plates.		$b^3 = 0.00057.C'^2.$	$b^3 = 0.000553.C'^2$		$b^3 = 0.00043 C'^2.$	
	5.00	0.153	0 152	0.137	0.149	0.112
	6.00	0.173	0.171	0.154	0.168	0.126
	8.00	0.209	0.207	0.186	0 204	0 153
	10.00	0.243	0.240	0.216	0.237	0.178
	12.00	0.274	0.270	0.243	0.261	0.200
Tuiles creuses maçonnées.		$b^3 = 0.00087.C'^2.$	$b^3 = 0 00084.C'^2$		$b^3 = 0 00081.C'^2.$	
	5.00	0.176	0 174	0.157	0.172	0.129
	6.00	0.199	0.196	0 176	0.194	0.146
	8.00	0.240	0.237	0.213	0.235	0.176
	10 00	0.279	0.276	0.240	0 273	0.205
	12.00	0.315	0.311	0.280	0.307	0 230

Si l'on compare les dimensions contenues dans ce tableau avec celles qui étaient admises autrefois dans l'enseignement de l'école de Metz, et qui étaient relatives aux charpentes communes du pays et aux couvertures en tuiles creuses, on verra qu'il y a accord à peu près parfait pour ce cas.

Ainsi, pour les fermes simples avec couvertures en tuiles creuses en usage en Lorraine, les dimensions sont, pour

Les portées de...............	6^m	9^m	12^m
Cours de l'école de Metz (1820).	$0^m.22$ à $0^m.190$	$0^m.26$ à $0^m.24$	$0^m.32$ à $0^m.30$
Formule proposée : $b^3 = 0.00087 C'^2$	$0 \ .199$	$0 \ .260$	$0 \ .316$

514. FORMULES RELATIVES AUX ARBALÉTRIERS EN FER FORGÉ. — Dans les couvertures en fer, les arbalétriers ont souvent la forme d'un prisme à section rectangulaire, et l'on emploie alors des fers méplats des dimensions courantes du commerce, dont l'épaisseur a est assez habituellement $\frac{1}{5}$ de la largeur b. De plus, le coefficient de la résistance R doit être égal à 6 000 000 kil. pour les grandes constructions, qui doivent offrir toute sécurité, et à 8 000 000 kilogr. pour les petites constructions, qui peuvent être allégées.

L'inclinaison n'est jamais au-dessous de 20 degrés, et alors

$$\tfrac{5}{8}\frac{1 - \cos^2 a}{\cos a} = 1.614, \quad C \sin a = C',$$

et alors la formule du n° **494** devient

$$R = 1.614 \cdot \frac{pC}{A} + 0.125 C' \frac{v'}{I} \cdot pC,$$

ou, pour les sections rectangulaires,

$$ab^2 = \left(\frac{1.614 \cdot b}{R} + \frac{0.750 \cdot C'}{R} \right) pC.$$

Mais, dans ce cas, on peut, à plus forte raison que pour le bois, négliger, dans le second membre de la formule, le terme qui contient la largeur b, et alors elle se réduit à

$$ab^2 = \frac{pC}{R} \times 0\ 75 \cdot C'$$

On emploie d'ailleurs dans ce cas, à peu près exclusivement, les couvertures en zinc ou en tôle galvanisée, dont l'inclinaison peut être réduite à 20 degrés avec l'horizon ; de sorte qu'il faut, d'après ce qui précède, faire dans cette formule :

$$a = \tfrac{1}{6}b, \quad pC = 242^{kil}.06 . C', \quad R = 6\,000\,000^{kil} \text{ ou } 8\,000\,000^{kil},$$

ce qui la réduit aux valeurs suivantes :

Pour les grandes constructions..... $b^3 = 0.00015 . C'^2$

Pour les constructions légères...... $b^3 = 0.00011 . C'^1$.

515. ARBALÉTRIERS A NERVURES. — Pour les grandes constructions en fer, on donne aux arbalétriers le profil des solides à nervures, en forme de double T.

Dans ce cas, l'on sait (n° **230**) que l'on a

$$\frac{I}{v'} = \tfrac{1}{6} \frac{ab^3 - 2a'b'^3}{b},$$

d'où

$$\frac{v'}{I} = \frac{6b}{ab^3 - 2a'b'^3} ;$$

et comme on a aussi

$$A = ab - 2a'b',$$

la formule du n° **514**,

$$R = pC \left(\frac{1.614}{A} + \tfrac{1}{3}\frac{C'v'}{I} \right),$$

devient

$$R = \left(\frac{1.614}{ab - 2a'b'} + \frac{0.125 . C' \times 6 . b}{ab^3 - 2a'b'^3} \right) pC.$$

On peut établir à priori, entre les quantités a, b, a', b', trois relations, et par exemple les suivantes :

$$a = 0.6b, \quad a' = 0.40a = 0.24b, \quad b' = 1.25a = 0.75b,$$

et alors la formule devient

$$R = \left(\frac{1.614 \cdot b}{0.240\,b^3} + \frac{0.75 \cdot C'}{0.398 \cdot b^3} \right) pC,$$

d'où l'on tire, en faisant $R = 6\,000\,000$ kilogr.,

$$b^2 = (0.00000112 \cdot b + 0.000000314\,C')pC.$$

On peut négliger, dans la plupart des cas, le terme en b du second membre relatif à la tension éprouvée par l'arbalétrier; et comme on emploie presque toujours le zinc pour ces couvertures, on y fera encore

$$pC = 24^{kil}.06 \cdot C',$$

ce qui conduit à la formule pratique :

$$b^3 = 0.000000314 \times 242.06 \cdot C'^2 = 0.000076 \cdot C'^2.$$

516. Application a la couverture de la gare des chemins de fer de Saint-Germain et de Versailles. — D'après les proportions adoptées par les constructeurs, on a

$$\operatorname{tang} a = \frac{C'}{h} = \frac{13.615}{6} = 2.26916,$$

d'où

$$\tfrac{5}{8} \cdot \frac{1 - \cos^2 a}{\cos a} = 1.298, \quad b = 0^m.118, \quad a = 0^m.080,$$

$$b' = 0^m.098, \quad a' = 0^m.035,$$

ce qui donne les rapports :

$$a = 0.678\,b,$$

$$b' = 0.830\,b,$$

$$a' = 0.297\,b.$$

L'on en déduit

$$R = \left(\frac{1.298}{0.185\,b^2} + \frac{0.75 \cdot C'}{0.3397\,b^3} \right) pC,$$

d'où

$$b^3 = \left(\frac{1.298}{0.185 \times 6\,000\,000} b + \frac{0.75 \cdot C'}{0.3397 \times 6\,000\,000} \right) pC$$

$$= (0.00000117\,b + 0.000000368)pC.$$

et si l'on y néglige le terme en b du deuxième membre, en faisant $pC = 242.06 \cdot C'$, la formule devient

$$b^3 = 0.0000891\, C'^2.$$

Mais il faut remarquer que la formule ainsi posée fait abstraction du surcroît de résistance que les tirants et les contre-fiches procurent aux arbalétriers. Nous reviendrons plus loin sur cet objet.

517. OBSERVATION RELATIVE A L'EMPLOI DE FERS A T D'UN MODÈLE DONNÉ. — Mais l'on a vu au n° **384** que les fers à double T sont fabriqués selon des modèles fixés par l'outillage, et parmi lesquels il convient de choisir celui qui présente la solidité convenable, plutôt que de commander un modèle nouveau.

Pour faire ce choix, on remarquera que les charpentes en fer sont presque toujours couvertes en zinc ou en tôle galvanisée, et qu'en supposant les fermes écartées de 3ᵐ.50, l'on peut admettre, pour la charge uniformément répartie sur l'arbalétrier, la valeur

$$pC = 242.06\, C' \text{ kilogr.},$$

trouvée pour les couvertures en zinc supportées par des charpentes en bois. Si les fermes étaient écartées de plus ou de moins de 3ᵐ.50, l'on augmenterait ou l'on diminuerait proportionnellement la valeur de pC.

Dans tous les cas, on aura donc la valeur de pC, d'où l'on déduira celle de $\frac{1}{2} pC^2$, en la multipliant par $\frac{1}{2} C$, ce qui permettra alors de recourir à la table du n° **458**, pour trouver la proportion du fer capable de servir d'arbalétrier à la charpente proposée.

EXEMPLE. Si, par exemple, on a

$$2 C' = 12 \text{ mètres,}$$

on trouve :

$$pC = 242^{kil}.06 \times 6 = 1452^{kil}.36,$$

$$\tfrac{1}{2} C = \frac{1.064\, C'}{2} = 3.19,$$

et

$$\tfrac{1}{2} pC^2 = 1452^{kil}.36 \times 3.19 = 4635.93$$

Cette valeur correspond à l'hypothèse où les arbalétriers seraient écartés de 3ᵐ.50; et si on la compare avec la table du
nº **439**, l'on voit qu'il n'y a pas de fers à T capables de porter
cette charge avec sécurité. Mais si l'on double le nombre des
fermes, en réduisant leur écartement à 1ᵐ.75, la valeur de
$\frac{1}{2}p$C² sera aussi réduite à moitié et égale à 2317ᵏⁱˡ.96, et l'on
voit alors que le fer à T, P₈, de l'usine de la Providence, de
0ᵐ.260 de hauteur sur 0ᵐ.020 d'épaisseur au corps, et de 0ᵐ.074
de largeur en dessus et en dessous, pourrait être employé
comme arbalétrier d'une seule portée horizontale de 6 mètres
avec sécurité.

518. DIMENSIONS DES TIRANTS. — D'après ce que l'on a vu au
nº **494**, les tirants horizontaux sont soumis à un effort de traction, souvent considérable, qui est exprimé par la composante
horizontale

$$Q = \tfrac{5}{8} p\text{C} \cdot \text{tang } a;$$

et si l'on appelle h la hauteur du faîte au-dessus du tirant, ou
la *montée* de la ferme, et 2C′ la portée horizontale, ce qui donne

$$\text{tang } a = \frac{\text{C}'}{h},$$

cette expression devient

$$Q = \tfrac{5}{8} p\text{C} \frac{\text{C}'}{h}.$$

Elle donne en même temps la poussée que les pieds des arbalétriers exerceraient sur les sablières pour les écarter au dehors,
et l'on voit que cette poussée est une fraction de la charge pC
de l'arbalétrier, d'autant plus grande que la montée de la ferme
est moindre par rapport à sa portée.

Le tirant supporte et annule cette poussée par sa résistance
à la traction longitudinale; mais il doit aussi, dans certains cas,
être en état de supporter une charge uniformément répartie,
quand il est destiné à soutenir un plancher de grenier.

En lui appliquant la formule du nº **216**, rappelée au nº **491**,

$$R = \frac{T}{A} + \frac{Mv'}{I},$$

il faut donc faire

$$T = \tfrac{5}{8} p C \, \frac{C'}{h} \quad \text{et} \quad M = \tfrac{1}{2} p' C'^2,$$

en nommant p' la charge uniformément répartie qu'il doit porter, ou son poids propre s'il n'est soumis à aucune charge.

La formule-ci-dessus devient donc

$$R = \tfrac{5}{8} \frac{p C}{A} \cdot \frac{C'}{A} + \tfrac{1}{2} p' C'^2 \cdot \frac{v'}{I}.$$

Pour les charpentes en bois et pour certaines charpentes en fer, la section transversale est rectangulaire, et l'on a

$$A = ab \quad \text{et} \quad \frac{v'}{I} = \frac{6}{a b^2},$$

ce qui donne

$$R = \tfrac{5}{8} \frac{p C}{ab} \cdot \frac{C'}{h} + \frac{3 \, p' C'^2}{a b^2},$$

d'où l'on tire

$$ab = \frac{1}{R} \left(\tfrac{5}{8} p C \frac{C'}{h} + \frac{3 \, p' C'^2}{b} \right).$$

Or on a au plus :

Pour le zinc,

$$\frac{C'}{h} = \operatorname{tang} 70^0 = 2.748 ;$$

Pour les ardoises et les tuiles plates,

$$\frac{C'}{h} = \operatorname{tang} 50^0 = 1.192 ;$$

Pour les tuiles creuses,

$$\frac{C'}{h} = \operatorname{tang} 60^0 = 1.732.$$

On a d'ailleurs, par le tableau du n° **512**, les valeurs de la charge $p C$; on en déduit donc les formules pratiques suivantes, en négligeant le second terme, dans lequel le facteur p' est toujours comparativement très-faible pour les tirants en fer, qui ne sont pas habituellement destinés à porter des charges.

NATURE de LA COUVERTURE.	TIRANTS EN FER A SECTION	
	RECTANGULAIRE $a = \frac{1}{5} b$.	CIRCULAIRE.
Zinc, n° 14	$b^2 = 0.0000346 . C'$	$d' = 0.0000885 . C'$
Ardoises....................	$b^2 = 0.0000264 . C'$	$d^2 = 0.0000674 \ C'$
Tuiles plates...............	$b^2 = 0\ 0000330 . C'$	$d^2 = 0.0000840 . C'$
Tuiles creuses maçonnées	$b^2 = 0.0000729 . C'$	$d^2 = 0.0001860 . C'$

519. Cas où le tirant n'est pas horizontal. — Si le tirant en fer n'est pas horizontal et est, au contraire, relevé vers le faîte, ainsi que cela se pratique quelquefois, il est facile de voir (pl. V, fig. 16) que la tension du tirant devra être augmentée dans le rapport de la hauteur h du faîte, au-dessus de l'horizontale des sablières ou des appuis, à la perpendiculaire h_1, abaissée du faîte sur la direction inclinée du tirant. En effet, le moment de la tension du tirant, relevé par rapport au faîte, doit être égal au moment du tirant horizontal par rapport au même point, puisque l'un doit, comme l'autre, faire équilibre à la réaction du support ou du mur qui tend à faire tourner l'arbalétrier autour du faîte. Il suffira donc de multiplier le second membre des formules ci-dessus par ce rapport $\frac{h}{h_1}$, pour en déduire la valeur de b^2 ou celle de d^2.

520. Table des dimensions des tirants. — La table suivante donne les dimensions qu'il suffirait d'adopter pour les cas où ces tirants ne devraient pas porter de plancher, et n'auraient simplement pour objet que de s'opposer à l'écartement des pieds des arbalétriers, ainsi que cela arrive pour les gares, les hangars, etc.

QUATRIÈME PARTIE.

TABLE DES DIMENSIONS DES TIRANTS POUR DES FERMES SIMPLES
DE DIFFÉRENTES PORTÉES.

$$ab = \frac{1}{R}\left(\frac{5}{8} \cdot \frac{p\,C.C'}{h} + 3\,dA.C'^2\right).$$

NATURE de la COUVERTURE.	PORTÉE HORIZONTALE 2C'.	BOIS NON ÉQUARRIS. R = 700 000 kil. $a = b.$ $b^2 = 0.000000893\,pC\frac{C'}{h} +$ $+ 0.0000.423dA.C'^2$ avec le poids du tirant.	FER. R = 6 000 000 kil.	
			SECTION rectangulaire $b^2 = \frac{25}{8}\frac{pC}{6000000}\cdot\frac{C'}{h};$ $a = \frac{1}{5}b.$	SECTION circulaire $d^2 = \frac{5 \times 1.273}{8} \cdot$ $\frac{pC}{6000000}\cdot\frac{C'}{h}.$
Zinc, n° 14. $pC = 244.06.C'$ $\frac{C'}{h} = 2.748.$	5 6 8 10 12	$b^2 = 0.000594.C' + 0.00344A.C'^2$ $a = b = 0.051$ $= 0.061$ $= 0.084$ $= 0.113$ $= 0.148$	$b^2 = 0.000347.C'$ $b = 0.0294\ a = 0.0059$ $= 0.0323\ = 0.0045$ $= 0.0323\ = 0.0075$ $= 0.0374\ = 0.0083$ $= 0.0457\ = 0.0091$	$d^2 = 0.000885.C$ $d = 0.0149$ $= 0.0166$ $= 0.0188$ $= 0.021$ $= 0.023$
Ardoises. $pC = 425.C'$ $\frac{C'}{h} = 1.192.$	5 6 8 10 12	$b^2 = 0.00045.C' + 0.00344A.C'^2$ $a = b = 0.040$ $= 0.055$ $= 0.084$ $= 0.107$ $= 0.143$	$b = 0.000264.C'$ $b = 0.0258\ a = 0.0052$ $= 0.0281\ = 0.0056$ $= 0.0326\ = 0.0066$ $= 0.0354\ = 0.0073$ $= 0.0400\ = 0.0080$	$d^2 = 0.00006740.C$ $d = 0.013$ $= 0.014$ $= 0.017$ $= 0.019$ $= 0.020$
Tuiles plates. $pC = 531.0.C'$ $\frac{C'}{h} = 1.192.$	5 6 8 10 12	$b^2 = 0.000565.C' + 0.00344A.C'^2$ $a = b = 0.050$ $= 0.060$ $= 0.083$ $= 0.112$ $= 0.147$	$b^2 = 0.000329.C'$ $b = 0.0287\ a = 0.0057$ $= 0.0315\ = 0.0060$ $= 0.0363\ = 0.0070$ $= 0.0410\ = 0.0080$ $= 0.0450\ = 0.0090$	$d^2 = 0.000084.C'$ $d = 0.0145$ $= 6.0160$ $= 0.0184$ $= 0.0206$ $= 0.0225$
Tuiles creuses $pC = 808.6.C'$ $\frac{C'}{h} = 1.732.$	5 6 8 10 12	$b^2 = 0.00125.C' + 0.00344A.C'^2$ $a = b = 0.068$ $= 0.079$ $= 0.104$ $= 0.144$ $= 0.169$	$b^2 = 0.000729.C'$ $b = 0.043\ a = 0.009$ $= 0.047\ = 0.009$ $= 0.057\ = 0.011$ $= 0.061\ = 0.012$ $= 0.066\ = 0.013$	$d^2 = 0.000186.C'$ $d = 0.022$ $= 0.024$ $= 0.027$ $= 0.031$ $= 0.034$

Les dimensions des tirants en bois données par ce tableau
paraîtront beaucoup trop faibles pour pouvoir être admises
dans la pratique ; mais il ne faut pas perdre de vue, comme
nous l'avons déjà dit, qu'elles ne sont calculées que dans l'hypothèse où le tirant ne doit pas supporter de charge ou de grenier, ce qui est rare, mais se présente quelquefois dans la construction des hangars. Cela montre seulement que, dans ce
cas, l'on peut construire avec une grande légèreté. Mais dans

les cas ordinaires, où le tirant sera exposé à une charge additionnelle, il faudra recourir à la formule du n° **518**,

$$ab = \frac{1}{R}\left(\tfrac{5}{8}pC\frac{C'}{h} + \frac{3\,p'C'^2}{b}\right).$$

Ordinairement on fait les tirants en bois à section carrée,
afin qu'ils soient plus larges que l'arbalétrier qui s'y assemble,
à moins qu'on n'emploie des tirants moisés. Si le tirant est à
section carrée, l'on a

$$a = b,$$

et l'équation ci-dessus devient

$$a^2 = \frac{1}{R}\left(\tfrac{5}{8}pC\frac{C'}{h} + \frac{3\,p'C'^2}{a}\right).$$

Sous cette forme, elle conduirait à une équation du troisième
degré, dont la solution n'est pas assez facile pour la pratique. Si
l'on tenait cependant, pour quelques cas particuliers, à la ré-
soudre, on pourrait y parvenir facilement par la méthode graphique que nous avons déjà indiquée dans d'autres parties du
cours.

Si l'on remarque que, dans le cas des tirants portant un plancher, la charge qui provient de celui-ci a toujours beaucoup
plus d'influence que la tension qui résulte de l'action de l'arbalétrier, ainsi qu'il est facile de s'en assurer par les applications
mêmes, on reconnaîtra que l'on pourra, dans ce cas, négliger
l'action de l'arbalétrier, par rapport à celle de la charge à porter, et alors la formule se réduira à celle des solides chargés
d'un poids uniformément réparti sur leur longueur,

$$R = \tfrac{1}{2}\frac{p'C'^2.v'}{I},$$

qui, pour le cas des solides à section rectangulaire, donne

$$ab^2 = \frac{3\,p'C'^2}{R},$$

et devient, pour les bois non équarris, pour lesquels

$$a = b, \quad R = 700\,000^{\text{kil}}, \quad b^3 = \frac{p'C'^2}{233\,333};$$

pour les bois équarris,

$$a = 0.9\,b, \quad R = 800\,000^{\text{kil}}, \quad b^3 = \frac{p'C'^2}{240\,000},$$

et pour ceux à arêtes vives,

$$a = 0.75\,b, \quad R = 1\,000\,000^{\text{kil}}, \quad b^3 = \frac{p'C'^3}{250\,000}.$$

Si l'on suppose que le grenier soit, par exemple, destiné à recevoir des produits agricoles, des blés, sur une hauteur de $0^{\text{m}}.60$, cela correspondrait à une charge de

$$0^{\text{m}}.60 \times 750^{\text{kil}} = 450^{\text{kil}}$$

par mètre carré, attendu que le blé pèse moyennement 750 kil. par mètre cube. L'écartement des fermes étant de $3^{\text{m}}.50$, la charge p' par mètre courant de longueur du tirant sera

$$p' = 450^{\text{kil}} \times 3^{\text{m}}.50 = 1575^{\text{kil}}.$$

Cette charge étant, en général, supérieure à celle que les planchers des greniers peuvent avoir à supporter, on sera sûr, en l'adoptant, d'obtenir des charpentes d'une solidité très-suffisante.

En substituant dans ces formules la valeur précédente,

$$p' = 1575^{\text{kil}},$$

elles deviennent :

Pour les bois bruts,

$$a = b, \quad b^3 = \frac{1575}{233\,333}\,C'^2 = 0.00675\,C'^2;$$

Pour les bois équarris à la hache,

$$a = 0.9\,b, \quad b^3 = \frac{1575}{240\,000}\,C'^2 = 0.0056\,C'^2;$$

Pour les bois sciés,

$$a = 0.75\,b, \quad b^3 = \frac{1575}{250\,000}\,C'^2 = 0.00630\,C'^2.$$

On en déduit le tableau suivant :

DIMENSIONS A DONNER AUX TIRANTS EN BOIS DESTINÉS A PORTER
UN PLANCHER.

PORTÉES 2C'.	BOIS non équarris $a = b$.	BOIS équarris $a = 0.9b$.	BOIS sciés à arêtes vives $a = 0.75b$.
m.	m.	m.	m.
12	0.343	0.340	0.336
10	0.323	0.320	0.316
8	0.300	0.297	0.293
6	0.272	0.270	0.266
5	0.257	0.254	0.250

Les dimensions indiquées dans ce tableau sont un peu plus faibles que celles qui sont données dans l'ancien cours de l'école de Metz; mais comme elles sont basées sur l'hypothèse d'une charge de 450 kilogr. par mètre carré, et un écartement de 3^m.50 entre les fermes, ce qui excède certainement les proportions ordinaires, je n'hésite pas à croire qu'elles seront suffisantes.

L'on n'a pas étendu cette table à des portées plus grandes que 12 mètres, parce qu'il est rare que, pour d'aussi grandes portées, l'on n'emploie pas des poteaux intermédiaires pour soutenir les tirants, s'ils sont destinés à porter des charges, et que nous indiquerons plus loin le système de charpentes qu'il convient d'employer pour les grandes portées.

Lorsqu'on sera certain que les charges ne peuvent pas atteindre la valeur indiquée plus haut, de 450 kilogr. par mètre carré, on réduira les équarrissages en conséquence.

521. Arbalétrier buttant contre un entrait retroussé. — Soient P (pl. V, fig. 17) la pression verticale due à la charge totale de la portion de la charpente et de la couverture supérieure à l'entrait; p la charge par mètre courant répartie sur la longueur $AB = C_1$ de l'arbalétrier inférieur. La pression verticale exercée en B sera

$$P = P' + pC_1.$$

On a vu au n° **494** que la tension du tirant produite par la charge uniformément répartie pC_1 équivalait à

$$\tfrac{5}{8} pC_1 \operatorname{tang} A.$$

D'une autre part, la charge P' en produit une exprimée par

$$P' \operatorname{tang} a ;$$

de sorte que la tension totale du tirant, dans le sens de sa longueur, est

$$(P' + \tfrac{5}{8} pC_1) \operatorname{tang} a.$$

On doit donc regarder l'arbalétrier AB comme soumis de bas en haut à l'action de la force verticale $P = P' + pC_1$, et, dans le sens horizontal, à la force $Q = (P' + \tfrac{5}{8} pC_1) \operatorname{tang} a$ et à la charge verticale pC_1, uniformément répartie sur sa longueur.

En substituant donc, dans la relation du n° **491**, $P' + pC_1$ à P, et $(P' + \tfrac{5}{8} pC_1) \operatorname{tang} a$ à Q, on aura, pour la relation d'équilibre permanent de ce système,

$$R = \frac{(P' + pC_1) \cos a + (P' + \tfrac{5}{8} pC_1) \operatorname{tang} a \sin a - pC_1 \cos a}{A}$$
$$- [(P' + pC_1) \sin a - (P' + \tfrac{5}{8} pC_1) \sin a - \tfrac{1}{2} pC_1 \sin a] C \frac{v'}{I},$$
$$R = \frac{1}{A \cos a} (P' + \tfrac{5}{8} pC_1 \sin^2 a) + \tfrac{1}{8} pC_1^2 \sin a . \frac{v'}{I}.$$

Cette formule permettra de calculer les dimensions de l'arbalétrier inférieur dans les fermes à entrait retroussé ou à la Palladio (n° **58**, Mémoire de M. Ardant).

Quant au tirant, sachant que sa tension est

$$(P' + \tfrac{5}{8} pC_1) \operatorname{tang} a,$$

on calculera ses dimensions, en tenant compte de son poids propre, par la formule

$$R = (P' + \tfrac{5}{8} pC'') \frac{\operatorname{tang} a}{A} + \tfrac{1}{2} dAC''^2 \frac{v'}{I},$$

ou
$$R = \frac{(P' + \tfrac{5}{8} pC_1)}{A} \frac{C_1'}{h_1} + \tfrac{1}{2} dAC''^2 \frac{v'}{I},$$

en conservant les notations précédentes.

Enfin, si le tirant doit porter une charge p' uniformément répartie sur sa longueur $2\,C''$, la formule sera

$$R = \frac{(P' + \frac{5}{8} pC_1)}{A} \frac{C_1'}{h_1} + \frac{1}{2} pC''^2 \frac{v'}{I},$$

C_1' étant la projection de l'arbalétrier, et h_1 la hauteur de l'entrait retroussé au-dessus du tirant. On comprendra dans la charge uniformément répartie $2\,p'C''$ le poids propre du solide, ou on la négligera, selon les cas.

522. Ferme a la Palladio. — Cette ferme peut être considérée comme composée de deux parties : l'une supérieure à l'entrait, qui forme une ferme simple dont cet entrait est le tirant, et dont on calculera les arbalétriers par la formule du n° 513; l'autre qui est précisément le dispositif considéré dans le cas de la formule précédente.

523. Application aux arbalétriers des fermes a la Palladio a entrait retroussé. — En introduisant dans cette formule les valeurs

$$A = ab\,; \quad \frac{v'}{I} = \frac{6}{ab^2}, \quad C_1 \sin a = C_1'\,;$$

ennommant C_1' la projection horizontale de l'arbalétrier inférieur; et si l'on suppose, par exemple, que l'entrait retroussé soit placé aux deux tiers de la hauteur de la ferme, ce qui donne à peu près $P' = \frac{1}{2} pC_1$, elle devient

$$R = \frac{pC_1}{ab} \left(\frac{4 + 5 \sin^2 a}{8 \cos a} \right) + \frac{3}{4} \frac{pC_1 C_1'}{ab^2}.$$

En observant encore que le terme qui contient le facteur $\frac{4 + 5 \sin^2 a}{8 \cos a}$ n'aura qu'une assez faible influence, on peut le remplacer par sa valeur moyenne. Or on trouve

Pour $\qquad a = 45°, \qquad 57°, \qquad 63°,$

$$\frac{4 + 5 \sin^2 a}{8 \cos a} = 1.149, \qquad 1.744, \qquad 2.783,$$

dont la moyenne arithmétique est 1.80.

La formule devient alors

$$R = \frac{pC_1}{ab} \times 1.80 + 0.75 \frac{pC_1 C_1'}{ab^2},$$

d'où l'on déduit

$$ab^2 = \frac{pC_1}{R}(1.80 \times b + 0.75 C_1').$$

Dans cette formule, l'on voit effectivement que l'épaisseur b de l'arbalétrier étant toujours très-petite par rapport à la projection horizontale de cette pièce, le terme en b est très-faible vis-à-vis du terme $0.75 C_1'$.

524. FORMULES PRATIQUES. — Si, pour des charpentes non équarries, on admet, avec M. Ardant, la valeur

$$R = 700\,000 \text{ kilogr.},$$

on trouve, pour la formule pratique,

$$ab^2 = pC_1(0.00000257\, b + 0.00000107\, C_1').$$

Si les bois sont équarris, on peut faire

$$R = 800\,000 \text{ kilogr.},$$

et l'on a

$$ab^2 = pC_1(0.00000225\, b + 0.000000937\, C_1').$$

Enfin, lorsque les bois sont de choix et sans défaut, on peut faire

$$R = 1\,000\,000 \text{ kilogr.},$$

et adopter la formule

$$ab^2 = pC_1(0.00000180\, b + 0.00000074\, C_1')$$

En introduisant dans ces formules les valeurs de pC données au n° **311**, et relatives aux diverses couvertures, on forme le tableau suivant des formules pratiques à employer, dans lesquelles on nomme

C_1 la longueur de l'arbalétrier inférieur;

$2\,C''$ la portée totale de la ferme;

$2\,C'$ la portée de l'entrait retroussé;

$C_1' = 2\,C'$ la portée ou la projection horizontale de l'arbalétrier inférieur, en admettant que l'entrait retroussé soit aux deux tiers de la hauteur totale $h + h_1$ de la ferme.

FORMULES PRATIQUES A EMPLOYER POUR CALCULER LES DIMENSIONS DES ARBALÉTRIERS SUPÉRIEURS DES FERMES
A LA PALLADIO.

NATURE de LA COUVERTURE.	FORMULES A EMPLOYER POUR LES DIFFÉRENTES VALEURS DE R ÉGALLS		
	à 700 000 kil. BOIS BRUTS NON ÉQUARRIS $a = b$. $b^3 =$	à 800 000 kil. BOIS ÉQUARRIS A LA HACHE $a = 0.9b$. $b^3 =$	à 1 000 000 kil. BOIS DE CHOIX A ARÊTES VIVES $a = 0.75b$. $b^3 =$
Zinc..........	$242^k.06.C_1(0.0000025\,7b + 0.000000107C'_1)$	$267^k.3.C_1(0.0000025\,5b + 0.000000937C'_1)$	$322^k.75.C_1(0.00000180b + 0.00000075C'_1)$
Ardoises......	$425^k.00.C_1(0.0000025\,7b + 0.000000107C'_1)$	$472^k.2.C_1(0.000000225b + 0.000000937C'_1)$	$566^k.64.C_1(0.00000180b + 0.00000075C'_1)$
Tuiles plates...	$531^k.00.C_1(0.0000025\,7b + 0.000000107C'_1)$	$590^k.0.C_1(0.000000225b + 0.000000937C'_1)$	$708^k.00.C_1(0.00000180b + 0.00000075C'_1)$
Tuiles creuses maçonnées ..	$808^k.60.C_1(0.000000257b + 0.000000107C'_1)$	$898^k.4.C_1(0.000000225b + 0.000000937C'_1)$	$1078^k.00.C_1(0.000000180b + 0.00000075C'_1)$

Pour l'application de ces formules, on peut d'abord négliger le terme qui, dans le second membre, contient la hauteur b de la pièce, et qui est assez faible par rapport au second. Puis, par un deuxième calcul, on substituera, dans le second membre des équations ci-dessus, la première valeur trouvée pour b, et l'on en déduira une seconde toujours suffisamment exacte.

Les formules, réduites au second terme du deuxième membre, et les résultats auxquels elles conduisent, sont réunis dans le tableau suivant :

NATURE de LA COUVERTURE.	FORMULES A EMPLOYER POUR LES BOIS		
	BRUTS grossièrement équarris $R = 700\ 000$ kil. $a = b$	ÉQUARRIS à la hache $R = 800\ 000$ kil. $a = 0.90b.$	DE CHOIX à arêtes vives $R = 1\ 000\ 000$ $a = 0.75b.$
Zinc..............	$b^3 = 0.00026 . C_1 C_1'$	$b^3 = 0.00026 . C_1 C_1'$	$b^3 = 0.00026 . C_1 C_1'$
Ardoises..........	$b^3 = 0.00045 . C_1 C_1'$	$b^3 = 0.00043 . C_1 C_1'$	$b^3 = 0.00043 . C_1 C_1'$
Tuiles plates.......	$b^3 = 0.00057 . C_1 C_1'$	$b^3 = 0.00056 . C_1 C_1'$	$b^3 = 0.00053 . C_1 C_1'$
Tuiles creuses maçonnées.........	$b^3 = 0.00087 . C_1 C_1'$	$b^3 = 0.00087 . C_1 C_1'$	$b^3 = 0.00081 . C_1 C_1'$

Les opérations numériques qu'exigent ces formules ont été effectuées pour diverses ouvertures de fermes à la Palladio, dans l'hypothèse où la portée de l'entrait serait le tiers de cette ouverture, et le tableau suivant contient, pour les divers genres de couverture, les dimensions transversales des arbalétriers, suivant la nature des bois employés, pour des ouvertures comprises depuis 15 jusqu'à 36 mètres.

Pour tout autre rapport entre la portée totale de la ferme et celle de l'entrait retroussé, on aura recours aux formules générales qui ont été données ci-dessus.

TABLE DES DIMENSIONS DES ARBALÉTRIERS INFÉRIEURS POUR DES FERMES A LA PALLADIO DE DIFFÉRENTES PORTÉES.

NATURE de LA COUVERTURE.	PORTÉE de L'ENTRAIT 2C''.	PORTÉE t.tale de LA FERME 2C''.	BOIS GROSSIÈREMENT ÉQUARRIS $a = b$.	BOIS ÉQUARRIS A LA HACHE $a = 0.90b$.		BOIS DE CHOIX A VIVE ARÊTE $a = 0.75b$.	
	m.	m.		b	a	b	a
Zinc, n° 14. Inclinaison à l'horizon. 20°.	5	15	$b^3 = 0.00026 C, C_1'$ m. 0.148	$b^3 = 0.00025 C, C_1'$ m. 0.146	0.139	$b^3 = 0.00024 C, C_1'$ m. 0.144	0.108
	6	18	0.167	0.165	0.149	0.164	0.123
	8	24	0.206	0.200	0.180	0.197	0.148
	10	30	0.235	0.230	0.207	0.229	0.172
	12	36	0.265	0.262	0.236	0.258	0.194
Ardoises. 40°.	5	15	$b^3 = 0.00045 C, C_1'$ 0.178	$b^3 = 0.00044 C, C_1'$ 0.176	0.158	$b^3 = 0.00043 C, C_1'$ 0.175	0.131
	6	18	0.200	0.199	0.179	0.198	0.149
	8	24	0.243	0.242	0.218	0.240	0.185
	10	30	0.282	0.280	0.252	0.278	0.209
	12	36	0.318	0.316	0.284	0.314	0.236
Tuiles plates. 40°.	5	15	$b^3 = 0.00057 C, C_1'$ 0.193	$b^3 = 0.00055 C, C_1'$ 0.190	0.171	$b^3 = 0.00053 C, C_1'$ 0.188	0.141
	6	18	0.216	0.214	0.193	0.212	0.159
	8	24	0.263	0.260	0.234	0.257	0.193
	10	30	0.305	0.302	0.272	0.298	0.224
	12	36	0.344	0.341	0.307	0.337	0.253
Tuiles creuses maçonnées. 40°.	5	15	$b^3 = 0.00087 C, C_1'$ 0.222	$b^3 = 0.00084 C, C_1'$ 0.219	0.197	$b^3 = 0.00081 C, C_1'$ 0.217	0.162
	6	18	0.250	0.247	0.222	0.244	0.183
	8	24	0.306	0.300	0.270	0.295	0.221
	10	30	0.350	0.347	0.312	0.343	0.257
	12	36	0.396	0.392	0.353	0.387	0.290

25. APPLICATION AUX TIRANTS DES FERMES A LA PALLADIO. — La formule relative à ces tirants, et qui est (n° **522**)

$$R = (P + \tfrac{5}{8} p C_1) \frac{\tang a}{A} + \tfrac{1}{2} d A C''^2 \frac{v'}{I},$$

devient, en admettant que l'entrait retroussé soit aux deux tiers de la hauteur, ce qui donne

$$P = \tfrac{1}{2} p C,$$

et en posant $\tang a = \dfrac{C_1'}{h_1}$, C' étant la projection horizontale de la hauteur de l'arbalétrier inférieur, et h_1 sa projection verticale,

$$R = \tfrac{1}{8}(4 p C + 5 p C_1) \frac{C_1'}{A h_1} + \tfrac{1}{2} d A C''^2 \frac{v'}{I},$$

ou

$$R = \tfrac{7}{8} p C_1 \frac{C_1'}{A h_1} + \tfrac{1}{2} d A C''^2 \frac{v'}{I},$$

lorsque $C = \tfrac{1}{2} C_1$, si le tirant ne porte que son poids propre;

$$R = \tfrac{1}{8}(4 p C + 5 p C_1) \frac{C_1'}{A h_1} + \tfrac{1}{2} p' C''^2 \frac{v'}{I},$$

ou

$$R = \tfrac{7}{8} p C_1 \frac{C_1'}{A h_1} + \tfrac{1}{2} p' C''^2 \frac{v'}{I},$$

si le tirant doit porter une charge p' uniformément répartie sur sa longueur $2C''$.

Les tirants étant ordinairement à section rectangulaire, on a

$$A = ab, \quad \frac{v'}{I} = \frac{6}{ab^2}.$$

La formule devient alors

$$R = \tfrac{7}{8} \frac{p C'}{ab} \cdot \frac{C_1'}{h_1} + \frac{3 d C''^2}{b},$$

pour le cas où il n'y a pas de charge sur le tirant, et

$$R = \tfrac{7}{8} \frac{p C_1}{ab} \cdot \frac{C_1'}{h_1} + \frac{3 p' C''^2}{ab^2},$$

pour celui où il y a une charge $2 p' C''$ uniformément répartie sur ce tirant.

Dans le premier cas, la formule donne

$$ab = \frac{1}{8\,\mathrm{R}} \left(7\, p\mathrm{C}_1 \frac{\mathrm{C}'_1}{h_1} + 24\, da\mathrm{C}''_2 \right).$$

Si le tirant est en bois, et que l'on suppose $a = 0.75\, b$ et $\mathrm{R} = 800\,000$ kilogr., cette relation revient à

$$b^2 - 0.00000375\, d\mathrm{C}''_2 b - 0.00009146\, p\mathrm{C}_1 \frac{\mathrm{C}'_1}{h_1} = 0.$$

Si l'on suppose que le tirant soit en sapin, et qu'on fasse $d = 600$ kilogr., on a

$$b^2 - 0.00225\, \mathrm{C}''_2\, b - 0.00000146\, p\mathrm{C}_1 \frac{\mathrm{C}'_1}{h_1} = 0.$$

Pour obtenir les valeurs a et b correspondant aux différentes portées et aux diverses sortes de couvertures, il faudra substituer, dans cette formule, les valeurs de $p\mathrm{C}_1$ et de $\frac{\mathrm{C}'_1}{h_1}$, relatives à chaque cas, et qui sont données dans le tableau du n° **512**. Cela conduit à des formules pratiques.

Mais on remarquera encore que, pour les fermes qui sont à grandes portées, il conviendra, dans le cas où les tirants ne doivent pas porter de plancher, de substituer au bois l'emploi du fer.

526. TIRANTS EN FER. — Dans ce cas, le solide n'est jamais exposé à porter une charge ; et comme il est toujours soutenu par une ou plusieurs aiguilles pendantes, on peut négliger l'influence de son poids propre, et alors la formule se réduit à

$$\mathrm{R} = \tfrac{7}{8} \frac{p\mathrm{C}_1}{\mathrm{A}} \cdot \frac{\mathrm{C}'_1}{h_1}.$$

Si la section est rectangulaire,

$$\mathrm{A} = ab,$$

et si l'on prend $\mathrm{R} = 6\,000\,000$ kilogr., on tire de cette formule :

$$ab = 0.000000146\, p\mathrm{C}_1 \frac{\mathrm{C}'_1}{h_1}.$$

Si l'on fait $a = \frac{1}{5} b$, on a

$$b^2 = 0.000000730 \, p C_1 \frac{C_1'}{h_1}.$$

Pour une section circulaire on aurait

$$A = \frac{d^2}{1.273},$$

d étant le diamètre, et cette valeur de A, substituée dans la formule générale, conduit à

$$d^2 = \frac{7 \times 1.273}{8 R} \cdot p C_1 \frac{C_1'}{h_1} = 0.000000186 \, p C_1 \frac{C_1'}{h_1}.$$

La ferme à la Palladio, dont nous venons de discuter les proportions, est à peu près abandonnée par suite de la substitution du fer au bois, et d'un autre dispositif dont nous aurons à nous occuper dans un des numéros suivants.

527. Influence des variations de température sur la tension des tirants. — Les allongements et raccourcissements produits par les variations de température exercent sur la tension des tirants une influence qu'il est nécessaire d'apprécier.

Pour en faciliter le moyen, nous rapporterons d'abord la table suivante des dilatations qu'éprouvent les corps pour des variations données de température :

TABLE DES DILATATIONS LINÉAIRES QU'ÉPROUVENT LES CORPS SOLIDES, DEPUIS LE TERME DE LA CONGÉLATION DE L'EAU JUSQU'A CELUI DE SON ÉBULLITION, D'APRÈS MM. LAPLACE ET LAVOISIER.

DÉSIGNATION DES SUBSTANCES.	DILATATIONS EN FRACTIONS	
	décimales.	ordinaires.
Acier non trempé	0.00107915	$\frac{1}{927}$
Acier trempé jaune, recuit à 65°.........	0.00123956	$\frac{1}{807}$
Fer doux forgé.........................	0.00122045	$\frac{1}{819}$
Fer rond passé à la filière	0.00123504	$\frac{1}{812}$
Or de départ.........	0.00146606	$\frac{1}{682}$
Or au titre de Paris, recuit	0.00151361	$\frac{1}{661}$
Or d° non recuit.................	0.00155155	$\frac{1}{645}$
Cuivre	0.00171220	$\frac{1}{584}$
Cuivre jaune ou laiton.................	0.00186670	$\frac{1}{535}$
Argent au titre de Paris................	0.00990868	$\frac{1}{524}$
Argent de Coupelle....................	0.00190974	$\frac{1}{514}$
Étain des Indes ou de Malacca	0.00193765	$\frac{1}{516}$
Plomb	0.00284836	$\frac{1}{351}$

Nous avons appris à calculer la tension qu'il convient de donner à un tirant pour qu'il maintienne les extrémités des pièces qu'il réunit à la distance convenable, et nous avons vu que, pour la stabilité de la construction, il ne fallait pas que cette tension normale dépassât $6^{kil}.102$, par exemple, pour le fer doux, dont la limite d'allongement élastique est de $0^m.00066$ par mètre, et correspond à une tension $12^{kil}.205$.

Or, si l'on suppose que la charpente ait été mise en place à une température t, et que par un refroidissement la température devienne t', l'abaissement sera de $t - t'$.

D'après MM. Laplace et Lavoisier, les dilatations et raccourcissements qu'éprouvent les corps solides entre certaines limites sont proportionnels aux variations de température dans un rapport qui, pour le fer, est de $0^m.00122$ pour une différence de température de 100 degrés. Par conséquent, pour la différence de température $t - t'$, le raccourcissement serait

$$0^m.0000122\,(t - t');$$

et comme on sait que le fer doux, étiré comme celui dont on fabrique ces tirants, s'allonge de 0ᵐ.0008 par mètre sous un effort de 14ᵏⁱˡ.75 par millimètre carré de section, il s'ensuit que l'accroissement de tension correspondant à la variation de longueur $0^m.0000122\,(t-t')$ par mètre sera donné par la proportion

$$0^m.0008 : 14^{kil}.75 :: 0^m.0000122\,(t-t') : x = 0^{kil}.225\,(t-t'),$$

ou, pour un mètre carré,

$$225^{kil}(t-t').$$

Lors donc que l'on aura déterminé la tension T d'un tirant quelconque en fer employé dans les charpentes, l'effort correspondant supporté par chaque mètre carré de sa section sera $\dfrac{T}{A}$, et il faudra que cet effort, augmenté de celui qui correspond à la variation de température, soit au plus égal à la tension qui correspond à la limite d'élasticité, et qui est de 12 000 000 kil. On devrait donc avoir la relation

$$12\,000\,000^{kil} = \frac{T}{A} + 225^{kil}\,(t-t'),$$

d'où
$$A = \frac{T}{12\,000\,000^{kil} - 225^{kil}\,(t-t')}.$$

M. Ardant pense que l'on peut admettre pour limite supérieure de la tension, momentanée, il est vrai, qu'éprouve, lors du refroidissement, un tirant en fer, la valeur de 12 000 000 kil. par mètre carré ou 12 kilogr. par millimètre carré; mais il serait plus prudent de n'aller que jusqu'à 10 kilogr. par millimètre.

On voit, du reste, qu'il conviendrait de monter ces charpentes à des époques de l'année où la température serait basse, plutôt que dans l'été.

528. Pièce posée sur deux appuis, et renforcée par un

POINÇON INFÉRIEUR ET DEUX TIRANTS EN FER. — *Cas où la pièce est chargée en son milieu.* — Soient

2 P (pl. V, fig. 18) la charge au milieu,

2 C la portée totale AB,

T la tension des tirants,

CD $= h$ la longueur du poinçon,

BD $= l$ la longueur de chacun des tirants.

Si l'on s'impose la condition que la tension des tirants BD et AD fasse équilibre à la charge 2 P, la figure DFEG étant un losange, on aura, si l'on prend DE $= 2$ P, par les triangles semblables DFH et BCD,

$$\text{DF ou T : DH ou P :: } l : h,$$

d'où
$$T = \frac{Pl}{h},$$

ce qui montre que la tension du tirant augmente à mesure que le poinçon CD devient plus petit.

La tension T ayant la valeur ci-dessus, le point C peut être regardé comme invariable sous la charge 2 P, et la pièce comme encastrée en C.

La pression verticale en B et la réaction du point d'appui pour faire fléchir la pièce CD est P, et son moment est PC; celui de la tension T du tirant est

$$T \cdot CI = \frac{ThC}{l},$$

attendu que l'on a
$$CI : h :: C : l.$$

Pour que la pièce soit en équilibre sous l'action de ces deux forces, il faut que leurs moments soient égaux, ce qui donne

$$T \cdot CI = T\frac{hC}{l} = PC,$$

ce qui revient à la condition précédente.

Ainsi, en donnant au tirant la tension $\mathrm{T}=\dfrac{\mathrm{P}l}{h}$, on établira l'équilibre entre les forces qui tendent à faire fléchir la pièce; elle ne sera donc soumise qu'à un effort de compression égal à $\dfrac{\mathrm{TC}}{}=\dfrac{\mathrm{PC}}{h}$, et par conséquent l'aire de sa section $\mathrm{A}=ab$ se calculera de manière que la charge par unité de surface $\dfrac{\mathrm{PC}}{hab}$ ne dépasse pas la limite donnée aux nᵒˢ **164** et **165**. On la déterminera donc par tâtonnement, et afin que la pièce ne soit pas plus exposée à fléchir dans un sens que dans l'autre, il conviendra de faire $a=b$.

Ce qui précède suppose que la charge est fixe au point C. Mais s'il s'agissait d'une charge mobile, comme pour le cas d'un pont, il faudrait remarquer que, quand la charge serait passée, son poids $2\mathrm{P}$ n'agissant plus, et la tension des tirants subsistant, la pièce tendrait à fléchir de bas en haut par l'effet de cette tension, dont le moment aurait été déterminé et rendu égal à PC. Ses dimensions devraient donc être telles, que l'on eût, entre les résistances des fibres à l'extension et à la compression, et la force extérieure, la relation

$$\frac{\mathrm{RI}}{v'}=\mathrm{PC},$$

en faisant abstraction de son poids, ce qui montre qu'elles devraient être les mêmes que si la pièce n'avait pas de tirants et était soumise à la charge $2\mathrm{P}$ en son milieu.

Il résulte de là que, dans ce cas, tout l'effet des tirants se réduirait à faire fléchir la pièce en sens contraire de celui dans lequel elle aurait cédé à la charge. Il ne faut donc pas supposer que, quand elle est soumise à la charge, la flexion devra être nulle; et pour rendre la flexion absolue un minimum, il convient d'admettre que la flexion sera la même dans les deux cas, soit en dessous, soit au-dessus de l'horizontale.

D'après cela, on ferait simplement

$$\frac{\mathrm{T}h}{l}=\frac{\mathrm{P}}{2}, \quad \text{d'où} \quad \mathrm{T}=\frac{\mathrm{P}l}{2h},$$

ce qui donnerait, pour le moment de cette tension,

$$T \times CI = \frac{PC}{2};$$

de sorte que, dans le cas où la charge 2P serait en C, l'excès du moment PC de la moitié de la charge qui tend à faire fléchir le tirant dans un sens, sur le moment de la tension T, qui tend à la faire fléchir en sens contraire, serait

$$PC - T \times CI = \frac{PC}{2},$$

et après le passage de la charge, le moment de la tension du tirant, qui seule subsiste, serait encore

$$\frac{PC}{2},$$

mais en sens contraire. Par conséquent, les dimensions de la section transversale de la pièce devraient être déterminées par la formule

$$\frac{RI}{v'} = \frac{PC}{2}.$$

Les choses étant disposées de la sorte, si l'on suppose la charge 2P parvenue au milieu de l'intervalle de BC, ou à la distance $\frac{C}{2}$ de l'un ou de l'autre point, cette charge peut être considérée comme décomposée en deux autres égales à P, dont l'une, agissant en C, égale et contraire à la résultante des tensions données aux tirants, détruira l'action de cette résultante et ramènera le point C sur l'horizontale. Dès lors les points B et C étant invariables, la pièce devra être considérée comme posée sur deux points d'appui B et C, et soumise à la charge 2P agissant à la distance $\frac{C}{2}$ de chacun d'eux. Le moment de la réaction de l'appui qui tend à le fléchir sera

$$P \cdot \frac{C}{2};$$

le moment de la tension des tirants est aussi

$$\frac{PC}{2}.$$

Donc l'extrémité B ne se déplacera pas ; et la pièce, ayant ainsi les extrémités B et C invariables, peut être regardée comme encastrée en ces points. Dès lors son milieu, soumis à la charge 2P, fléchira comme il a été dit au n° **299**, et l'on aura

$$f = \tfrac{1}{24} \frac{P C^3}{EI}.$$

Quand la charge sera plus près de B, la pièce fléchira par l'action de la tension du tirant, de bas en haut, et quand la charge sera plus voisine de C, la pièce fléchira de haut en bas. Mais, dans tous les cas, la plus grande valeur du moment de l'effort qui tendra à la fléchir sera

$$\frac{PC}{2};$$

et en déterminant ses dimensions par la formule

$$\frac{RI}{v'} = \frac{PC}{2},$$

on assurera convenablement sa solidité.

Pour tenir compte du poids du tablier et de la charpente, en appelant p ce poids par mètre courant, il faudrait ajouter à la charge 2P le poids $\frac{2pC}{2} = pC$, de sorte que le moment de l'effort qui tend à fléchir la pièce de haut en bas deviendra

$$\left(P + \frac{pC}{2}\right) C.$$

Celui de la tension étant encore exprimé par

$$T \times CI = Th\frac{C}{l},$$

on aurait, pour rendre la flexion la même dans les deux cas, où la charge serait en C, et où elle serait passée, la relation

$$T \times CI \frac{ThC}{l} = \tfrac{1}{2}\left(P + \frac{pC}{2}\right) C,$$

ce qui donnerait

$$T = \tfrac{1}{2} \frac{\left(P + \frac{pC}{2}\right) l}{h},$$

ce qui donnera le diamètre du tirant, par la condition que

$$\frac{T}{A} = 6 \, \text{kilogr.}$$

D'une autre part, on calculera encore les dimensions de la pièce AB par la formule

$$\frac{RI}{v'} = \tfrac{1}{2}\left(P + \frac{pC}{2}\right) C.$$

S'il ne s'agit que d'une charge uniformément répartie, on fera P = 0, et l'on aura

$$T = \tfrac{1}{4}\frac{pCl}{h} \quad \text{et} \quad \frac{RI}{v'} = \tfrac{1}{4}pC^2.$$

Ces dernières expressions s'appliquent aux arbalétriers des fermes à tirants en fer et à poinçon renversé, en prenant pour *p* la charge par mètre courant de leur projection horizontale, et en négligeant la pression longitudinale qui résulte de la tension du tirant et de la réaction de l'appui, ce qui est permis, comme on l'a vu, dans la plupart des cas.

Les pièces ainsi renforcées par un poinçon renversé et par des tirants en fer peuvent être employées pour poutres de ponts, lorsque l'on n'a pas à craindre d'inconvénient de la longueur du poinçon placé en dessous.

Il est bon de faire remarquer que dans le mouvement d'abaissement qui ramène le milieu C de la pièce à l'horizontale, quand la charge parvient en ce point, la longueur des tirants, et par suite leur tension varie, mais de quantités assez faibles pour qu'on puisse en faire abstraction, ainsi que nous nous le sommes permis.

529 CHARPENTES A GRANDES PORTÉES AVEC TIRANTS EN FER ET CONTRE-FICHES. — On emploie aujourd'hui avec avantage un système de charpente dont les arbalétriers AB et A'B (pl. V, fig. 19) en bois et plus souvent en fer, sont soutenus au milieu par une contre-fiche CE ou C'E' perpendiculaire à leur longueur, maintenue par deux tirants en fer dont l'un AE ou A'E' fait partie du tirant principal, et l'autre BE ou BE' unit le faîte à l'extrémité E ou E' de la contre-fiche.

Les deux extrémités E et E' des contre-fiches sont liées par un tirant horizontal EE', qui est quelquefois dans le prolongement de la ligne AA' ou plus souvent relevé parallèlement à cette ligne.

Il importe d'examiner les conditions de la construction de ces charpentes, afin de déterminer les dimensions des pièces qui les composent, en commençant par le cas le plus simple, celui où les tirants AE, EE', E'A' sont dans le prolongement l'un de l'autre et horizontaux.

Appelons $2C'$ la portée totale de la ferme AA'.

C la portée totale $AB = BA'$ de chacun des arbalétriers AB et A'B ;

h_1 la longueur des contre-fiches CE et C'E' ;

l la longueur $AE = BE$, $AE' = BE'$ des tirants obliques ;

h la hauteur totale BB' ou montée du faîtage ;

a l'angle que forme l'arbalétrier avec le tirant AE, et dans ce cas avec l'horizon.

Examinons d'abord les conditions d'équilibre de l'arbalétrier sous l'action de la charge uniformément répartie p qu'il supporte, de la réaction P du mur ou du poteau d'appui, de l'effort transmis par la contre-fiche CE que nous désignerons par S, et de la tension Q de la branche AE du tirant.

Supposons d'abord que la tension des tirants AE et BE ait été déterminée de telle façon que le triangle ABE soit invariable de forme, ou que les points A, C et B restent en ligne droite, et cherchons à déterminer la tension T du tirant EE', de telle façon qu'il résiste à l'écartement des deux parties ABE et A'BE' du comble, en regardant comme nulle la résistance de l'assemblage en B.

Il faudra écrire que le moment de la tension T, qui est Th, est égal au moment PC' de la réaction P sur l'appui en A, diminué de la somme des moments de la charge uniformément répartie, laquelle est

$$\tfrac{1}{2} p CC';$$

on a donc, pour la condition d'équilibre,

$$Th = PC' - \tfrac{1}{2} p CC' = \frac{p CC'}{2};$$

attendu que P $= p$C, en comprenant dans p ou la charge par mètre courant d'arbalétrier, le poids propre de la charpente, on tire de là

$$T = \frac{p CC'}{2h}.$$

Passons maintenant à la détermination des tensions T' et T" des tirants AE et BE. Puisque par l'action de la tension T du tirant EE', transmise par le tirant AE, le point A est immobile, ainsi que le sommet B, nous pouvons regarder l'arbalétrier comme un solide posé sur deux appuis et soumis à une charge uniformément répartie pC qui tend à le faire fléchir. Or, l'on sait qu'en pareil cas, cette charge équivaut à un poids exprimé par $\tfrac{1}{2} p$C, placé au milieu de la longueur ou en C, et agissant verticalement. Par conséquent, il s'agit de transmettre de bas en haut, ou de E vers C au tirant, un effort de résistance qui soit égal à la composante de ce poids, qui agit au contraire de C vers E pour abaisser le point C. Sur une verticale CG, on portera à une échelle donnée une longueur CG, représentant $\frac{p C^{kil}}{2}$, par le point G on mènera GH parallèle à l'arbalétrier, et la longueur CH exprimera, d'après l'échelle, la valeur de l'effort exercé par la charge, de haut en bas ou de C vers E, sur le tirant. On reportera cette longueur de CH de E à H', et par le point H' on mènera les lignes H'F et H'I parallèles aux tirants AE et BE; les longueurs EF et EI donneront, d'après l'échelle, les valeurs des tensions T' et T" que ces tirants doivent exercer pour empêcher l'abaissement.

Le tirant AE doit en outre résister à la tension T exercée par le tirant EE'; par conséquent, la tension totale T_1 du tirant AE sera

$$T_1 = T + T';$$

on aura donc ainsi les tensions des différents tirants.

530. CAS OÙ LE TIRANT DU MILIEU EST PLUS HAUT QUE LES POINTS D'APPUI DE LA FERME. — On procédera, dans ce cas, d'une manière analogue à ce qui vient d'être dit, en désignant alors par h_1 la distance verticale BB' du faîte (pl. V, fig. 20) au tirant horizontal EE', dont on aura de même la tension par la formule

$$T = \frac{pCC'}{2h_1}.$$

Il faut ici remarquer que cette force T, qui tend à déplacer horizontalement l'articulation E, doit être contre-balancée par la résistance du tirant AE, et sollicite aussi la contre-fiche à s'abaisser. On la décomposera en deux forces, dont l'une sera donnée à l'échelle par le côté EL du parallélogramme ELKM dont EK = T est la diagonale et que l'on ajoutera à la composante de la force $\frac{pC}{2}$, dans le sens de la contre-fiche, pour déterminer graphiquement les valeurs des tensions T' et T", des tirants AE et BE; l'autre composante T_3, dirigée dans le sens même du tirant AE, s'ajoutera à la tension T', pour donner la tension totale

$$T_1 = T_3 + T'.$$

531. EXPÉRIENCES POUR DÉTERMINER DIRECTEMENT LES TENSIONS DES TIRANTS. — Les considérations précédentes, à l'aide desquelles on a déterminé les tensions des divers tirants des fermes, sont basées sur la théorie géométrique de la composition et de la décomposition des forces. La seule hypothèse qu'on se soit permise, c'est de faire abstraction de la résistance que les assemblages opposent à l'action des tirants.

Il est facile de comprendre, en effet, que les bras de levier des charges, ainsi que leur intensité, sont tellement grands par rapport à celui des assemblages, que ceux-ci seraient détruits immédiatement si le tirant n'existait pas ou cédait d'une manière notable, ce qui explique pourquoi l'on ne doit tenir aucun compte de la résistance des assemblages.

Cependant il n'était pas inutile de faire à ce sujet quelques expériences spéciales pour mesurer directement les tensions des divers tirants des fermes composées, et vérifier ainsi les règles qui ont été données plus haut. J'ai fait en conséquence exécuter les expériences suivantes au Conservatoire des arts et métiers.

Deux fermes simples (pl. VI, fig. 1re) à arbalétriers en bois ont été disposées de façon que dans chacune d'elles l'un des arbalétriers était composé de deux pièces formant moise, qui embrassaient l'autre arbalétrier, et qui étaient unies à lui par un simple boulon qui, traversant aussi les sommets des deux fermes, leur servait de faîte et formait une charnière tout à fait libre.

Les pieds des arbalétriers étaient arrondis et reposaient sur deux sablières entaillées d'équerre. Cette disposition avait pour objet de transmettre l'action horizontale des pressions des arbalétriers, exactement dans le plan des tirants en fer qui réunissaient les sablières, quelle que fût d'ailleurs l'inclinaison des arbalétriers.

Deux tirants en fer à deux branches qui se réunissaient vers le milieu de la portée en une seule, venaient s'accrocher à un dynamomètre destiné à mesurer la tension.

Les sablières reposaient sur un plan horizontal fixe, et pour atténuer la résistance qu'elles pouvaient éprouver à glisser, on les avait posées sur des galets très-bien tournés et complétement libres, de 6 centimètres de diamètre.

La charge sur les arbalétriers était uniformément répartie sur leur longueur au moyen des caisses en bois de 0m,23 de largeur sur 0m,75 de longueur, posées les unes à côté des autres, et dans lesquelles on mettait à volonté un nombre plus ou moins grand de balles de fer de 400 grammes de poids moyen. Chaque caisse était posée séparément et complétement indépendante des autres, de sorte que la charge était en réalité très-uniformément répartie.

Seulement cette charge n'était pas exactement appliquée sur l'axe de figure des arbalétriers, et l'épaisseur de ceux-ci, ainsi que celle des couches de balles étaient telles que la verticale passant par le centre de gravité de la charge était à une distance de 0^m,053 vers la sablière, de celle qui passait par le milieu de l'axe de figure de l'arbalétrier. Il en résultait que le bras de levier moyen de la charge, par rapport à la charnière de sommet, était augmenté de cette quantité.

Dans les expériences on avait :

$$2C' = AA' = 3^m,38, \quad h = 1^m,07, \quad C' = 1^m,69.$$

Il résulte de ce qui précède que le bras de levier de la pression verticale $P = pC$ exercée sur les sablières était $C' = 1^m,69$, que le bras de levier moyen de la charge uniformément répartie était

$$\frac{C'}{2} + 0^m,053 = \frac{1^m,69}{2} + 0^m,053 = 0^m,898,$$

et que celui de la tension cherchée T du tirant était $h = 1^m,07$. D'après cela, on pouvait calculer cette tension par la formule

$$T \times 1^m,07 = P \times 1^m,69 - P \times 0^m,878,$$

d'où

$$T = 0^m,74P.$$

On avait d'ailleurs soin, dans les expériences, de ramener la distance des sablières à sa valeur primitive $2C' = 3^m,38$.

Le tableau suivant contient les résultats du calcul et ceux de l'expérience.

CHARGE UNIFORMÉMENT RÉPARTIE sur les deux arbaletriers d'un même côté.	TENSION DU TIRANT	
	CALCULÉE.	OBSERVÉE.
kil. 176 0 248 0 329.0	kil. 130.2 183.5 243.4	kil. 134.0 184.0 242.0

L'accord des résultats de l'expérience avec ceux du calcul est donc aussi complet qu'on peut le désirer.

532. Expérience sur une ferme composée. — Des observations analogues ont été faites sur une ferme double en fer, à contre-fiche, du système de la figure 2, pl. VI, qui m'a été prêtée par M. Kaulek, habile constructeur. Des dynamomètres ou pesons ordinaires, que l'on a préalablement tarés, ont été placés sur les tirants EE', AE et BE. Ils étaient ajustés à l'aide de brides à vis qui permettaient de ramener exactement la longueur de ces tirants à celle qu'ils avaient avant d'être chargés, et de donner aux deux fermes parallèles la même portée 2C'.

Après avoir dressé les deux fermes, et s'être assuré qu'elles étaient exactement de même portée, on les chargeait avec les caisses dont il a été parlé plus haut, et l'on ramenait respectivement, à l'aide des vis, les tirants, allongés par l'extension des pesons, à leurs longueurs primitives, de façon à mesurer ainsi la tension qu'aurait supportée ces tirants s'ils n'avaient pas été interrompus par les appareils dynamométriques.

En calculant ou en déterminant par le tracé graphique les tensions que devaient avoir les tirants sous les charges employées, et en les comparant à celles que l'on a observées, l'on a obtenu les résultats suivants, pour lesquels on avait comme données :

$$EE' = 1^m,262, \quad AE = A'E' = 0^m,875, \quad BE = BE' = 0^m,848,$$

$$h = 0^m,595, \quad 2B' = 3^m,012,$$

et par suite la formule

$$T = P \cdot \frac{C'}{2h} = 1,265P.$$

On a réuni dans le tableau suivant les tensions observées au moyen des pesons, et celles déduites de cette formule :

CHARGES de chaque ARBALÉTRIER, P.	TENSION DES TIRANTS					
	EE'		BE		AE	
	CALCULÉE.	OBSERVÉE.	CALCULÉE.	OBSERVÉE.	CALCULÉE.	OBSERVÉE.
kil.	kil.	kil.	kil.	kil.	kil.	kil.
35	44 25	42.0	22.5	18.0	66.75	69.6
70	88.50	87.2	44.8	43.0	133.30	141.0

Les résultats de l'expérience, qui diffèrent, tantôt en plus, tantôt en moins, de ceux du calcul, s'accordent en général avec ceux-ci, autant qu'on peut l'espérer dans de semblables recherches, surtout si l'on remarque que les fermes essayées présentaient un assez grand nombre d'assemblages qui pouvaient, dans certains cas, offrir quelque résistance par eux-mêmes.

553. CONCLUSIONS DE CES EXPÉRIENCES. — On voit donc que les règles théoriques s'accordent avec les résultats de l'observation, avec un degré d'exactitude suffisant pour que l'on puisse, sans aucune crainte, appliquer ces règles au calcul des tensions des tirants, en suivant la marche que nous avons indiquée aux nos **491** et suiv.

554. TIRANTS DES FERMES DU MODÈLE DES GARES DU CHEMIN DE FER DE VERSAILLES ET SAINT-GERMAIN, ET DU HANGAR DE MANOEUVRES DE VINCENNES. — Dans les fermes à grande portée, outre la contre-fiche du milieu, il y en a deux autres qui subdivisent encore les deux moitiés de l'arbalétrier, lequel se trouve ainsi supporté en trois points intermédiaires.

On déterminera d'abord, comme dans le cas précédent, la

tension T du tirant horizontal EE' (pl. V, fig. 21), par la formule

$$T = \frac{pCC'}{2h}.$$

Cela fait, on obtiendra, par construction graphique, la tension T_2 que les tirants AH et CH et leurs homologues doivent exercer pour que la contre-fiche DH maintienne le point D sur la ligne droite AB, en supposant la charge uniformément répartie $\frac{1}{2}pC$, qui agit sur la longueur $AC = \frac{1}{2}C$, remplacée par son équivalente $\frac{1}{4}pC$ agissant au point D, et en déterminant, par la construction d'un parallélogramme, la composante de cette charge dans la direction DH de la contre-fiche. On procédera ensuite, comme il a été dit au n° **551**, pour obtenir par le tracé les deux composantes ou les deux tensions égales T_2, qui doivent équilibrer cette charge.

On passera ensuite à la détermination des tensions T' et T'' des tirants EH et EG. Mais ici, outre la composante, dans le sens de CE, de la charge $\frac{1}{4}pC$, équivalente à la charge uniformément répartie, qui supporte la portion DF de l'arbalétrier, il faut aussi contre-balancer la résultante des deux tensions T_2 qu'exercent, par rapport à C, de haut en bas, les tirants CH et CG, résultante qui est d'ailleurs encore égale à la même composante de $\frac{1}{4}pC$ dans le sens du tirant. Par conséquent, les tensions T' et T'' seront les mêmes que dans le cas des fermes à une seule contre-fiche.

Mais quand le tirant EE' est relevé au-dessus de l'horizontale, comme dans la figure, il faut ajouter à la composante de la charge $\frac{pC}{2}$ la composante de la tension T dans le sens de la contre-fiche CE.

La tension du tirant BG sera égale à la somme de sa tension propre, relative à la contre-fiche FG, et de la tension T''.

La tension du tirant AH sera aussi composée de la somme des tensions T' et T_2; et elle devra, en outre, être augmentée de la composante T_3 de la tension T'' des tirants EE' et EG. On aura donc ainsi sa valeur T_4.

Les tensions de tous les tirants seront ainsi déterminées, et l'on voit que l'équilibre du système sera assuré sans le secours d'un second tirant horizontal GG', comme quelques constructeurs en ont employé dans certains cas.

555. Des contre-fiches. — Quand on aura déterminé les efforts de compression qu'elles ont à supporter, on calculera facilement les dimensions transversales qu'il conviendra de leur donner d'après les résultats rapportés aux tableaux des nᵒˢ **122** et suiv. On pourra d'ailleurs employer pour ces pièces la fonte de fer, qui résiste bien à la compression.

556. Observation sur les règles précédentes. — Dans la marche simple que nous venons d'indiquer, on fait abstraction complète de la rigidité de l'assemblage des arbalétriers avec le faîtage, du frottement des arbalétriers sur les appuis de la ferme, et l'on ne considère que l'équilibre des pièces supposées rigides, en admettant que le système soit parfaitement mobile autour de ses articulations. Toutes ces hypothèses conduisent à des tensions sensiblement plus grandes que celles qui ont lieu en réalité, et par conséquent sont favorables à la stabilité de la construction.

557. Assemblages. — Il convient, pour la facilité des assemblages, de réunir les tirants par des plaques ou rondelles en fer forgé, en terminant chacun d'eux par une partie élargie et percée d'un trou rond alésé dans lequel passe un boulon qui traverse les plaques; chaque tirant est ainsi assemblé séparément. Il serait assez difficile, dans de grandes fermes, de se ménager, et surtout de faire agir des moyens de tension pour tous les tirants : aussi doit-on, pour ceux qui sont destinés aux contre-fiches, régler leur longueur en montant la ferme de façon que l'arbalétrier ait, au milieu et en dessus, la flexion qui serait produite par l'effort transmis par la contre-fiche correspondante, et que l'on a appris à déterminer au nᵒ **528**. En nommant S cet effort, la flexion sera donnée par la formule

$$f = \tfrac{1}{24} \frac{SC^3}{EI}.$$

Lorsque l'arbalétrier sera chargé, il reviendra à très-peu près à la forme rectiligne.

Quant au tirant horizontal, on peut disposer à ses extrémités voisines de l'arbalétrier, un étrier placé sur un boulon à touret qui peut tendre le tirant, dont l'extrémité est filetée. Quelquefois aussi ce tirant traverse la boîte de fonte qui reçoit le pied de l'arbalétrier et est tendu à l'aide d'un écrou extérieur, et même maintenu par un contre-écrou intérieur.

538. DES ARBALÉTRIERS, DES FERMES A UNE CONTRE-FICHE. — Dans les fermes de ce genre, dont l'arbalétrier est soutenu au milieu de sa longueur par une contre-fiche qui maintient le milieu C en ligne droite avec les extrémités A et B, la portée de chacune des moitiés est réduite à moitié, et leurs extrémités étant rendues fixes par les assemblages, on pourrait les considérer comme encastrées, et dès lors calculer les dimensions transversales de l'arbalétrier, en le regardant comme un solide de longueur $\frac{1}{2}$ C chargé uniformément sur sa longueur d'un poids p par mètre courant et incliné à l'horizon sous un angle a.

La charge totale uniformément répartie serait alors $\frac{1}{2}pC$, et la somme de ses composantes normales à la longueur serait

$$\tfrac{1}{2}pC \cos a = \tfrac{1}{2}pC'.$$

Elle équivaudrait à une charge égale à $\frac{1}{4}pC'$ agissant au milieu de chaque moitié de l'arbalétrier et normalement à sa longueur.

Si donc l'on négligeait la considération des composantes, qui agissent dans le sens de la longueur, la relation d'équilibre entre cette charge et les résistances moléculaires de la pièce serait,

$$\frac{RI}{v'} = \tfrac{1}{8}pC' \times \tfrac{1}{4}C = \tfrac{1}{32}pCC'.$$

Mais il ne faut pas perdre de vue que l'on a supposé, dans ce qui précède, les assemblages parfaitement rigides et la charge uniformément répartie, et il importe d'appeler l'attention sur cette dernière condition, qui dans beaucoup de cas n'est pas satisfaite.

De plus, si l'on peut regarder les assemblages comme rigides dans les charpentes en fer, il ne saurait en être tout à fait de même pour les arbalétriers en bois, et la prudence a conduit les ingénieurs à ne pas regarder la condition de l'encastrement comme suffisamment satisfaite, et à adopter pour les fermes à une seule contre-fiche la formule

$$\frac{\mathrm{RI}}{v'} = \tfrac{1}{16} p \mathrm{CC'}.$$

539. Observation sur la répartition de la charge dans les toitures. — A l'appui de cette modification de la règle théorique du n° précédent, nous ferons remarquer que, dans les charpentes en fer couvertes en métal, il arrive souvent que les pannes, au lieu d'être posées sur les arbalétriers, sont assemblées avec ces pièces de manière que les surfaces supérieures des unes et des autres s'affleurent et se trouvent dans le même plan. On pose ensuite diagonalement, et à 45° sur la direction des pannes et des arbalétriers, un plancher sur lequel on fixe la couverture, en ayant soin d'alterner de ferme en ferme la direction des éléments de ce plancher, pour contreventer l'ensemble de la couverture.

Dans ce cas, la charge de la couverture se trouve uniformément répartie, comme nous l'avions supposé plus haut.

Mais quand les pannes sont fixées au-dessus des arbalétriers et reçoivent des chevrons sur lesquels on cloue un lattis destiné à recevoir des tuiles ou des ardoises, il n'en est plus de même, et il faut examiner à part ce dispositif.

540. Répartition du poids de la couverture sur les arbalétriers des fermes avec tirants en fer et contre-fiches, au moyen des pannes. — Dans les fermes de ce genre, l'action des tirants qui agissent sur les contre-fiches a pour effet de soutenir contre l'action de la charge, et même de relever, avant la pose de la couverture, les points de l'arbalétrier contre lesquels buttent les contre-fiches, et cet arbalétrier se trouve ainsi dans les conditions des pièces examinées au n° **528**, qui sont posées sur deux appuis et renforcées par un poinçon inférieur et par deux tirants en fer.

D'une autre part, il faut remarquer que les pannes qui sup-

portent les chevrons, le lattis et la couverture, ne doivent pas
être écartées de beaucoup plus que $2^m.00$, afin que l'on ne soit
pas obligé de donner aux chevrons des dimensions trop fortes,
et il convient aussi qu'à chaque contre-fiche corresponde toujours une panne.

D'après cela, si l'on fait le tracé des charpentes de ce genre
pour des couvertures en zinc inclinées à 20° à l'horizon, et pour
des couvertures en tuiles plates inclinées à 40°, l'on reconnaît
facilement que, pour toutes les portées totales $2C'$ égales ou inférieures à $14^m.00$, il suffira d'employer cinq pannes par demi-
ferme, y compris le faîte, de sorte que si la ferme n'a qu'une
contre-fiche soutenant le milieu de l'arbalétrier, les pannes comprises entre le faîte et l'extrémité inférieure de l'arbalétrier
porteront l'une sur la contre-fiche, et les deux autres au milieu
des deux moitiés de l'arbalétrier. Ces deux moitiés se trouveront
donc chargées en leur milieu. Par la résistance des murs d'appui, par l'action des tirants et par celle de la contre-fiche, les
extrémités et le milieu ne peuvent pas se déplacer, et chacune
des deux moitiés de l'arbalétrier se trouve à l'état d'un solide
encastré à ses deux extrémités et chargé en son milieu d'un
poids $2P$ égal à la moitié du poids de la couverture que la demi-
ferme doit supporter.

Il est évident dès lors que l'effet du poids de la couverture
transmis par la panne, qui repose au milieu de chacune de ces
parties, occasionne à l'arbalétrier beaucoup moins de fatigue
que celle que produit la contre-fiche qui doit équilibrer la charge
totale de la couverture quand elle sera posée, mais qui agit seule
en sens contraire jusqu'au moment où la couverture est en
place. Donc, pour être certain que pendant la durée, souvent
assez longue, de la construction et du montage complet de la
couverture, l'élasticité de l'arbalétrier ne sera pas compromise,
il suffira dans ce cas de déterminer les dimensions de cet arbalétrier, en lui appliquant la règle du n° **528** relative aux solides
ainsi renforcés.

Dans le cas où la ferme a trois contre-fiches de chaque côté,
le même raisonnement s'appliquerait, pour chaque moitié de
l'arbalétrier, à l'effet produit sur les parties par la charge qui
agit sur elles.

Par conséquent, dans tous les cas, il faut calculer les dimensions des arbalétriers en leur appliquant la règle du n° **528** et en tenant compte de l'obliquité de l'action de la charge par rapport à leur direction.

Or, pour le cas d'une demi-ferme à une seule contre-fiche, dont l'arbalétrier a une longueur C et forme avec l'horizon un angle a, la charge verticale répartie sur toute sa longueur est pC, et la somme de ses composantes normales à la longueur est $pC\cos a$, elle équivaut à une charge $2P = \dfrac{pC\cos a}{2}$, agissant au milieu de cette longueur, et dès lors la formule du n° **528** deviendrait applicable. Mais si l'on considère que, par l'effet de leur liaison avec les supports de leurs extrémités et de leur assemblage du côté du faîte, les arbalétriers des fermes de ce genre doivent être, ainsi que nous l'avons dit, réellement regardés comme encastrés à leurs extrémités, et que par conséquent la charge qu'ils supportent devra être considérée comme réduite à moitié.

Il s'ensuit donc que, pour les arbalétriers à une seule contre-fiche, l'on devra employer la formule

$$\frac{RI}{v'} = \frac{1}{2} \times \frac{1}{2} \times \frac{pC\cos a}{2} \times \frac{C}{2} = \frac{pCC'}{16},$$

à cause de $C' = C\cos a$.

Dans le cas d'une demi-ferme à trois contre-fiches, le point d'appui de la contre-fiche centrale étant considéré comme fixe, ou tout au moins comme encastré, puisqu'il est assemblé solidement et que l'arbalétrier est lui-même ordinairement d'une seule pièce, la charge répartie sur la longueur d'arbalétrier que l'on considère n'est que la moitié de la charge totale, et que la portée de cette partie est aussi réduite à moitié, la formule analogue à la précédente devient

$$\frac{RI}{v'} = \frac{pCC'}{64}.$$

Ainsi, soit que la charge étant en réalité uniformément répartie, on néglige la condition de l'encastrement; soit que la

charge étant soutenue par des pannes placées les unes au-dessus des contre-fiches, les autres au milieu de leurs intervalles, et
qu'alors l'on tienne compte de la condition de l'encastrement,
l'on est conduit à employer les formules suivantes :

$$\text{Fermes à une seule contre-fiche} \dots \dots \quad \frac{RI}{v'} = \tfrac{1}{16} p CC'.$$

$$\text{Fermes à trois contre-fiches} \dots \dots \dots \quad \frac{RI}{v'} = \tfrac{1}{64} p CC'.$$

Mais, en appliquant ces formules aux deux modes d'assemblage des pannes avec les arbalétriers que nous venons d'examiner, il ne faut pas perdre de vue que celui où le dessus des
pannes affleure la surface des arbalétriers, permet en réalité
l'uniforme répartition de la charge de la couverture, et qu'il est
éminemment préférable à l'emploi des pannes posées sur les
arbalétriers. Il conviendra donc, même pour les fermes à arbalétriers en bois, d'assembler les pannes à l'aide de ferrures, de
manière à permettre l'uniforme répartition de la charge de la
couverture.

541. APPLICATION AU HANGAR DE MANOEUVRES A VINCENNES. —
Ce hangar a ses arbalétriers et ses contre-fiches en bois avec des
tirants en fer. Il est d'ailleurs disposé, quant à l'ensemble, d'une
manière analogue au système indiqué au n° **534.** On a les données suivantes :

$$2C' = 23^m.24, \qquad C = 13^m.84.$$

La montée totale de la ferme au-dessus de ses appuis est de
$8^m.45$, mesure prise au-dessus du faîte; mais le tirant horizontal est relevé et se trouve seulement à la distance $h = 6^m.10$
au-dessous du point de rencontre des lignes milieux des arbalétriers.

La distance entre les fermes du bâtiment est de $3^m.65$; il est
couvert en zinc n° 14. Mais la charpente en bois a été faite plus
lourde qu'il n'eût été nécessaire, comme on le verra quand nous
en ferons le calcul; de sorte que son poids, qui n'aurait dû être

par arbalétrier que de 3233 kilogr., y compris l'action de la neige et celle du vent, s'est élevé à $pC = 5200^{kil}$, que nous devons prendre pour base du calcul des dimensions des tirants.

D'après cette donnée l'on a

$$T = \frac{5200 \times 11.62}{2 \times 6.10} = 4952^{kil}.8.$$

En admettant que la tension des tirants soit calculée à raison de 6 kilogr. par millimètre carré, la section du tirant horizontal devra être de

$$\frac{4952^{kil}.8}{6} = 825^{mill.q},$$

et le diamètre du fer

$$d = \sqrt{1.273 \times 825.5} = 32^{mill}.4.$$

La tension des tirants AH, CH, CG et BG, pour transmettre aux contre-fiches DH et FG l'effort nécessaire pour soutenir les points D et F de l'arbalétrier, déterminée par construction, comme il a été dit au n° 534, à l'aide de la valeur $\frac{pC}{4} = 1300$ kilogr., est 1550 kilogr., ce qui exige $\frac{1550}{6} = 258^{mill.q}.3$ de section et un diamètre de $18^{mill}.20$.

Les tensions T' et T'', nécessaires pour soutenir le point C, calculées d'après la valeur $\frac{pC}{2} = 6200$ kilogr., et la composante de la tension $T = 4952^{kil}.8$ dans le sens de CE, égale à 1120 kilogr., sont de 5360 kilogr., ce qui exige, pour le tirant EG, une section de $\frac{5360}{6} = 893^{mill.q}.33$ et un diamètre de $33^{mill}.40$. Le tirant HE doit, en outre, résister à la composante de la tension T dans sa direction, laquelle est égale à 4460 kilogr. Sa tension totale est donc de

$$5360^{kil} + 4460^{kil} = 9820^{kil};$$

sa section doit être de $\frac{9820}{6} = 1303^{mill.q}.6$, et son diamètre $40^{mill}.80$.

Le tirant BG doit supporter la somme des tensions

$$T_2 \text{ et } T'' \quad \text{ou} \quad 1550 + 5360 = 6910 \text{ kilogr.};$$

sa section sera $\qquad \dfrac{6910}{6} = 1151^{\text{mill q}}.66$;

et son diamètre, $\qquad d = 38^{\text{mill·q}}.4.$

Enfin, le tirant AH doit résister à la somme de la tension T^2 et de la tension de HE, ou à

$$1550 + 9820 = 11370 \text{ kilogr.};$$

sa section sera $\qquad \dfrac{11370}{6} = 1895^{\text{mill·q}}.1,$

et son diamètre, $\qquad d = 49^{\text{mill·q}}.1.$

Telles seraient les dimensions suffisantes; mais le constructeur ne paraît avoir compté que sur une résistance de 5 kilogr. par millimètre carré de section, ce qui l'a conduit aux dimensions suivantes:

Désignation des tirants.......	EE' mill.	EG mill.	HC et CG mill.	BG mill.	HE mill.	AH mill.
Diamètres calculés...........	35.6	37.0	19.9	41.0	50.00	54.00
Diamètres donnés par le constructeur.................	40.0	36.0	20 et 27	40.0	55.00	55.00

On voit qu'il y a accord assez complet entre les dimensions adoptées et les dimensions calculées comme nous l'avons indiqué dans l'hypothèse d'une tension de 5 kilogr. par millimètre carré. Mais nous croyons que l'on aurait pu adopter avec sécurité les précédentes valeurs, basées sur une tension permanente de 6 kilogr. par millimètre carré de section.

Quant aux arbalétriers, la formule

$$\frac{\text{RI}}{v'} = \tfrac{1}{64} p\text{CC}'$$

devient ici $\qquad \dfrac{\text{R}ab^2}{6} = \dfrac{5200 \times 11.62}{64},$

d'où $\qquad ab^2 = \tfrac{3}{32} \dfrac{5200 \times 11.62}{800\,000}.$

Si l'on admet le rapport $a = \frac{2}{3}b$, elle devient

$$b^3 = \frac{9}{64} \cdot \frac{5200 \times 11.62}{800\,000};$$

d'où l'on tire $\qquad b = 0^m.22,$

et par suite $\qquad a = 0^m.15.$

Ces dimensions sont inférieures à celles que le constructeur a adoptées.

En général, toutes les dimensions de cette charpente pourraient être allégées. Le poids de la couverture a été estimé trop haut, ainsi que celui de la charpente, et les dimensions des tirants ont été calculées, comme on vient de le voir, en ne supposant le fer soumis qu'à une tension de 5 kilogr., tandis que dans le cas actuel, où l'on tient compte des seules surcharges accidentelles possibles, le poids de la neige et l'action du vent, il est évident que l'on pouvait sans risque faire R = 8 000 000^{kil}. En introduisant cette modification, on trouverait pour les différents tirants des dimensions réduites qui eussent été encore suffisantes.

On aurait pu de même, pour les bois qui sont de choix, bien peints et bien aérés, adopter la valeur R = 1 000 000^{kil}, ce qui en aurait diminué l'équarrissage, et par suite le poids.

542. APPLICATION AUX CHARPENTES EN FER DE LA GARE DES CHEMINS DE FER DE SAINT-GERMAIN ET DE VERSAILLES. — Ces charpentes, entièrement en fer, ont une portée 2C' = 27^m.24 et 6 mètres de montée. Le tirant horizontal est à la hauteur $h = 4^m.88$ au-dessous du faîte.

Le poids total de la charge supportée par chaque arbalétrier est d'environ $pC = 4770$ kilogr. On a donc pour la tension du tirant horizontal EE' :

$$T = \frac{4770^{kil} \times 13^m.62}{2 \times 4.88} = 6656 \text{ kilogr.}$$

En comptant sur une tension de 6 kilogr. par millimètre carré de section, le tirant EE' devrait avoir une section de

$\dfrac{6656}{6} = 1109^{\text{mill.q}}.3$, et par conséquent un diamètre de $d = 37^{\text{mill}}.6$.

La tension T_2 des tirants CH et CG (fig. 21) sera déterminée à l'aide de la charge $\dfrac{pC}{4} = 1195^{\text{kil}}.5$, supposée placée en D, et décomposée dans le sens de la contre-fiche, comme il a été dit au n° **534**.

Le tracé donne $T_2 = 1840^{\text{kil}}$. La section de ces tirants doit donc présenter $\dfrac{1840}{6} = 306^{\text{mill.q}}.6$ de superficie, et avoir $19^{\text{mill}}.75$ de diamètre.

Les tirants EH et EG, pour soutenir la contre-fiche CE, doivent avoir une tension déterminée d'une part par la charge $\dfrac{pC}{2} = 2385$ kilogr. agissant en C, décomposée suivant la direction CE, et augmentée de la composante de la tension T du tirant EE', laquelle est d'environ 660 kilogr., ce qui donne en tout par le tracé : $T'' = 5000$ kilogr. environ. La section de ce tirant aura donc $833^{\text{mill.q}}.3$ de surface et un diamètre de $32^{\text{mill.q}}.6$.

Le tirant BG éprouvera une tension égale à

$$T'' + T_2 = 6840 \text{ kilogr.} ;$$

sa section doit être de 1140 millimètres carrés, et son diamètre de $36^{\text{mill}}.4$.

Le tirant HE éprouvera une tension égale à T'' augmentée de la composante de la tension T du tirant EE' dans sa direction, laquelle est égale à 6330 kilogr. environ, ce qui donne

$$T'' = 5000 + 6330 = 11330 \text{ kilogr.}$$

La section de ce tirant aura donc une surface de $1888^{\text{mill.q}}.33$ et un diamètre de $49^{\text{mill}}.2$.

Enfin, le tirant AH a pour tension :

$$T = T_2 + T' = 1840^{\text{kil}} + 11330^{\text{kil}} = 13170^{\text{kil}},$$

sa section devra être de 2195 millimètres carrés, et son diamètre de 53 millimètres.

On obtiendrait d'une manière analogue les diamètres correspondant à une tension de 5 kilogr. par millimètre carré de section, et si l'on compare ces dimensions à celles que le constructeur a données, on forme le tableau suivant :

Tirants	EE' mill.	HC et CG mill.	EG mill.	BG mill.	HE mill.	AH mill.
Diamètres calculés d'après une tension par mill. carré de 6kil.	37.6	19.75	32.6	36.4	49.2	53.0
5kil.	41.3	21.6	35.7	41.7	53.7	58.00
adoptés par le constructeur	45.0	30.0	40.0	40.00	50.0	50.00

On voit qu'en général les diamètres adoptés par le constructeur diffèrent, les uns en trop, les autres en moins des dimensions correspondant à la charge de 5 kilogr. par millimètre carré de section.

545. Proportionnalité des sections des tirants aux portées. — On remarquera que toutes les tensions déterminées, comme nous venons de l'indiquer, sont proportionnelles à la longueur de l'arbalétrier, et par conséquent à la portée de la ferme pour chaque genre de couverture.

Ainsi la tension

$$T = \frac{p\,C.C'}{2h}$$

revient, pour les couvertures en zinc, à (tableau n° **511**)

$$T = \frac{242,06\,p\,C'^2}{2h} = 121.03C'. \frac{C'}{h},$$

expression dans laquelle $\frac{C'}{h} = \frac{1}{0.364}$ à cause de la pente du toit, qui fait dans ce cas un angle de 20° avec l'horizon, de sorte qu'en définitive on a

$$T = 332.77\,C'.$$

Il en est de même de la résistance que les contre-fiches simples ou multiples doivent opposer à la flexion de l'arbalétrier.

Il résulte de là que, quand pour un genre donné de couverture on aura déterminé les tensions des tirants pour une ferme et une portée données, on aura les tensions, et par conséquent les aires des sections transversales des tirants par une simple proportion entre les surfaces et les portées. De même aussi les diamètres des fer ronds à employer seront entre eux comme les racines carrées de ces surfaces ou des portées.

Donc, lorsqu'une ferme d'un système donné aura été proportionnée d'une manière que la théorie ou l'expérience auront sanctionnée, on aura, pour toutes les couvertures du même genre, sous des inclinaisons identiques, les diamètres des tirants, en les prenant proportionnels aux racines carrées des portées.

544. Observations sur la composition des fermes a grande portée. — La complication qui résulte de l'emploi des contre-fiches intermédiaires DH et FG (pl. V, fig. 21) engage actuellement, et je crois, avec raison, les constructeurs à les supprimer et à diminuer l'écartement des fermes dont le nombre se trouve ainsi augmenté et la charge diminuée ; on retrouve ainsi, par la diminution des dimensions des arbalétriers, des tirants et des pannes, une compensation de poids qui peut même conduire à une économie en même temps qu'elle donne lieu à une construction plus simple.

On remarquera d'ailleurs qu'une seule contre-fiche soutenant l'arbalétrier au milieu suffit pour que celui-ci puisse être fait de deux barres de fer à T, dont l'assemblage repose sur cette contre-fiche, puisque l'on peut obtenir de semblables fers de 7 et 9 mètres de longueur, quand ils ne sont pas d'un trop fort échantillon.

Formules et tables pour les charpentes en fer pour couvertures en zinc ou en tuiles.

545. Couvertures en zinc. — La remarque du n° 543 nous permettra de réunir, dans des tableaux d'un usage facile, tous les éléments relatifs à la construction des charpentes en fer de toutes portées, couvertes en zinc ou en tuiles.

Si d'abord nous considérons une ferme de 2 mètres de portée, en supposant que l'espacement entre les fermes semblables, précédemment désigné par *e*, soit seulement de 1 mètre, et si nous calculons les longueurs et les charges pour cette ferme, destinée à nous servir de type, nous pourrons ensuite en conclure, par une simple multiplication, les dimensions de toutes les pièces d'une ferme quelconque.

Nous examinerons d'abord cette ferme type pour une couverture en zinc et une inclinaison du toit $a = 20°$. Le poids uniformément réparti sur chacun des arbalétriers sera alors

$$pC = 69^{kil}.16C',$$

ou simplement $69^{kil}.16$, attendu que $C' = 1$, et que le coefficient $242^{kil}.06$, donné au n° **511**, pour un écartement de $3^m.50$ entre fermes, doit être ici réduit dans la proportion de 1 à $3^m.50$.

En appliquant à cette ferme type les calculs dont nous avons déjà donné des exemples pour quelques cas particuliers, on est conduit aux chiffres consignés dans le tableau ci-joint. Ces calculs ont été faits dans trois hypothèses différentes pour chacun des deux systèmes de fermes à une ou à trois contre-fiches. Dans chacun de ces systèmes, en appelant a' l'angle formé par le tirant inférieur avec l'arbalétrier, l'on a successivement supposé :

$$a' = 20°, \quad a' = 15°, \quad a' = 10°.$$

La première hypothèse suppose le tirant qui forme entrait à la hauteur des appuis ; les deux autres le supposent plus ou moins relevé au-dessus de cette première position.

Il résulte donc de ces éléments divers six combinaisons différentes : trois pour les fermes à une seule contre-fiche, et trois pour les fermes à trois contre-fiches. Ces dispositifs sont représentés dans les figures 3, 4, 5, 6, 7, 8 (pl. VI), et nous les désignerons, dans ce qui va suivre, par les numéros 1, 2, 3, 4, 5, 6.

FERMES A UNE SEULE CONTRE-FICHE COUVERTES EN ZINC.

INCLINAISON DU TOIT $= 20^o$.

DÉSIGNATION des PIÈCES.	LONGUEURS CORRESPONDANT AUX ANGLES			CHARGES OU TENSIONS CORRESPONDANT AUX ANGLES		
	n° 1, $a'=20^o$	n° 2, $a'=15^o$	n° 3, $a'=10^o$	n° 4, $a'=20^o$	n° 5, $a'=15^o$	n° 6, $a'=10^o$
	m.	m.	m.	k.	k.	k.
Arbalétrier .... AB	1.0642	1.0642	1.0642	69.16	69.16	69.16
Contre-fiche .... CE	0.1932	0.142o	0.094	32.50	42.375	55.07
Demi-tirant formant entrait.......... B'E	0.434	0 451	0.468	95.00	109 41	127 97
Tirant supérieur... BE	0.566	0 551	0.5404	47.52	81.86	158 97
Tirant inférieur.... AE	0.566	0.551	0.5404	142.52	188.45	282.67

FERMES A TROIS CONTRE-FICHES, COUVERTES EN ZINC.

INCLINAISON DU TOIT $= 20^o$.

DÉSIGNATION es PIÈCES.	LONGUEURS CORRESPONDANT AUX ANGLES			CHARGES OU TENSIONS CORRESPONDANT AUX ANGLES		
	n° 1, $a'=20^o$	n° 2, $a'=15^o$	n° 3, $a'=10^o$	n° 4, $a'=20$	n° 5, $a'=15^o$	n° 6, $a'=10^o$
	m.	m.	m.	k.	k.	k.
Arbalétrier .... AB	1.0642	1.0642	1.0642	69.16	69.16	69.16
1 Contre-fiche centr. CE	0.1932	0.1426	0 094	32.50	42.375	55.07
2 Contre-fiches DH et FG	0.0916	0.0713	0.047	16.25	16.25	16.25
Demi-tirant formant entrait.......... B'E	0.434	0 451	0.468	95 00	109.41	127.97
Tirant............ FG	0.283	0.275	0.2702	71 28	113.23	205.33
Tirant............ BG	0.283	0.275	0.2702	47.52	81.86	158.57
Tirant............ HL	0 283	0.275	0 2702	142.52	188.45	282.67
Tirant inférieur.... AH	0.283	0 275	0.2702	166 26	219.82	329.43
Tirant .... CG	0.283	0.275	0 2702	23.76	31.37	46 76
Tirant .... CH	0.283	0.275	0.2702	23.76	31 37	46.76

Pour d'autres fermes de même inclinaison, les longueurs précédentes augmenteront dans le même rapport que la portée $2C'$, en sorte qu'il suffira de multiplier ces dimensions par la demi-portée C', pour obtenir immédiatement les longueurs correspondantes.

Quant aux efforts exercés sur ces pièces, ils augmentent ou

diminuent comme la charge de l'arbalétrier, c'est-à-dire proportionnellement à l'écartement e des fermes et à leur demi-portée C'. Par conséquent il suffira de multiplier les efforts calculés dans chaque cas pour la ferme type par $C'e$, pour passer de l'écartement $e = 1$ mètre, et de la portée $2C' = 2$ mètres, à un écartement et à une portée quelconques.

546. DIMENSIONS DES PIÈCES SOUMISES A UN EFFORT DE TRACTION. — Les efforts étant déterminés par les considérations qui précèdent, nous savons que la section transversale de chaque pièce soumise à un effort de traction sera exprimée par le rapport $\dfrac{T}{R}$, T étant la tension en kilogrammes, et le coefficient R étant pour le fer égal à 6 ou 8 000 000 kilogr. Cette section est donc, comme l'effort de traction lui-même, proportionnelle au produit $C'e$. Si l'on a calculé, une fois pour toutes, le volume du fer à employer pour chacun des systèmes de la ferme type, pour passer de ces volumes à ceux des pièces relatives à une ferme quelconque de portée $2C'$, écartée des fermes voisines de la quantité e, il faudra multiplier les nombres ainsi trouvés par $C'e$, pour avoir les aires des sections, et par C'^2e, pour obtenir les volumes et les poids relatifs à tout autre écartement et à toute autre portée.

Comme exemple, nous donnerons les résultats du calcul pour les tirants du modèle de ferme n° 1 pour lequel on a

$$a = a' = 20°, \quad C' = 1^m, \quad e = 1^m, \quad h = 0^m,364, \quad R = 6\,000\,000^{kil}:$$

DÉSIGNATION des PIÈCES.	LONGUEUR des PIÈCES. L.	EFFORT de TRACTION. T.	SECTION correspondante A.	VOLUME des PIÈCES.
	m.	k.	m·c.	m·cu.
Demi-tirant formant entrait.. B'E	0.434	95.00	0.000015833	0.000006871
Tirant supérieur. BE	0.565	47.50	0.000007920	0.000004483
Tirant inférieur.. AE	0.566	142.52	0.000023753	0.000013442
			Total............	0.000024796
			Dont le poids est de....	0^{kil}.1929

C'est ce poids qu'il faudra multiplier dans chaque cas particulier par C'^2e, pour obtenir immédiatement le poids total des tirants de la demi-ferme. On arriverait à un chiffre plus petit en prenant pour R la valeur 8 000 000 kilogr.

Un calcul semblable ayant été fait pour les autres dispositifs, on est arrivé de la même manière aux chiffres suivants :

TABLEAU DES POIDS DES TIRANTS DES FERMES COUVERTES EN ZINC

INCLINAISON DU TOIT $=20^0$

MODÈLES DE FERME.	VALEURS de L'ANGLE a'	POIDS DES TIRANTS de la ferme entière.
		kil.
N° 1 ⎫	20°	0.3858
N° 2 ⎬ à une contre-fiche........	15°	0.5000
N° 3 ⎭	10°	0.7756
N° 4 ⎫	20°	0.4918
N° 5 ⎬ à trois contre-fiches.......	15°	0.6498
N° 6 ⎭	10°	0.9071

Ces chiffres seront multipliés par C'^2e dans toute application que l'on voudra faire.

On voit déjà que la surélévation de l'entrait, qui n'allége en aucune façon les arbalétriers, conduit à une augmentation notable dans le poids des tirants. Pour $a'=10^0$, ce poids est environ le double de ce qu'il est pour $a'=20^0$. Ce ne sera donc qu'avec réserve, et en tenant compte de cette observation, qu'il conviendra, dans certains cas, de sacrifier les questions d'économie à l'élégance que donne à une charpente en fer l'emploi des entraits relevés. Quant à l'augmentation résultant de l'emploi de trois contre-fiches, elle est peu considérable, et permet d'ailleurs d'avoir recours à des arbalétriers plus légers, puisqu'elle introduit deux nouveaux points d'encastrement dans leur longueur.

547. DIMENSIONS DES ARBALÉTRIERS DES FERMES COUVERTES EN ZINC. — Pour passer des formules du n° **556** à l'application aux diverses couvertures, il suffira de donner au nombre R la valeur convenable à la nature des matériaux employés et aux conditions dans lesquelles se trouvera la construction projetée et d'introduire dans les formules les valeurs de la demi-portée C' et de l'écartement e des fermes, ainsi que celle de la charge pC correspondante à la nature de la couverture. L'on en déduira la valeur de la quantité $\dfrac{I}{v'}$ et, selon la forme adoptée pour l'arbalétrier et ses proportions, l'on obtiendra les dimensions qu'il convient de lui donner.

Dans le cas particulier des couvertures en zinc, l'on se rappellera que le tableau du n° **511** nous donne, pour la charge totale pC d'un arbalétrier des fermes écartées de 3ᵐ.50, la valeur

$$pC = 242^{\text{kil}}.06\,C',$$

et par conséquent pour celles des arbalétriers des fermes écartées d'une distance e,

$$pC = p_{\text{s}}Ce = \frac{242.06}{3.5}\,C'e = 6q.16\,C'e^{\text{kil}}.$$

En se rappelant que pour les sections rectangulaires l'on a

$$\frac{I}{v'} = \frac{ab^2}{6},$$

et pour les fers à double T à semelles égales

$$\frac{I}{v'} = \frac{ab^3 - 2a'b'^3}{6b}.$$

Quant à la valeur du nombre R, nous la prendrons d'abord égale à

$$R = 6\,000\,000 \text{ kilogr. pour le fer,}$$

$$R = 600\,000 \text{ kilogr. pour le bois,}$$

pour le cas des lieux où la charge de neige peut être à la fois considérable et durable, ce qui donnera, pour déterminer les arbalétriers, les formules pratiques suivantes, dans lesquelles C' et e sont exprimés en mètres, a et b en centimètres.

Fermes à une seule contre-fiche.

$$\text{Arbalétriers à section rectangulaire.......} \begin{cases} \text{en fer.....} \quad \dfrac{\mathrm{I}}{v'} = \dfrac{ab^2}{6} = 0.72 C'c^2; \\[2mm] \text{en bois....} \quad \dfrac{\mathrm{I}}{v'} = \dfrac{ab^3}{6} = 7.2 C'c^2; \end{cases}$$

$$\text{Arbalétriers en fer à double T..........} \Big\} \quad \cdots\cdots\cdots \quad \dfrac{\mathrm{I}}{v'} = \dfrac{ab^3 - 2a'b'^3}{6b} = 0.72 C'c^2$$

Fermes à trois contre-fiches.

$$\text{Arbalétriers à section rectangulaire.......} \begin{cases} \text{en fer.....} \quad \dfrac{\mathrm{I}}{v'} = \dfrac{ab^2}{6} = 0.18 C'c^2, \\[2mm] \text{en bois....} \quad \dfrac{\mathrm{I}}{v'} = \dfrac{ab^2}{6} = 1.8 C'c^2, \end{cases}$$

$$\text{Arbalétriers en fer à double T..........} \Big\} \quad \cdots\cdots\cdots \quad \dfrac{\mathrm{I}}{v'} = \dfrac{ab^3 - 2a'b'^3}{6b} = 0.18 C'c^2.$$

Mais si l'on remarque que dans l'estimation de la charge par mètre carré de surface de couverture l'on a fait entrer les charges éventuelles et passagères dues à la neige pour 25 kilogr. et la pression du vent pour $8^{kil}.40$ pour les couvertures en zinc, ce qui forme un total de $33^{kil}.40$ sur une charge de 65 kilogr., l'on pourra se croire en droit d'admettre, pour les climats tempérés où il n'y a pas de coups de vent violents et où les neiges sont de peu de durée, les valeurs

$$R = 10\,000\,000 \text{ kilogr. pour le fer,}$$

$$R = 1\,000\,000 \text{ kilogr. pour le bois,}$$

ce qui ramènera les formules ci-dessus aux suivantes :

Fermes à une seule contre-fiche.

$$\text{Arbalétriers à section rectangulaire........} \begin{cases} \text{en fer.....} \quad \dfrac{\mathrm{I}}{v'} = \dfrac{ab^2}{6} = 0.432 C'c^2, \\[2mm] \text{en bois....} \quad \dfrac{\mathrm{I}}{v'} = \dfrac{ab^2}{6} = 4.32 C'c^2, \end{cases}$$

$$\text{Arbalétriers en fer à double T...........} \Big\} \quad \cdots\cdots\cdots \quad \dfrac{\mathrm{I}}{v'} = \dfrac{ab^3 - 2a'b^3}{6b} = 0.432 C'c^2.$$

Fermes à trois contrefiches.

$$\text{Arbalétriers à section rectangulaire.......} \begin{cases} \text{en fer.....} \quad \dfrac{\mathrm{I}}{v'} = \dfrac{ab^2}{6} = 0.108 C'e^2, \\[2mm] \text{en bois....} \quad \dfrac{\mathrm{I}}{v'} = \dfrac{ab^2}{6} = 1.08 C'e^2, \end{cases}$$

$$\text{Arbalétriers en fer à double T...........} \Big\} \quad \cdots\cdots\cdots \quad \dfrac{\mathrm{I}}{v'} = \dfrac{ab^3 - 2a'b'^3}{6b} = 0.108 C'e^2.$$

A l'aide de ces formules l'on pourra calculer les dimensions des arbalétriers des diverses fermes couvertes en zinc pour toutes les portées et pour tous les écartements des fermes, lesquels d'ailleurs ne doivent pas dépasser 4^m.00 autant que possible.

Le second terme de chacune de ces égalités peut en effet être immédiatement calculé au moyen des valeurs données de C' et de e, et l'on en déduit la valeur correspondante qu'il faut donner au rapport $\dfrac{I}{v'}$ qui doit servir à trouver les dimensions convenables de la pièce.

Il convient d'ailleurs ici, comme pour les poutres des planchers, d'établir *à priori* certains rapports entre les hauteurs et les épaisseurs, et l'on fera

Pour les arbalétriers en fer à section rectangulaire $\quad a = \dfrac{1}{5} b$

Pour les arbalétriers en bois à section rectangulaire $\quad a = \dfrac{1}{2} b$

ce qui conduit aux formules pratiques suivantes.

Formules pratiques pour les arbalétriers à section rectangulaire, des fermes couvertes en zinc et inclinées à 80°.

Ferme à une contre-fiche.

		R = 6 000 000 kil.		R = 10 000 000 kil.	
Arbalétriers {	en fer..	$b^3 = 21.60 C'e$	$a = \frac{1}{5}b$	$b^3 = 12.96 C'^2 e$	$a = \frac{1}{5}b$
	en bois.	$b^3 = 86.40 C'^2 e$	$a = \frac{1}{2}b$	$b^3 = 51.84 C'^2 e$	$a = \frac{1}{2}b$

Fermes à trois contre-fiches.

Arbalétriers {	en fer..	$b^3 = 5.40 C'^2 e$	$a = \frac{1}{5}b$	$b^3 = 3.24 C'^2 e$	$a = \frac{1}{5}b$
	en bois.	$b^3 = 21.60 C'^2 e$	$a = \frac{1}{2}b$	$p^3 = 12.97 C'^2 e$	$a = \frac{1}{2}b$

Quant aux fers à double T à semelles égales, pour déterminer l'échantillon à choisir et l'épaisseur qu'il convient d'adopter pour le corps, on procédera comme il a été dit à l'occasion des planches n^{os} **384** et suiv.

Après avoir calculé la valeur qu'il convient d'assigner au rapport $\dfrac{I}{v'}$, l'on cherchera dans le tableau des fers à double T du n° **447**, relatif aux fers d'Ars-sur-Moselle, de Montataire et de la

Providence, quel est l'échantillon qui fournit, pour ce rapport, la valeur la plus voisine de celle que l'on aura trouvée. Si elle est égale ou très-peu supérieure à la valeur de $\dfrac{I}{v'}$ convenable pour l'arbalétrier, l'on pourra adopter le fer correspondant. Si au contraire elle est plus faible, on augmentera l'épaisseur du corps e_1 du fer du tableau du n° **447**, d'autant de millimètres qu'il sera nécessaire pour amener à peu près à l'égalité la valeur de $\dfrac{I}{v'}$ de l'arbalétrier et celle du fer à employer.

Des exemples éclairciront cette manière de procéder que l'on a adoptée pour l'établissement des tableaux suivants :

Exemples. Supposons qu'il s'agisse d'une ferme de portée $2C' = 20^m$ avec un écartement $e = 3^m.00$, l'on aura

$$C' = 10^m, \quad C''e = 300, \quad \frac{RI}{v'} = 4.32, \quad C'^2e = 1296.$$

Le tableau du n° **447** montre que le fer d'Ars de 18 cent. de hauteur et de l'échantillon le plus mince d'épaisseur $e_1 = 9^{mill}$ au corps correspond à la valeur $\dfrac{RI}{v'} = 1345.2$, un peu supérieure à celle que doit offrir l'arbalétrier cherché. L'on pourra donc adopter ce fer.

Le fer de Montataire de 22 cent. de hauteur et d'épaisseur minimum $e_1 = 8$ mill. au corps correspond à la valeur $\dfrac{RI}{v'} = 1042$. La valeur de la même quantité pour l'arbalétrier cherché l'emportera donc de

$$1296 - 1042 = 254.$$

Ce qui, d'après le tableau du n° **447**, correspond à une augmentation d'épaisseur du corps égale à

$$\frac{254}{48.4} = 5^{mill}.25.$$

Par conséquent, si l'on veut employer le fer de cet échantillon, il faut en porter l'épaisseur au corps à

$$e = (8 + 5.25)^{\text{mill}} = 13^{\text{mill}}.25,$$

soit $1^{\text{cent}}.33$.

En appliquant à ce cas la formule relative aux arbalétriers en fer rectangulaire

$$b^3 = 21.60 \, C'^2 e,$$

l'on trouve

$$b = 18^{\text{cent}},65,$$

et par suite

$$a = 3^{\text{cent}},73.$$

Les tableaux suivants contiennent les résultats de l'application des formules aux proportions les plus communes des charpentes couvertes en zinc, calculés dans l'hypothèse de R$=$6 000 000 kílogr.

TABLEAU DES DIMENSIONS DES ARBALÉTRIERS EN FER OU EN F

FERMI

Poids du mètre carré de couverture, 65 kil. Charge totale de l'arbalétrier $pC = 69.16$

ÉCARTEMENT des fermes e.	CHARGE par mètre courant d'arbalétrier $69.16\,e$.	PORTÉE de la ferme $2C'$.	VALEUR DE C'^2e.	$RI = \dfrac{4.32C'^2e}{v'}$	HAUTEUR des fers à double T b.	FERS A DOUBLE T — D'ARS-SUR-MOSELLE. ÉPAISSEUR du corps e_1.	POIDS du mètre courant.	DE LA PROVIDEN... ÉPAISSEUR du corps e_1.	POI du mèt coura...
m.	kil.	m.	m.		cent.	cent.	kil.	cent.	ki...
1.00	69.16	8	16.00	69.16	»	»	»	»	»
		10	25.00	108	»	»	»	»	»
		12	36.00	155	8	0.69	9.00	»	»
					10	»	»	0.50	9
		25	56.25	243	10	0.60	11.00	»	»
					12	»	»	0.40	11.
		20	100.00	432	12	1.16	19.00	»	»
					14	0.60	20.00	1.13	19.
		25	156.25	673	14	0.60	20.00	»	»
					16	»	»	1.53	25.
					18	»	»	0.80	20.
		30	225.00	972	16	1.40	29.75	»	»
					18	0.90	32.00	»	»
					20	»	»	»	»
					22	»	»	0 90	26.
2.00	138.32	8	32.00	138	8	0.55	8.00	»	»
					8	1.50	14.00	»	»
		10	50.00	216	10	»	»	0.95	12.
					12	»	»	0.40	11.
		12	72.00	311	10	1.04	14 50	»	»
					12	0.65	14.00	0.88	15
					14	a	»	0.60	14.
		15	112.50	485	12	1.53	22.25	»	»
					14.	»	»	1.26	22.
					16	»	»	0.78	16
		20	200.00	864	16	1.00	24.50	»	»
					18	»	»	»	»
					20	»	»	»	»
		25	312.50	1350	18	0.90	32.00	»	»
					22	»	»	1.43	33.
		30	450.00	1940	26	»	»	1.50	46.

₹ DES FERMES COUVERTES EN ZINC INCLINÉES A 20° A L'HORIZON.

CONTRE-FICHE.

5.000.000 kil. pour le fer, R = 6.000.000 kil. pour le bois.

ES MONTATAIRE.		FERS RECTANGULAIRES $b^3=21.60C'^2e\ a={}^1/_8b.$			BOIS $b^3=86.40C'^2e\ a={}^1/_2b.$		
EUR ǫs	POIDS du mètre courant.	ÉPAISSEUR $b.$	HAUTEUR $a.$	POIDS du mètre courant.	HAUTEUR $a.$	ÉPAISSEUR $b.$	VOLUME par mètre courant.
t.	kil.	cent.	cent.	kil.	cent.	cent.	m.c.
	»	7.06	1.41	7.60	11.10	5.55	0.00616
	»	8.15	1.63	10.41	12.91	6.46	0.00834
	»	9.20	1.84	13.20	14.60	7.30	0.01066
	»						
₂0	9 00	10.67	2.13	17.83	16.94	8.47	0.01435
₅0	10.00						
₇0	14.50	12.93	2.58	26.00	20.52	10.26	0.02110
	»						
₇0	16.50	15.00	3.00	35.10	23.81	11.90	0.02833
₃0.	20.00						
₃5	31.25	16.95	3 39	44.90	26.89	13.44	0.03614
₁5	24.50						
₃0	26.50						
	»	8.84	1.77	12.11	14.03	7.02	0.00985
	»						
₃0	8.25	10.27	2.05	16.46	16.29	8.14	0.01326
₅0	10.00						
	»						
₇6	12.50	11.59	2.32	20.95	18.40	9.20	0.01693
₇0	13.00						
₃9	»	13 45	2.70	28.29	21.34	10.67	0.02277
₇0	17.25						
	16.50						
	»						
₂6	26.50	16.29	3.26	43.42	25.85	12.93	0.03342
₃0	22.00						
	»	18.90	3.78	55.72	30.00	15.00	0.04500
₄5	35.25						
	»	21.34	4.27	73.21	33.88	16.94	0.05739

QUATRIÈME PARTIE.

(*Suite*).

TABLEAU DES DIMENSIONS DES ARBALÉTRIERS EN FER OU EN B
FERME

Poids du mètre carré de couverture, 65 kil. Charge totale de l'arbalétrier $pC = 69.1$

ÉCARTEMENT des fermes e.	CHARGE par mètre courant d'arbalétrier 69.15 e.	PORTÉE de la ferme $2C'$.	VALEUR DE $C''e$.	$RI = \dfrac{4.32C''e}{v'}$	HAUTEUR des fers à double T b.	FERS A DOUBLE T			
						D'ARS-SUR-MOSELLE.		DE LA PROVIDEN	
						ÉPAISSEUR du corps e_1.	POIDS du mètre courant.	ÉPAISSEUR du corps e_1.	POIDS du mèt courant
m.	kil.	m.			cent.	cent.	kil.	cent.	kil
3.00	207.48	8	48.00	208	8	1.41	13.50	»	»
					10	0.60	11 00	0.97	11.
		10	75.00	325	12	0 65	14.00	1.00	16.
					14	»	»	0.60	14.
		12	108.00	466	12	1.40	21.25	»	»
					14	»	»	1.27	21.
					16	»	»	0.70	15.
		15	168.75	727	14	0 85	22.75	»	»
					16	0.80	22.00	»	»
					18	»	»	0.97	22.
		20	300.00	1296	18	0.90	32.00	»	»
					22	»	»	1.32	33.
		25	468.75	2017	20	1.63	44 00	»	»
					26	»	»	1.62	46.
		30	675.00	2904	26	1.20	52.00	»	»
4.00	264.76	8	64.00	276	10	0.73	12.00	»	»
					12	0.65	14.00	0.64	13.
		10	100.00	432	12	1.16	18.75	»	»
					14	»	»	1.10	19.
					16	»	»	0.70	15.
		12	144.00	622	14	0.60	20.00	»	»
					16	»	»	1.32	22.
		15	225.00	972	16	1.42	29.75	»	»
					18	»	»	»	»
					20	»	»	»	»
					22	»	»	0.90	26.
		20	400.00	1.28	20	1.00	34.00	»	»
					26	»	»	1.30	40
		25	625.00	2700	26	1.20	52.00	»	»
		30	900.00	3888	26	1.52	58.50	»	»

(Suite).

R DES FERMES COUVERTES EN ZINC INCLINÉES A 20° A L'HORIZON.

CONTRE-FICHE.

000 000 kil. pour le fer, $R = 6\,000\,000$ kil. pour le bois.

GES		FERS RECTANGULAIRES			BOIS		
: MONTATAIRE.		$b^3 = 21.60C''c \quad a = {}^1/_3 b.$			$b^3 = 86.40C''c \quad a = {}^1/_3 b.$		
SSEUR ll lps	POIDS du mètre courant	HAUTEUR $a.$	ÉPAISSEUR $b.$	POIDS du mètre courant.	HAUTEUR $a.$	ÉPAISSEUR $b.$	VOLUME par mètre courant.
nt.	kil.	cent.	cent.	kil.	cent.	cent.	m.c.
.00	8.25	10.00	2.03	16.05	16.07	8.03	0.01290
.86	13.50	11.75	2.35	21.60	18.64	9.32	0.01737
.70	13.00						
.00	16.27	13.25	2.65	27.35	21.05	10.53	0.02217
.70	16.50						
.84	18.25	13.97	3.07	37.22	24.42	12.21	0.02982
.85	20.75						
.33	33.25	18.65	3.73	49.48	29.60	14.80	0.04381
०	»	21.63	4.33	73.12	34.34	17.17	0.05896
.30	52.00	24.43	4.89	118.50	38.78	19.40	0.07523
.52	12.25	11.15	2.23	21.54	17.68	8.84	0.01563
.50	10.00						
.82	14.50	12.96	2.59	16.16	20.52	10.26	0.02105
.70	16.50						
.70	16.50	14.60	2.92	42.62	23.17	11.58	0.02683
.60	31.20	16.94	3.31	44.80	26.89	13.44	0.03614
.15	24.50						
.80	24.50						
»	»	20.52	4.10	65.73	32.57	16.29	0.05306
»	»	23.81	4.76	113.40	37.79	18.89	0.07139
b	»	26.90	5.38	144.71	42.68	21.34	0.09108

TABLEAU DES DIMENSIONS DES ARBALÉTRIERS EN FER OU EN B(

FERMES

Poids du mètre carré de couverture, 65

$R = 6\,000\,000$ kil. pour le

ÉCARTEMENT des fermes e.	CHARGE par mètre courant d'arbalétrier $69.16\,e$.	PORTÉE de la ferme $2C$.	VALEUR DE		HAUTEUR des fers à double T b.	FERS A DOUBLE T I			
						D'ARS-SUR-MOSELLE.		DE LA PROVIDENC	
			$C'^{7}e$.	$\frac{RI}{v} = 1.08C'^{2}e$.		ÉPAISSEUR du corps e_1.	POIDS du mètre courant.	ÉPAISSEUR du corps e_1.	POID du mètr coura
m.	kil.	m.			cent.	cent.	kil.	cent.	kil.
		8	16.00	17.28	»	»	»	»	»
		10	25.00	27.00	»	»	»	»	»
		12	36.00	38.88	»	»	»	»	»
		15	56.25	60.75	»	»	»	»	»
1.00	69.16	20	100.00	108.00	»	»	»	»	»
		25	156.25	168.75	8	0.89	10.25	»	»
					10	»	»	0.50	9.0
		30	225.00	243.00	10	0.60	11.00	1.22	14.9
					12	»	»	0.40	11.0
		8	32.00	34.56	»	»	»	»	»
		10	50.00	54.00	»	»	»	»	»
		12	72.00	77.76	»	»	»	»	»
		15	112.50	121.50	»	»	»	»	»
2.00	138.32	20	200.00	216.00	10	»	»	0.95	12.
		25	312.50	337.50	10	1.35	16.75	»	»
					12	0.65	14.00	»	14.
					14	»	»	0.60	»
		30	450.00	486.00	12	1.49	22.25	»	»
					14	»	»	1.38	22.
					16	»	»	0.79	16.

UR LES FERMES COUVERTES EN ZINC, INCLINÉES A 20° A L'HORIZON.

)IS CONTRE-FICHES.

rge totale de l'arbalétrier, $pC = 69.16 C'e$.

$= 600\,000$ pour le bois.

| RGES | | FERS RECTANGULAIRES | | | BOIS | | |
| IE MONTATAIRE. | | $b^3 = 5.40 C''e\ a = {}^1/_2 b.$ | | | $b^3 = 21.60 C''e\ a = {}^1/_2.$ | | |
ÉPAISSEUR du corps e_1.	POIDS du mètre courant.	HAUTEUR b.	ÉPAISSEUR a.	POIDS du mètre courant.	HAUTEUR b.	ÉPAISSEUR a.	VOLUME par mètre courant.
cent.	kil.	cent.	cent.	kil.	cent.	cent.	m. c.
»	»	4.42	0.88	3.04	7.02	3.51	0.0025
»	»	5.12	1.03	4.14	8.14	4.07	0.0033
»	»	5.79	1.16	5.23	9.20	4.60	0.0042
»	»	6.72	1.35	7.05	10.67	5.33	0.0057
»	»	8.14	1.63	10.60	12.93	6.46	0.0083
1.00	8.25	9.45	1.89	13.90	15.00	7.50	0.0112
1.20	9.75	10.67	2.13	17.70	16.94	8.47	0.0143
0.50	10.00						
»	»	5.70	1.14	4.85	8.84	4.42	0.0039
»	»	6.45	1.29	6.63	10.26	5.13	0.0053
»	»	7.30	1.46	8.33	11.59	5.79	0.0067
»	»	8.47	1.69	11.20	13.47	6.73	0.0091
1.00	8.25	10.26	2.05	16.40	16.29	8.14	0.0133
0.95	14.25	11.91	2.38	22.50	17.50	8.75	0.0153
0.70	13.00						
1.11	17.25	13.46	2.69	28.20	21.34	10.67	0.0228
0.70	16.50						

TABLEAU DES DIMENSIONS DES ARBALÉTRIERS EN FER OU EN B(

SUITE DES FERM

ÉCARTEMENT des fermes e.	CHARGE par mètre courant d'arbalétrier 69.16 e.	PORTÉE de la ferme 2C.	VALEUR DE		HAUTEUR des fers à double T b.	FERS A DOUBLE T D		DE LA PROVIDENC	
						D'ARS-SUR-MOSELLE.		DE LA PROVIDENC	
			$C''e$.	$RI = \frac{1.08C''e}{v}$		ÉPAISSEUR du corps e_1.	POIDS du mètre courant.	ÉPAISSEUR du corps e_1.	POIDS du mètre courant.
m.	kil.	m.			cent.	cent.	kil.	cent.	kil
		8	48.00	51.84	»	»	»	»	»
		10	75.00	81.00	»	»	»	»	»
		12	108.00	116.00	8	0.55	8.00	»	»
					10	»	»	0.50	9.0
		15	168.75	182.25	8	1.11	11.50	»	».
					10	»	»	0.61	9.7
3.00	207.48				12	»	»	0.40	11.0
		20	300.00	324.00	10	1 22	16.40	»	»
					12	0.65	14.00	0.97	16.3
					14	»	»	0.60	14.0
		25	468.75	506.25	12	1.68	23.25	»	»
					14	0.60	20.00	»	»
					16	»	»	0.86	17.0
		30	675.00	729.00	14	0.85	22.75	»	»
					16	»	»	»	»
					18	»	»	0.98	22.5
		8	64.00	69.16	»	»	»	»	»
		10	100.00	108.00	»	»	»	»	»
		12	144.00	155.55	8	0.70	9.00	»	»
					10	»	»	0 50	9.0
		15	225.00	243.00	10	0 60	11.00	1.20	9.75
					12	»	»	0.40	11.0
4.00	276.64				14	»	»	0.60	14.0
		20	400.00	432.00	12	»	»	»	»
					14	»	»	1.11	19.5
					16	»	»	0 70	15.0
		25	625.00	675.00	14	0.60	20.00	»	»
					16	»	»	»	»
					18	»	»	»	»
		30	900.00	972.00	16	1.42	29.75	»	»
					18	»	»	»	»
					20	»	»	»	»
					22	»	»	0.90	26.00

JR DES FERMES COUVERTES EN ZINC, INCLINÉES A 20° A L'HORIZON.

ROIS CONTRE-FICHES.

RGES		FERS RECTANGULAIRES			BOIS		
E MONTATAIRE.		$b^3 = 5.40 C'^2 e \quad a = {}^1/_5 b.$			$b^3 = 21.60 C'^2 e \quad a = {}^1/_2 b.$		
ÉPAISSEUR du corps e_i.	POIDS du mètre courant.	HAUTEUR b.	ÉPAISSEUR a.	POIDS du mètre courant.	HAUTEUR b.	ÉPAISSEUR a.	VOLUME par mètre courant.
cent.	kil.	cent.	cent.	kil.	cent.	cent.	m. c.
»	»	6.37	1.27	6.32	10.12	5.06	0.0051
»	»	7.39	1.48	8.57	11.75	5.87	0.0069
» 1.00	» 8.25	8.35	1.67	11.05	13.26	6.13	0.0081
» 1.00 0.50	» 8.25 10.00	9.69	1.94	14.64	15.46	7.73	0.0119
» 0.85 0.70	» 13 50 13.00	11.74	2.35	21.60	18.64	9.32	0.0174
» 1.20 0.70	» 18.50 16.50	13.63	2.73	29.40	21.63	10.81	0.0234
» 0.85 0.84	» 17 50 20.75	15.93	3.12	37.20	24.13	12.06	0.0256
»	»	7.18	1.44	7.60	11.14	5.57	0.0062
»	»	8.13	1.63	10.40	12.92	6.46	0.0083
» 1.00 1.22	» 8.25 14 61	9.20	1.84	13.20	14.59	7.29	0.0106
0.50 0.70	10.00 13.00	10.67	2.15	17.70	16.94	8.47	0.0143
1.16 0.83 0.70	18.75 14 50 16.50	12.93	2.59	26.10	20.52	10.26	0.0210
» 0.70 0.80	» 16.50 20.00	15.00	3.00	35.10	23.81	11.90	0.0283
» 1.60 0.89 0.80	» 30.25 24.70 24.80	16 93	3.39	44.10	26.91	13.45	0.6362

548. OBSERVATIONS SUR LES RÉSULTATS CONTENUS DANS CES TABLEAUX. — Les chiffres contenus dans ces tableaux montrent que pour les petites portées les forges dont nous avons examiné les produits ne fournissent pas de fer à double T d'échantillons assez légers, et qu'alors il faut revenir à l'emploi des fers rectangulaires.

L'on voit aussi que l'assortiment des fers d'une même forge ne peut satisfaire exactement à tous les cas.

Les fers rectangulaires sont toujours plus lourds que les fers à double T et leur emploi doit être réservé soit pour les petites portées, soit pour les cas où l'on ne pourrait se procurer des fers à double T à des prix convenables.

Quant à l'usage du bois et à la préférence à lui donner sur le fer, les circonstances, la facilité des approvisionnements et le prix en décideront.

Dans la comparaison que l'on peut faire entre l'emploi respectif des systèmes à une ou à trois contre-fiches, il est facile de voir que l'adoption de ce dernier système procure une grande économie sur le poids des arbalétriers ; cette remarque se déduit d'ailleurs d'une manière plus manifeste du tableau suivant dans lequel nous avons réuni les poids des arbalétriers, en nous bornant toutefois, pour chacun d'eux, à l'échantillon le plus favorable parmi ceux indiqués dans le tableau précédent ; il serait facile de le compléter au besoin en y introduisant les poids calculés au tableau de la page 256 pour les autres échantillons de fers rectangulaires ou à double T.

POIDS DES ARBALÉTRIERS EN FER, POUR DIVERSES PORTÉES ET DIVERS ÉCARTEMENTS DE FERMES.

ÉCARTEMENT DES FERMES, e.	PORTÉE DES FERMES, $2C'$.	LONGUEUR DE L'ARBALÉTRIER.	SYSTÈME A UNE CONTRE-FICHE.		SYSTÈME A TROIS CONTRE-FICHES.	
			DÉSIGNATION de l'échantillon	POIDS des deux arbalétriers.	DÉSIGNATION de l'échantillon	POIDS des deux arbalétriers.
m.	m.	m.		kil.		kil.
1	8	4.256	Rectangulaire.	64.71	Rectangulaire.	16.35
	10	5.321	»	110.78	Id.	27.78
	12	6 385	»	168 69	Id.	42.14
	15	7.981	M_1	148.94	Id.	71.20
	20	10 642	M_3	323.96	Id.	139.62
	25	13.302	P_5	536.12	Id.	234.32
	30	15 963	M_6	776.76	M_1	288.62
2	8	4.256	Rectangulaire.	103.10	Rectangulaire.	26.14
	10	5.321	M_1	85 14	Id.	44.48
	12	6.385	M_2	156.06	Id.	67.04
	15	7.981	M_3	255.42	Id.	113.02
	20	10.642	M_3	555.08	M_1	170.28
	25	13.302	M_7	924.56	N_2	368.50
	30	15.963	P_8	1472.42	M_5	537.64
3	8	4.256	M_1	68 10	Rectangulaire.	33.97
	10	5.321	M_2	138 36	Id.	57.57
	12	6.385	P_4	196.40	Id.	99.27
	15	7:981	M_3	327.76	Id.	147.50
	20	10.642	M_7	697.72	M_2	276.48
	25	13.302	P_8	1225.42	Rectangulaire.	510.79
	30	15.963	Rectangulaire.	3783.23	M_5	655.46
4	8	4.256	M_2	86.60	Rectangulaire.	40.78
	10	5.321	M_3	151.24	Id.	69.81
	12	6.385	P_5	319.26	M_1	102.16
	15	7 981	M_6	388.38	M_1	144.34
	20	10.642	P_8	881 37	M_3	315.44
	25	13.302	Rectangulaire.	3016.89	P_5	536.12
	30	15.963	Rectangulaire.	4620.00	M_5	854.02

On voit immédiatement par ce tableau que l'adoption du système à trois contre-fiches réduit le poids des arbalétriers des deux tiers ou au moins de la moitié du poids exigé par le système à une seule contre-fiche ; nous verrons bientôt que cette économie reste importante encore, quand on tient compte de l'augmentation de poids qu'entraînent les contre-fiches latérales et les tirants.

549. DIMENSIONS DES CONTRE-FICHES DES CHARPENTES COUVERTES EN ZINC. — Les contre-fiches peuvent être construites en fer ou en fonte : ce sont, dans tous les cas, des pièces longues dans lesquelles les dimensions transversales sont fort petites par rapport à la longueur, et l'on sait que, quand le rapport entre ces dimensions dépasse certaines limites, il est nécessaire de diminuer la charge par millimètre carré, dans la crainte de produire une flexion dans la pièce.

L'emploi du fer peut mettre à l'abri de cet inconvénient, en ce que chacune des contre-fiches peut être formée de deux bandes de fer méplat, réunies à courts intervalles par des traverses formant entretoises boulonnées ; ce seraient de véritables moises en fer, dont l'assemblage avec les arbalétriers et avec les tirants pourrait s'effectuer avec une grande facilité ; par ce mode de construction, les dimensions extérieures de la section de la contre-fiche seront, pour un même poids, augmentées suffisamment pour que le fer puisse supporter une charge permanente de 6 kilogr. par millimètre carré, et en calculant sur 4 kilogr. seulement, on serait certain d'obtenir une résistance suffisante ; mais pour ne pas offrir à l'œil des dimensions en apparence disproportionnées, nous doublerons les surfaces ainsi calculées, et par conséquent les poids correspondants.

Les longueurs des contre-fiches et les charges qu'elles supportent étant comprises dans les tableaux du n° **545**, si, conformément à ce qui vient d'être dit, nous adoptons des sections transversales telles qu'elles soient chargées de 4 kilogr. par millimètre carré, nous pouvons en calculer les dimensions et les poids pour la ferme type, et en former le tableau suivant, dans lequel il suffira de multiplier les longueurs par C', les charges et les sections par $C'e$, les volumes et les poids par $C''e$, pour passer des fermes types à une ferme quelconque ; ce sont les chiffres doublés, comme il vient d'être dit, qui figurent dans le tableau.

TABLEAU DES DIMENSIONS DES CONTRE-FICHES EN FER POUR COUVERTURE EN ZINC ; INCLINAISON DU TOIT, $a = 20°$.

DÉSIGNATION des PIÈCES.	VALEUR de l'angle a'.	LONGUEUR des pièces.	CHARGES.	SECTIONS.	VOLUMES.	POIDS des contre-fiches et entre-toises.
		m.	kil.	m.c.	m.cub.	kil.
Contre-fiche principale.	$a' = 20°$	0.1932	32.50	0.0000081	0.00000157	0.0245
— latérale...	Id.	0.0916	16.25	0.0000041	0.00000048	0.0061
— principale.	$a' = 15°$	0.1426	42.38	0.0000106	0.00000152	0.0237
— latérale...	Id.	0.0713	16.26	0.0000041	0.00000029	0.0046
— principale.	$a' = 10°$	0.0935	55.07	0.0000133	0.00000125	0.0165
— latérale...	Id.	0.0468	16.25	0.0000041	0.00000019	0.0030

Les contre-fiches principales restent les mêmes, soit que l'on préfère le système à une seule contre-fiche, auquel cas il suffira de doubler le poids déduit du tableau ci-dessus pour obtenir le poids total des contre-fiches d'une ferme, soit que l'on ait recours au système à trois contre-fiches. Dans ce dernier cas, au double du poids de la contre-fiche principale il faudra ajouter le quadruple du poids de l'une des contre-fiches latérales pour obtenir le poids de toutes les contre-fiches de la ferme ; cette observation, appliquée à la ferme type, nous conduit, en effectuant les calculs, au tableau suivant :

TABLEAU DONNANT LE POIDS DES CONTRE-FICHES EN FER, DANS UNE FERME DE 2 MÈTRES DE PORTÉE, L'ÉCARTEMENT DES FERMES ÉTANT DE 1 MÈTRE.

DÉSIGNATION du SYSTÈME DE FERME.	VALEUR de L'ANGLE a'	POIDS TOTAL des CONTRE-FICHES en fer.
		kil.
Modèle n° 1 à une contre-fiche	$a' = 20°$	0.0490
Modèle n° 2 à une contre-fiche..........	$a' = 15°$	0.0474
Modèle n° 3 à une contre-fiche..........	$a' = 10°$	0.0390
Modèle n° 4 à trois contre-fiches........	$a' = 20°$	0.0734
Mod.le n° 5 à trois contre-fiches	$a' = 15°$	0.0658
Modèle n° 6 à trois contre-fiches	$a' = 10°$	0.0510

Ces chiffres seront multipliés par $C'^2 e$ dans toute application que l'on en voudra faire à d'autres fermes.

Les différences qu'ils signalent sont assez minimes pour que l'on puisse regarder leur influence comme insignifiante dans l'établissement des fermes en fer; l'arbalétrier est toujours la pièce la plus importante; et lorsqu'on ne craint pas de multiplier les assemblages, le système à trois contre-fiches, avec entrait à la hauteur des points d'appui, est celui qui mérite la préférence.

550. RÉSULTATS ET CONSÉQUENCES. — Nous pourrons, au reste, réunir maintenant les trois éléments de la question, et donner pour tous les cas que nous avons examinés, et qui comprennent pour ainsi dire tous ceux de la pratique, les poids totaux tout calculés. Nous nous bornerons d'abord à réunir tous les éléments du calcul dans quelques cas particuliers.

POIDS DES FERS QUI COMPOSENT UNE FERME DU MODÈLE N° 1 (FIG. 3, PL. VI) POUR DIVERSES PORTÉES ET DIVERS ÉCARTEMENTS.

ÉCARTEMENT des fermes e.	PORTÉE TOTALE de la ferme $2C'$.	VALEUR du coefficient $C'^2 e$.	POIDS des tirants.	POIDS des arbalétriers.	POIDS des contre-fiches.	POIDS TOTAL.
m.	m.		kil.	kil.	kil.	kil.
1	8	16	6.05	64.71	0.80	71.56
	10	25	9.45	110.68	1.23	80.50
	12	36	13.62	168.69	1.77	184.08
	15	56.25	21.47	128.94	2.76	175.97
	20	100	37.82	323.96	4.90	366.68
	25	156.25	59.10	536.12	7.66	602.88
	30	225	85.10	776.76	11.03	872.79
4	8	64	24.21	86.60	3.14	113.95
	10	100	37.82	151.24	4.90	193.96
	12	144	54.46	319.26	7.06	380.78
	15	225	85.10	388.38	11.03	484.51
	20	400	144.28	881.38	19.60	1045.25
	25	625	236.30	3016.89	30.63	3283.22
	30	900	336.38	5620.38	45.10	5000.58

Ces chiffres suffisent pour démontrer la prédominance du poids des arbalétriers sur le poids total, dont il est environ les

$\frac{9}{10}$ et les $\frac{8}{9}$, de sorte qu'en augmentant le poids des arbalétriers de $\frac{1}{8}$ de sa valeur, on aura le poids total des fers qui composent une ferme y compris les boulons et menues ferrures ordinaires.

En comparant respectivement les poids des arbalétriers, pour les modèles 1, 2 et 3, avec les chiffres correspondants pour les modèles 4, 5 et 6, on reconnaît immédiatement qu'il existe en faveur des derniers une différence considérable; cette différence est souvent de la moitié du poids total. On ne saurait donc trop recommander, pour les fermes à grande portée surtout, l'emploi du système à trois contre-fiches, qui apporte une si grande économie dans le poids des matériaux. Il exige, il est vrai, quelques assemblages de plus; mais cette cause d'augmentation dans la dépense est toujours fort minime par rapport à l'économie que nous venons de signaler.

Si l'on compare les poids des différents systèmes n° 1, n° 2 et n° 3 à une contre-fiche, et qui ne diffèrent que par la hauteur du tirant qui forme l'entrait, on reconnaît qu'ils croissent avec la surélévation de l'entrait, mais de quantités assez faibles, ce qui tient à la prédominance du poids de l'arbalétrier, qui est le même dans tous les cas. On arrive à une conclusion semblable pour les systèmes n° 3, n° 4 et n° 5.

Une autre remarque importante ressort de l'examen des poids des arbalétriers, si l'on se borne à considérer ensemble ceux qui correspondent à la même portée; nous voyons, en effet, que pour un écartement de 1 mètre entre les fermes, le poids de chacune d'elles est notablement inférieur au poids correspondant pour un écartement de 2, de 3, de 4 mètres; mais il faut remarquer que si l'espace à couvrir a L mètres de longueur, le nombre de fermes à employer est

$$n = \frac{L}{e} + 1,$$

$\frac{L}{e}$ étant nécessairemement un nombre entier.

Pour $e = 1^m$, on trouve

$$n = L + 1;$$

Pour $e = 4^m$, on trouve

$$n_4 = \frac{L}{4} + 1;$$

d'où
$$\frac{n_1}{n_4} = \frac{L + 1}{\frac{L}{4} + 1} = \frac{4L + 4}{L + 4} = 4 - \frac{12}{L + 4};$$

ce qui démontre qu'à moins d'avoir à couvrir de très-petites longueurs, le nombre des fermes à employer est à peu près inversement proportionnel à leur écartement. Pour qu'il y eût égalité de dépense, il faudrait donc que la ferme convenable pour $e = 1^m$ ne pesât que le quart de ce que pèse la ferme de même portée, calculée pour un écartement entre les fermes de $e = 4^m$; nous voyons par le tableau des poids des arbalétriers, qu'il n'en est pas ainsi, et qu'il semblerait par conséquent, sous ce rapport, y avoir avantage à augmenter l'écartement entre les fermes.

Mais d'autres considérations s'opposent à ce que l'on admette immédiatement une pareille conclusion. En augmentant l'écartement des fermes, on fait croître par cela même la portée des pannes, du faîtage et de toutes les pièces longitudinales, auxquelles il devient par conséquent nécessaire de donner des dimensions plus considérables, et nous aurons à nous arrêter un instant sur cette question, qui se complique encore de ce qu'un plus grand nombre de fermes exige un nombre plus considérable d'assemblages et augmente, par conséquent, le prix de l'établissement.

551. Des fermes couvertes en tuiles de divers modèles nouveaux, inclinées a 40° a l'horizon. — L'on emploie depuis quelques années, pour la couverture des bâtiments et des gares de chemins de fer, des tuiles qui s'accrochent les unes aux autres, et sont moulées de manière à assurer l'écoulement des eaux, sans qu'il soit nécessaire de les faire recouvrir l'une par l'autre autant que les tuiles plates. Il en résulte que, bien que chacune de ces tuiles soit plus lourde qu'une tuile plate de même superficie, le mètre carré de couverture pèse moins avec ces nouvelles tuiles qu'avec celles de Bourgogne, et qu'on peut l'estimer à 60 kilogr. seulement.

La charge par mètre carré de couverture peut donc être établie ainsi qu'il suit :

Couverture...........................	$60^{kil}.00$
Charpente en sapin $0^m.063 \times 500^{kil}$.........	31 .50
Neige	25 .00
Vent de 6^m de vitesse	4 .18
	$120^{kil}.68$

Soit 120 kilogr.

Dans les pays méridionaux et surtout dans les colonies, où il n'y a pas de neige, mais où l'on est exposé à des ouragans violents, l'on peut calculer le poids du mètre carré de couverture ainsi qu'il suit :

Couverture...........................	$60^{kil}.00$
Charpente	31 .50
Neige	00 .00
Vents de 16 à 18^m de vitesse.............	33 .50
Total.............	$p = 125^{kil}.00$

Telle est la base que nous avons adoptée pour le calcul des charpentes couvertes en tuiles des nouveaux modèles destinés aux pays méridionaux. Comme elle diffère peu de la valeur précédente, nous pensons qu'elle pourra être admise dans tous les cas.

Quelques constructeurs habiles qui entreprennent les charpentes de ce genre à forfait, et qui, par conséquent, ont intérêt à en alléger le poids, n'admettent pour la France que la valeur $p = 100^{kil}$, et supposent en outre que le fer puisse sous cette charge, regardée comme permanente, être soumis à des efforts de traction de 10 kilogr. par millimètre carré.

Jusqu'à ce qu'une longue expérience ait prononcé, nous croyons plus prudent d'admettre que la charge peut atteindre, pendant un temps assez prolongé, la valeur $p_1 = 125^{kil}$.

Admettant donc que la charge par mètre carré de couverture soit $p_1 = 125^{kil}$ et l'inclinaison du toit égale à 40°, l'on a

$$h = C' \text{ tang. } 40° = 0.839 \, C',$$

ce qui donne la hauteur du faîte au-dessus de l'horizontal AA' du point d'appui de la ferme.

De plus

$$C = \sqrt{c'^2 + h^2} = C' \sqrt{1 + 0,839^2} = 1.305 \, C',$$

et par conséquent en appelant e l'écartement des fermes, l'on aura $p = p_1 e$ et

$$pC = p_1 Ce = 125 \times 1.305 \, C'e = 163 \, C'e.$$

L'inclinaison du toit étant de 40°, l'on peut admettre que le tirant EE', formant entrait, sera un peu relevé au-dessus des points d'appui A, A' de la ferme et que le tirant AE fera un angle de 30° avec l'arbalétrier. Le tirant BE en fera ainsi un de 20° avec la verticale B, et la hauteur h_1 du tirant horizontal EE' a pour valeur

$$h_1 = CE \cos 20° = 0.939 \, AE = 0.708 \, C',$$

attendu que

$$AE = \frac{C}{2 \cos 30°} = \frac{1.305 \, C'}{2 \cos 30°} = 0.7535 \, C'.$$

La condition d'équilibre entre la tension T du tirant horizontal EE' relevé de la ferme, et la composante

$$\frac{pC}{2} = \frac{p_1 Ce}{2}$$

de la charge totale qui agit au point d'appui A pour produire la rotation autour du serment B, fera par conséquent

$$Th_1 = \frac{p_1 Ce}{2} C'.$$

D'où l'on déduit pour la tension du tirant horizontal

$$T = \frac{p_1\,Ce}{2}\cdot\frac{C'}{h_1} = \frac{163\,C'e}{2+0.708} = 115\,C'e^{\text{kil}}.$$

552. Tirants des fermes a une contre-fiche. — Dans ces

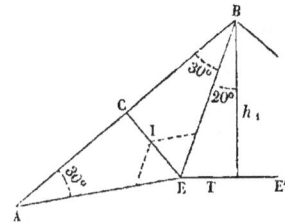

fermes, l'effort que la contre-fiche CE doit exercer pour maintenir le milieu C de l'arbalétrier en ligne droite avec les extrémités A et B est destiné à contre-balancer l'effet de la charge p_1Ce uniformément répartie sur la longueur totale de l'arbalétrier et qui équivaut à une charge $\frac{1}{2}p_1Ce$ agissant verticalement en C.

La composante de cette dernière charge normalement à l'arbalétrier est

$$\tfrac{1}{2}\,p_1\,Ce\cos 40_0 = \tfrac{1}{2}\,p_1\,C'e,$$

à cause de $\qquad C\cos 40^0 = C'.$

Mais à cette composante de la charge dans le sens de la contre-fiche, il faut ajouter celle de la tension T du tirant EE' dans le sens de cette même contre-fiche, laquelle est, comme on peut s'en assurer par le calcul ou par un tracé à grande échelle,

$$0.203\,\mathrm{T} = 0.203\times 115\,C'e = 23.35\,C'e^{\text{kil}},$$

et d'après cela l'effort total exercé dans le sens de la contre-fiche, et que doivent contre-balancer les tensions des tirants EA et

EB, est $\qquad \tfrac{1}{2}\,p_1C'e + 23.35\,C'e = 85.85\,C'e^{\text{kil}}.$

Or, il est facile de voir par la figure que si l'on porte de E en I une longueur EI égale à $\frac{1}{2}p_1Ce$, cet effort de $85.85\,C'e^{\text{kil}}$, et que par le point I l'on mène des parallèles à EA et à EB, l'on aura pour la tension T″ du tirant EB

$$T'' \sin 30^0 = \tfrac{1}{2} \times 85{,}86 \, C'e,$$

ou simplement $\qquad T'' = 85.85 \, C'e^{\text{kil}}$

attendu que $\sin 30^0 = \tfrac{1}{2}$.

Quant à la tension T′ du tirant AE, elle sera égale à T″ augmenté de la composante de la tension T du tirant EE_1 dans le sens de EA, et qui est, comme on peut le vérifier par le calcul ou par le tracé égale à

$$0.835 \, T = 101.77 \, C'e.$$

Par conséquent l'on aura

$$T' = 85.85 \, C'e + 101.77.77 \, C'e = 187.62 \, C'e^{\text{kil}}.$$

D'après cela, on pourra former le tableau suivant :

FORMULES POUR DÉTERMINER LES LONGUEURS ET LES TENSIONS DES TIRANTS DES FERMESA UNE SEULE CONTRE-FICHE COUVERTES EN TUILES PLATES.

DÉSIGNATION des TIRANTS.	LONGUEUR de CENTRE EN CENTRE.	FORMULES.
EE′	m. 0.5168C	$T = 115 C'e$
EB	0.7530C	$T'' = 85.85 C'e$
AE	0.7530C	$T' = 187.62 C'e$

555. Tirants des fermes a trois contre-fiches. — Si nous passons au cas où chaque demi-ferme a trois contre-fiches, il est facile de voir, en raisonnant d'une manière analogue à ce qui précède, que l'effort que les contre-fiches DH et GG′ doivent exercer pour maintenir les points D et G′ en ligne droite avec A et B doit contre-balancer l'effet de la charge $\tfrac{1}{2} \, p_1 Ce$ uniformément répartie sur la moitié de l'arbalétrier qui équivaut à une charge $\tfrac{1}{4} \, p_1 Ce$ agissant verticalement en D et en G′.

La composante de cette dernière charge normalement à l'arbalétrier est

$$\tfrac{1}{4} p_1 C e \cos 40^0 = \tfrac{1}{4} p_1 C'e,$$

à cause de

$$C \cos 40^0 = C^1.$$

Il est facile de voir, par la figure ci-contre (2), que si l'on porte

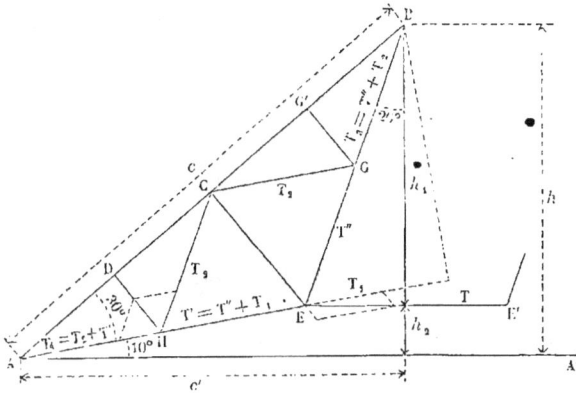

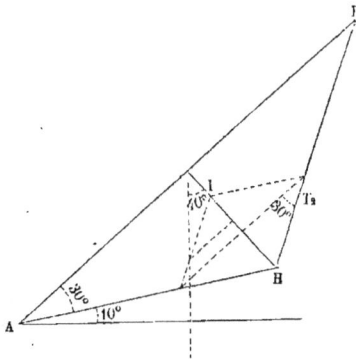

de H en I une longueur égale à $\tfrac{1}{4} p_1 C'e$, et que par le point I l'on mène des parallèles à HA et à HC, on aura pour les tensions T des tirants CH et CG capables de produire l'effort que doivent exercer les contre-fiches HD et GG',

$$T_2 \sin 30^0 = \tfrac{1}{2} HI = \tfrac{1}{2} \times \tfrac{1}{4} p_1 C'e,$$

et comme $\sin 30^0 = \frac{1}{2}$, cela revient à

$$T_2 = \frac{1}{4} p_1 C'e = 31.25\ C'e^{\text{kil}}.$$

Si maintenant l'on décompose la tension T du tirant horizontal EE' en deux autres tensions dirigées l'une suivant HE et que nous nommerons T_1, l'autre suivant la contre-fiche, l'on trouvera par le calcul ou plus simplement par un tracé à grande échelle :

Pour la première

$$T_1 = 0.885\ T = 101.77\ C'e,$$

et pour la seconde

$$0.203\ T = 23.35\ C'e.$$

Celle-ci doit s'ajouter à la composante

$$\tfrac{1}{2}\, p_1 C'e \cos 40^0 = \tfrac{1}{2}\, p_1 C'c$$

de la charge de l'arbalétrier dans les sens de la contre-fiche, et par conséquent la tension T'' du brin EG est déterminée par la relation

$$\tfrac{1}{2}\left\{ \tfrac{1}{2}\, p_1\, C'e + 23.35\ C'e \right\} = T'' \sin 30^0,$$

d'où

$$T'' = C'e \left\{ \tfrac{1}{2} \times 125 + 23.35 \right\} = 85.85\ C'e^{\text{kil}}.$$

La tension T_3 du brin BG est

$$T_2 + T'',$$

et par conséquent

$$T_3 = 31.25\ C'c + 85.85\ C'e = 117.10\ C'e^{\text{kil}}.$$

La tension T' de HE est égale à T'' augmentée de la composante $T_1 = 101.77\ C'e^{\text{kil}}$ de la tension T du tirant horizontal dans le sens de HE. L'on a donc

$$T' = 85,85\ C'e + 101.77\ C'e = 187.62\ C'e^{\text{kil}}.$$

Enfin la tension T_4 du tirant AH est égale à $T_2 +_t T'$, ce qui donne

$$T_4 = 31.25\ C'e + 187.62\ C'e = 218.87\ C'e^{\text{kil}}.$$

L'on a donc ainsi l'expression des tensions de tous les tirants
de la ferme, et en les récapitulant, l'on forme le tableau suivant
qui donne aussi les longueurs de ces tirants en fonction de la
demi-portée C' de la forme :

FORMULES POUR DÉTERMINER LES LONGUEURS ET LES TENSIONS DES TIRANTS
DES FERMES A TROIS CONTRE-FICHES COUVERTES EN TUILES PLATES.

DÉSIGNATION des tirants.	LONGUEUR de centre en centre.	FORMULES.
EE'	$0.5168C'^m$	$T = 115C'e$
CH et CG	$0.3765C'$	$T_2 = 31.25C'e$
EG	$0.3765C'$	$T'' = 85.85C'e$
BG	$0.3765C'$	$T_3 = 117.10C'e$
HE	$0.3765C'$	$T' = 187.62C'e$
AH	$0.3765C'$	$T_4 = 218.87C'e$

Pour appliquer ce tableau et en déduire les tensions des
tirants d'une ferme pour une portée 2C' et pour un écartement
donné e, il suffira donc d'introduire dans les formules les valeurs de C' et de e.

L'on remarquera que toute la résistance de la ferme repose
sur l'action des tirants qui contre-balancent les poussées et qui
fortifient les arbalétriers; la prudence exige donc que, pour des
constructions permanentes, l'on n'attribue pas à R pour les
pièces en fer une valeur supérieure à

$$R = 6\,000\,000^{kil}.$$

Cependant pour des constructions temporaires que l'on croi-
rait devoir alléger, l'on pourrait faire

$$R = 10\,000\,000^{kil}.$$

Dans le cas des constructions permanentes, en prenant donc
$R = 6^{kil}$ par millimètre carré et en nommant d le diamètre du

tirant exprimé en millimètres, la tension qu'il pourra supporter avec sécurité sera donc

$$T = \frac{6 \cdot d^2}{1.273} = 4.713 d^2$$

d'où l'on tire

$$d = \sqrt{\frac{T}{4.713}}.$$

En substituant dans cette formule la valeur de T qui correspond à chacun des tirants de la ferme à une ou à trois contre-fiches, on forme le tableau suivant, qui donne aussi pour la ferme type pour laquelle $C' = 1^m,00$ et $e = 1^m,00$, le diamètre, le nombre et le poids des tirants.

DIMENSIONS ET POIDS DES TIRANTS DE FERMES DES CHARPENTES COUVERTES EN TUILES. $R = 6\,000\,000^{kil}$.

DÉSIGNATION des TIRANTS	LONGUEUR de CENTRE en centre.	FORMULE pour CALCULER le diamètre.	DIAMÈTRE DES TIRANTS de la ferme type.	NOMBRE des TIRANTS semblables	POIDS DES TIRANTS de la ferme type.
		Fermes à une contre-fiche.			
	m.	mill.	mill.		kil.
EE′	0.5168C′	$d = 4.940\sqrt{C'e}$	4.94	1	0.077
EB	0.7530C′	$d = 4.268\sqrt{C'e}$	4.27	2	0.166
AE	0.7530C′	$d = 6.309\sqrt{C'e}$	6.31	3	0.366
					0.609
		Fermes à trois contre-fiches.			
	m.	mill.	mill,		kil.
EE′	0.5168C′	$d = 4.940\sqrt{C'e}$	4.940	1	0.077
CH et CG	0.3765C′	$d = 2.575\sqrt{C'e}$	2.57	4	0.061
EG	0.3765C′	$d = 4.268\sqrt{C'e}$	5.27	2	0.083
BG	0.3765C′	$d = 4.985\sqrt{C'e}$	4.98	2	0.114
HE	0.3765C′	$d = 6.309\sqrt{C'e}$	6.31	2	0.183
AH	0.3765C′	$d = 6.815\sqrt{C'e}$	6.81	2	0.214
					0.732

Le diamètre d des tirants étant proportionnel à $\sqrt{C'e}$, il suffira de multiplier le diamètre trouvé pour les fermes types par $\sqrt{C'e}$ pour avoir le diamètre correspondant à une portée 2C' et à un écartement e donnés.

De même, le poids des tirants étant proportionnel à leur longueur, qui l'est à la demi-portée C' et à l'aire de leur section, laquelle l'est elle-même à d^2 ou à C'e, ce poids sera proportionnel à C'^2e; et pour obtenir celui des tirants d'une ferme de portée 2C' et écartée de la quantité e des fermes voisines, il suffira de multiplier le poids des tirants de la ferme type par la valeur de C'^2e correspondante à cette ferme.

554. DES CONTRE-FICHES. — La longueur des contre-fiches des charpentes couvertes en tuiles plates sera donnée par la formule

$$\frac{CE}{\frac{1}{2}C} = \frac{DH}{\frac{1}{4}C} = \tan g \ 30^{0} = 0.57735 \, ,$$

d'où l'on tire

$$CE = \tfrac{1}{2} C \times 0.57735 = 0.377 \, C'$$

$$CH = FG = \tfrac{1}{4} C \times 0.57735 = 0.188 \, C'.$$

La section transversale de ces contre-fiches devra être calculée de manière qu'elles n'aient à supporter qu'un effort de compression de 4 kilogr. par millimètre carré de cette section.

Si elles sont formées de deux barres de fer méplat embrassant les tirants et les arbalétriers, l'on aura soin de les réunir vers le milieu de leur longueur au moyen d'une rondelle interposée sur laquelle elles seront fortement serrées à l'aide d'un boulon transversal.

555. ARBALÉTRIERS DES FERMES COUVERTES EN TUILES PLATES DES NOUVEAUX MODÈLES. — Si l'on se rappelle que pour ces fermes la charge supportée par l'arbalétrier a pour expression

$$pC = p_1 Ce = 163 \, C'e^{\text{kil}},$$

l'on obtiendra les formules relatives aux couvertures en tuiles en raisonnant comme on l'a fait pour les couvertures en zinc, ou simplement en remplaçant dans les formules relatives aux couvertures en zinc la valeur 69.16 $C'e$ de la charge de l'arbalétrier par 163 $C'e$ qui se rapporte aux couvertures en tuiles.

D'après cette simple observation, il suffira de multiplier les coefficients numériques des formules relatives au zinc par le rapport $\dfrac{163}{69.16} = 2.357$ pour former le tableau suivant des formules à employer pour calculer les dimensions des arbalétriers des fermes couvertes en tuiles, l'on supposera $R = 6\,000\,000$ kil. pour le fer et $R = 600\,000$ kil. pour le bois :

Fermes à une seule contre-fiche.

Arbalétriers à section rectangulaire....
$$\begin{cases} \text{en fer...} \quad \dfrac{I}{v'} = \dfrac{ab^2}{6} = 1.70\,C'^2e \\[2mm] \text{en bois..} \quad \dfrac{I}{v'} = \dfrac{ab^2}{6} = 17.00\,C'^2e \end{cases}$$

Arbalétriers en fer à double T................ $\dfrac{I}{v'} = \dfrac{ab^3 - 2a'b'^3}{6b} = 1.70\,C'^2e.$

Fermes à trois contre-fiches.

Arbalétriers à section rectangulaire....
$$\begin{cases} \text{en fer...} \quad \dfrac{I}{v'} = \dfrac{ab^2}{6} = 0.425\,C'^2e \\[2mm] \text{en bois..} \quad \dfrac{I}{v'} = \dfrac{ab^2}{6} = 4.25\,C'^2e \end{cases}$$

Arbalétriers en fer à double T................ $\dfrac{I}{v'} = \dfrac{ab^3 - 2a'b'^3}{6b} = 0.425\,C'^2e.$

et si l'on suppose $R = 10\,000\,000$ kilogr., pour le fer et $R = 1\,000\,000$ kilogr. pour le bois, ces formules seront

Fermes à une seule contre-fiche.

Arbalétriers à section rectangulaire....
$$\begin{cases} \text{en fer...} \quad \dfrac{I}{v'} = \dfrac{ab^2}{6} = 1.018\,C'^2e \\[2mm] \text{en bois..} \quad \dfrac{I}{v'} = \dfrac{ab^2}{6} = 10.18\,C'^e \end{cases}$$

Arbalétriers en fer à double T................ $\dfrac{I}{v'} = \dfrac{ab^3 - 2a'b'^3}{6b} = 1.018\,C'^2e.$

Fermes à trois contre-fiches.

Arbalétriers à section rectangulaire....
$$\begin{cases} \text{en fer...} \quad \dfrac{I}{v'} = \dfrac{ab^2}{6} = 0.255\,C'^2e \\[2mm] \text{en bois..} \quad \dfrac{I}{v'} = \dfrac{ab^2}{6} = 2.55\,C'^2e \end{cases}$$

Arbalétriers en fer à double T................ $\dfrac{I}{v'} = \dfrac{ab^3 - 2a'b'^3}{6b} = 0.255\,C'^2e.$

En admettant comme précédemment que, pour les arbalétriers à section rectangulaire, on adopte les proportions de $a = \frac{4}{5} b$ pour le fer et $a = \frac{1}{2} b$ pour le bois, les formules pour ces arbalétriers se réduisent à celles du tableau suivant :

556. FORMULES PRATIQUES POUR LES ARBALÉTRIERS A SECTION RECTANGULAIRE DES FERMES COUVERTES EN TUILES PLATES.

Fermes à une contre-fiche.

$$R = 6\,000\,000^{kil} \qquad\qquad R = 10\,000\,000^{kil}$$

Arbalétriers .. $\begin{cases} \text{en fer...} & b^3 = 51.00\,C'^2e \quad a = \frac{1}{5}b \quad & b^3 = 30.54\,C'^2e \quad a = \frac{1}{5}b \\ \text{en bois..} & b^3 = 204.00\,C'^2e \quad a = \frac{1}{2}b \quad & b^6 = 122.16\,C'^2e \quad a = \frac{1}{2}b \end{cases}$

Fermes à trois contre-fiches.

Arbalétriers .. $\begin{cases} \text{en fer...} & b^3 = 12.75\,C'^2e \quad a = \frac{1}{5}b \quad & b^3 = 7.65\,C'^2e \quad a = \frac{1}{5}b \\ \text{en bois..} & b^3 = 51.00\,C'^2e \quad a = \frac{1}{2}b \quad & b^3 = 30.60\,C'^2e \quad a = \frac{1}{2}b \end{cases}$

Quant aux fers à double T à semelles égales, l'on opérera comme il a été expliqué aux nᵒˢ **459** et suiv. pour les planchers en fer et pour les charpentes couvertes en zinc.

557. TABLE DES DIMENSIONS DES ARBALÉTRIERS DES CHARPENTES COUVERTES EN TUILES. — A l'aide de ces formules, et en procédant comme il a été indiqué pour les couvertures en zinc, nous avons formé les tableaux suivants qui indiquent les fers à double T qu'il convient d'employer pour chaque cas, et les dimensions que l'on peut adopter avec sécurité pour les arbalétriers en fer ou en bois dans les hypothèses de

$$R = 6\,000\,000^{kil}$$

pour le fer et

$$R = \quad 600\,000^{kil}$$

pour le bois.

QUATRIÈME PARTIE.

TABLEAU DES DIMENSIONS DES ARBALÉTRIERS EN FER OU EN BOIS P

FERMES A U

Poids du mètre carré de couverture, 125 l

$R = 6\,000\,000$ kil pour le f

ÉCARTEMENT des fermes e.	CHARGE par mètre courant d'arbalétrier 163 e.	PORTÉE de la ferme $2C'$.	VALEUR DE $C''e$.	$\dfrac{RII}{v} = 10.18 C''e$,	HAUTEUR des fers à double T b.	FERS A DOUBLE T D... D'ARS-SUR-MOSELLE. ÉPAISSEUR du corps e_1.	POIDS du mètre courant.	DE LA PROVIDENCE ÉPAISSEUR du corps e_1.	POIDS du mètre courant
m.	kll.	m.			cent.	cent.	kil.	cent.	kil.
1:00	163.00	6	9.00	91.63	»	»	»	»	»
		8	16.00	162.90	8	0.81	9.72	»	»
					10	»	»	0.50*	9.00
		10	25.00	254.50	10	0.60*	11.00	»	»
					12	»	»	0.49	11.86
		12	36.00	366.50	12	0.70	14.46	1.26	18.00
					14	»	»	»	»
		15	56.25	572.60	16	»	»	1.14	20.17
					16	1.60	32.00	»	»
		20	100.00	1018.00	18	»	»	»	»
					20	»	»	»	»
					22	»	»	»	»
		25	156.25	1590.60	18	1.57	42.60	»	»
					20	1.00*	34.00	»	»
					22	»	»	1.93	43.56
		30	225.00	2290.50	18	2.31*	54.40	»	»
					26	1.20*	52.00	»	»
					29.7	»	»	»	»
2.00	326.00	6	18.00	183.24	8	0.82	9.75	»	»
					10	»	»	0.62	9.85
		8	32.00	325.80	10	1.23	15 91	»	»
					12	0.65	14.00	0 98	16.39
					14	0.60	»	0 60	14.00
		10	50.00	509.00	14	»·	»	1.48	23.59
					16	»	»	0.88	17.21
		12	72.00	733.00	14	0.77	21.85	»	»
					16	0.80	22.00	»	»
					18	»	»	0.99	22.63
		15	112.50	1145.20	20	»	»	»	»
					22	»	»	1.00	27.71
		20	200.00	2036.00	20	1.84	47.10	»	»
					26	»	»	1.65	47.10
		25	312.50	3181.20	26	1.20*	52.00	»	»
					29.7	»	»	»	»

ERMES COUVERTES EN TUILES PLATES, INCLINÉES A 40° A L'HORIZON.

FRE-FICHE.

ge totale de l'arbalétrier $pC = 163C'e$.

600 000 kil. pour le bois.

| GES | | FERS RECTANGULAIRES | | | BOIS | | |
| MONTATAIRE. | | $b^3 = 51.00C''e \quad a = {}_1/^5b.$ | | | $b^3 = 2.04C'^2e \quad a - {}_1/^2b.$ | | |
SSEUR lu rps	POIDS du mètre courant.	HAUTEUR b.	ÉPAISSEUR a.	POIDS du mètre courant.	HAUTEUR b.	ÉPAISSEUR a.	VOLUME par mètre courant.
nt.	kil.	cent.	cent.	kil.	cent.	cent.	m.c.
»	»	7.71	1.54	9.24	12.24	6.12	0.0075
»	»	9.34	1.87	11.76	14.83	7.42	0.0110
.32	10.55	10.84	2.17	18.09	17.21	8.60	0.0148
»	»						
.49	16.04	12.24	2.41	22.71	19.44	9.72	0.0189
.54	22.13						
»	»	14.21	2.84	31.08	22.55	11.22	0.0253
»	»						
.73	33 00	17.21	3 44	45.58	27.32	13.66	0.0373
.07	26.21						
.80*	24.30						
»	»						
»	»	19.96	3.99	59.14	31.68	15.84	0.0497
.93	43.60						
»	»						
.80*	45.00	22.56	4.51	78.54	35.80	17.90	0.0640
.40*	55.76						
»	»	9.72	1.94	14.48	15.43	7.71	0.0119
»	»						
.02	16.04						
.80	12.79	11.77	2.35	27.66	18.69	9.34	0.0175
»	»						
.23	18.75	13.66	2.73	28.72	21.69	10.84	0.0235
»	»						
»	»	15.43	3.08	36.57	24.49	12.24	0.0300
.86	18.54						
.85	20.70						
.39	31.17	17.90	3.58	49.28	28.42	14.21	0.0404
.03	28.23						
»	»	21.69	4.34	71.61	34.43	17.21	0.0592
»	»						
.80*	45.00	25.15	5.03	97.02	39.93	19.96	0.0796
.40	55.76						

TABLEAU DES DIMENSIONS DES ARBALÉTRIERS EN FER OU EN BOIS P

SUITE DES FERMI‥

Poids du mètre carré de couverture, 125

R = 6 000 000 kil. pour le

ÉCARTEMENT des fermes e.	CHARGE par mètre courant d'arbalétrier 163 e.	PORTÉE de la ferme 2C'.	VALEUR DE C'²e.	VALEUR DE $\frac{RI}{v}=10.18C'^2e$	HAUTEUR des fers à double T b.	FERS A DOUBLE T D — D'ARS-SUR-MOSELLE. ÉPAISSEUR du corps e'.	POIDS du mètre courant.	DE LA PROVIDENCE. ÉPAISSEUR du corps e'.	POIDS du mètre couran
m.	kil.	m.			cent.	cent.	kil.	cent.	kil.
3.00	489.00	6	27.00	274.86	10	0.79	12.48	1.54	17.0!
					12	»	»	0.63	13.1!
		8	48.00	488.70	12	1.55	22.39	»	»
					14	»	»	»	»
					16	»	»	0.70*	15.0!
		10	75.00	763.50	14	1.13	17.69	»	»
					16	0.80*	22.00	»	»
					18	»	»	1.08	23.9!
		12	108.00	1099.50	16	1.82	30·49	»	»
					18	»	»	»	»
					20	»	»	»	»
					22	»	»	0.90	26.0!
		15	168.75	1717.8	18	1.95	36.10	»	»
					20	1.00*	34.00	»	»
					22	»	»	12.19	48.0!
					26	»	»	1.30	40.0!
		20	300.00	3054.00	26	1.20*	52.00	»	»
					29.7	»	»	»	»
4.00	652.00	6	36.00	366.48	12	0.70	14.41	1.27	19.0!
					14	»	»	0.70	15.0!
		8	64.00	651.60	14	0.60*	20.00	»	»
					16	»	»	1.43	24.1!
					18	»	»	0.80	20.0!
		10	100.00	918.00	16	1.21	27.12	»	»
					18	»	»	1.56	30.6!
		12	144.00	1466.00	18	1.27	37.21	»	»
					20	1.00*	34.00	»	»
					22	»	»	1.67	39.55
		15	225.00	2290.40	20	2.32	54.53	»	»
					26	»	»	1.86	51.33

ЕRMES COUVERTES EN TUILES PLATES INCLINÉES A 40° A L'HORIZON.

CONTRE-FICHE.

ge totale de l'arbalétrier $pC = 163C'e$.

600 000 kil. pour le bois.

GES — MONTATAIRE.		FERS RECTANGULAIRES $b^2 = 51.00C''e\ a = {}^1/_5 b$.			BOIS $b^3 = 2.04C''e\ a = {}^1/_2 b$.		
ÉPAISSEUR du corps ?'.	POIDS du mètre courant.	HAUTEUR b.	ÉPAISSEUR a.	POIDS du mètre courant.	HAUTEUR b.	ÉPAISSEUR a.	VOLUME par mètre courant.
cent.	kil.	cent.	cent.	kil.	cent.	cent.	m.c.
1.51	12.07	11.13	2.23	19.10	17.65	8.32	0.0147
0.50*	10.00						
»	»						
1.11	17.47	13.68	2.74	28.87	21.39	10.69	0.0261
»	ıı						
»	»						
0.98	20.02	15.64	3.13	37.69	24.82	12.41	0.0308
0.95	22.07						
»	»						
1.98	35.59	17.66	3.53	43.05	28.03	14.01	0.0393
1.27	29.38						
0.92	26.33						
»	»						
»	»	20.49	4.10	63.68	32.53	16.26	0.0529
2.19	48.07						
»	»						
0.80*	45.00	24.88	4.97	95.17	39.41	19.70	0.0776
1.40*	55.76						
1.15	16.04	12.24	2.45	23.10	19.44	9.72	0.0151
»	»						
1 94	26.52	14.83	2.97	33.88	23.55	11.77	0.0277
0.70*	16.50						
»	»						
1.59	27.57	17.21	3.44	45.58	27.32	13.66	0.0373
1.42	28.75						
»	»	19.35	3.87	57.67	28.57	14.28	0.0408
1.00	»						
1.68	39.28						
»	»	22.55	4.51	73.31	35.80	17.90	0.0641
»	»						

TABLEAU DES DIMENSIONS DES ARBALÉTRIERS EN FER OU EN BOIS

FERMES A TI...

Poids du mètre carré de couverture, 125

$R = 6\,000\,000$ kil. pour le

ÉCARTEMENT des fermes e.	CHARGE par mètre courant d'arbalétrier $163\,e$.	PORTÉE de la ferme $2C$.	VALEUR DE $C''e$.	VALEUR DE $RI = \dfrac{2.55C''e}{v}$	HAUTEUR des fers à double T b.	D'ARS-SUR-MOSELLE. ÉPAISSEUR du corps c'.	D'ARS-SUR-MOSELLE. POIDS du mètre courant.	DE LA PROVIDENCE. ÉPAISSEUR du corps c_1.	DE LA PROVIDENCE. POIDS du mètre courant.
m.	kil.	m.			cent.	cent.	kil.	cent.	kil.
1.00	163.00	6	9.00	22.95	»	»	»	»	»
		8	16.00	40.80	»	»	»	»	»
		10	25.00	63.75	»	»	»	»	»
		12	36.00	91.80	»	»	»	»	»
		15	56.25	143.44	8	0.55*	8.00	»	»
		20	100 00	255.00	10	0.60*	11.00	1.34	15.55
		25	156.25	397.60	12	0.78	16.64	1.49	21.12
		30	225.00	573.75	14	»	»	1.81	27.19
					16	»	»	1.13	20.37
2.00	326.00	6	18.00	45.90	»	»	»	»	»
		8	32.00	81.60	»	»	»	»	»
		10	50.00	127.50	8	0.55*	8.00	»	»
		12	72 00	183.60	8	1.13	11.83	»	»
					10	»	»	0.63	9.98
		15	112.50	286.88	10	0.85	12.94	»	»
					12	»	»	0.72	13.96
		20	200.00	510.00	12	1.70	23.76	»	»
					14	»	»	»	»
					16	»	»	0.84	16.77
		25	312 50	795.60	14	1.19	26.46	»	»
					16	0.80*	22.00	»	»
					18	»	»	1.18	25.35
		30	450.00	1147·50	18	0.90*	32.00	»	»
					20	»	»	»	»
					22	»	»	1 01	27.90

RMES COUVERTES EN TUILES PLATES, INCLINÉES A 40° A L'HORIZON.

RE-FICHES.

e totale d'arbalétrier, $pC = 163C'e$.

!00 000 kil. pour le bois.

;ES MONTATAIRE.		FERS RECTANGULAIRES $b^3 = 12.75C'^2e \; a = {}^1/_5 b.$			BOIS $b^3 = 51.00C'^2e \; a = {}^1/_2 b.$		
ISEUR !u rps '.	POIDS du mètre courant.	HAUTEUR b.	ÉPAISSEUR a.	POIDS du mètre courant.	HAUTEUR b.	ÉPAISSEUR a.	VOLUME par mètre courant.
nt.	kil.	cent.	cent.	kil.	cent.	cent.	m'.c.
»	»	4.86	0.97	3.62	7.71	3.85	0.0030
»	»	5.87	1.17	5.29	9.34	4.67	0.0044
»	»	6.83	1.37	7.21	10.84	5.42	0.0059
»	»	7.71	1.54	9.14	12.27	6.13	0.0075
»	»	8.95	1.79	12.32	14.21	7.10	0.0101
.31	10.52	10.76	2.13	17.63	17.21	8.60	0.0148
.36	18.04	12.58	2.52	24.41	19.97	9.98	0.0199
.54 »	21.60 »	14.21	2.84	31.18	22.55	11.27	0.0254
»	»	6.12	1.22	5.77	9.72	4.86	0.0047
»	»	7.42	1.68	9.62	11.77	5.88	0.0069
•	»	8.61	1.72	11.40	13.66	6.83	0.0093
»	»	9.72	1.94	14.68	15.43	7.71	0.0119
1.63 0.60	13.00 10.90	11.28	2.26	19.63	17.90	8.95	0.0160
» 1.22 »	» 18.67 »	13.66	2.73	28.72	21.69	10.84	0.0235
1.11 1.05 »	21.60 23.46 »	15.85	3.17	3S.51	25.17	12.58	0.0317
1.39 1.02	31.20 28.01	17.90	3.58	46.36	28.42	14.21	0.0404

TABLEAU DES DIMENSIONS DES ARBALÉTRIERS EN FER OU EN BOIS

SUITE DES FERM[ES]

ÉCARTEMENT des fermes e.	CHARGE par mètre courant d'arbalétrier 163 e.	PORTÉE de la ferme 2C'.	VALEUR DE C'^2e.	VALEUR DE $RI = \dfrac{2.55\,C'^2e}{v'}$	HAUTEUR des fers à double T b.	FERS A DOUBLE T — D'ARS-SUR-MOSELLE ÉPAISSEUR du corps e'.	D'ARS-SUR-MOSELLE POIDS du mètre courant.	DE LA PROVIDENCE ÉPAISSEUR du corps c'.	DE LA PROVIDENCE POIDS du mètre courant.
m.	kil.	m.			cent.	cent.	kil.	cent.	kil.
3.00	489.00	6	27.00	68.85	»	»	»	»	»
		8	48.00	122.40	»	»	»	»	»
		10	75.00	191.25	8	1.25	11.63	»	»
					10	»	»	0.70	9.6
		12	108.00	275.40	10	1.19	7.20	»	»
					12	»	»	0.64	13.2
		15	168.75	430.32	12	1.15	18.62	1.71	23.1
					14	»	»	1.08	19.2
					16	»	»	0.70*	15.0
		20	300.00	765.00	14	1 04	24.77	»	»
					16	0.80*	22.00	»	»
					18	»	»	1.09	24.0
		25	468.75	1193.40	20	»	»	1.11	29.5
					22	»	»	»	»
		30	675.00	1721.25	20	1.00*	34.00	»	»
					22	»	»	2.06	48.0
					26	»	»	1.30*	40.0
4.00	652.00	6	36.00	91.80	»	»	»	»	»
		8	64.00	163.20	8	0.81	9.72	»	»
					10	»	»	0.50*	9.0
		10	100.00	255.00	10	0.60*	11.00	1.34	15.5
					12	»	»	0.50	11.8
		12	144.00	367.20	12	0.73	14.65	1.28	19.1
					14	»	»	0.76	15.7
		15	225.00	533.76	12	1.86	25.25	»	»
					14	»	»	»	»
					16	»	»	0.93	18.4
		20	400.00	1020.00	16	1.61	32.11	»	»
					18	»	»	»	»
					20	»	»	»	»
					22	»	»	0.90	26.0
		25	625.00	1591.20	18	1.66	42.73	»	»
					20	1.00*	34.00	»	»
					22	»	»	1.93	43.5
					26	»	»	1.30*	40.0
		30	900.00	2295.00	20	2.13	42.70	2.34	50.0
					26	1.20*	52.00	2.34	54.9

ERMES COUVERTES EN TUILES PLATES, INCLINÉES A 40° A L'HORIZON.

IS CONTRE-FICHES.

iGES		FERS RECTANGULAIRES $b^3 = 12.75 C'^2 e \; a = \frac{1}{5} b$.			BOIS $b^3 = 51.00 C'^2 e \; a = \frac{1}{2} b$.		
ISSEUR du orps e1.	POIDS du mètre courant.	HAUTEUR b.	ÉPAISSEUR a.	POIDS du mètre courant.	HAUTEUR b.	LARGEUR a.	VOLUME par mètre courant.
ent.	kil.	cent.	cent.	kil.	cent.	cent.	m.c.
»	»	7.01	1.40	7.55	11.12	5.56	0.0062
»	»	8.47	1.69	11.01	13.48	6.74	0.8091
»	»	9.85	1.97	14.63	15.64	7.82	0.0122
1.52 / 0.60	12.15 / 10.00	11.12	2.22	18.99	17.52	8.76	0.0153
1.59 / 0.81 / »	20.15 / 14.22 / »	12.91	2.85	28.34	20.49	10.24	0.0210
» / 0.99 / 0.95	» / 20.70 / 22.16	15.64	3.13	37.65	24.82	12.41	0.0358
1.41 / 1.11	31.52 / 29.65	18.01	5.60	77.62	28.81	14.40	0.0315
» / 2.20 / »	» / 48.29 / »	20.49	4.10	64.68	32.53	16.26	0.0529
»	»	7.71	1.54	9.14	12.27	6.13	0.0095
»	»	9.34	1.87	14.47	14.83	7.41	0.0110
1.31 / 0.50*	10.52 / 10.00	10.84	2.17	18.09	17.21	8.60	0.0148
1.15 / »	16.07 / »	12.27	2.45	23.10	19.44	9.73	0.0189
1.34 / 0.70*	19.98 / 16.50	14.21	2.84	30.80	22 55	11.22	0.0253
1.98 / 1.74 / 1.75 / 0.80*	32.56 / 32.16 / 26.39 / 24.30	17.21	3.44	45.43	27.32	13.61	0.0372
» / » / 1.93	» / » / 43.71	19.97	3.99	61.34	31.71	15.85	0.0503
» / » / 0.80	» / » / 45.00	22.55	4.52	78.54	35.80	17.90	0.0641

558. OBSERVATION SUR LES RÉSULTATS CONTENUS DANS LES TA-
BLEAUX PRÉCÉDENTS. — Les chiffres renfermés dans ces tableaux
donnent lieu à des observations analogues à celles que nous
avons faites au n° **570** au sujet des couvertures en zinc.

559. EMPLOI DE FERS D'UN ÉCHANTILLON DONNÉ. — Dans les
circonstances où il serait difficile de se procurer des fers à double
T de tous les échantillons, il peut être commode d'appliquer à
la construction de fermes de diverses portées un même échantillon de fer, et à cet effet on peut faire varier l'écartement des
fermes qui est alors la seule quantité dont on puisse disposer
dans la relation d'équilibre relative aux fermes à trois contre-
fiches.

$$\frac{I}{v'} = \frac{pCC'e}{64R}$$

d'où l'on tire

$$e = \frac{I}{v'}\frac{64R}{pCC'}.$$

560. APPLICATION AUX COUVERTURES EN ZINC. — Dans ce cas
l'inclinaison du toit étant de 20°, l'on a comme on sait (n° **545**)

$$pCC' = 69.16 C'^2 e.$$

et si l'on prend

$$R = 6\ 000\ 000^{kil} \text{ pour le fer et}$$

$$R = \quad 600\ 000^{kil} \text{ pour le bois}$$

la formule devient, pour les arbalétriers en fer,

$$e = \frac{I}{v'} \times \frac{384\ 000\ 000}{69.16 C'^2} = 5\ 552\ 000\frac{I}{v'C'^2}$$

et pour les arbalétriers en bois

$$e = \frac{I}{v'} \times \frac{38\ 400\ 000}{69.16 C'^2} = 555\ 200\frac{I}{v'C'^2}.$$

561. APPLICATION AUX COUVERTURES EN TUILES. — Dans ce cas les couvertures étant inclinées à 40° sur l'horizon l'on a (n° 595)

$$pCC' = 163 . C'^2 ;$$

et par suite en prenant encore

pour le fer $\qquad$ R = 6 000 000^{kil},

pour le bois $\qquad$ R = 600 000^{kil},

la formule devient, pour le cas des arbalétriers en fer :

$$e = \frac{I}{v'}\frac{384\,000\,000}{163\,C'^2} = 2\,356\,000\,\frac{I}{v'C'^2} ;$$

pour le cas des arbalétriers en bois :

$$e = \frac{I}{v'}\frac{38\,400\,000}{163\,C'^2} = 235\,600\,\frac{I}{v'C'^2}.$$

On introduira dans ces formules la valeur $\frac{I}{v'}$ correspondante au profil de l'arbalétrier que l'on veut employer, et celle de C, relative à la portée de la ferme, puis l'on en déduira la valeur de l'écartement convenable pour les fermes.

562. EXEMPLE RELATIF AUX COUVERTURES EN TUILES PLATES. — Si par exemple l'on a un approvisionnement de fers à double T de la Providence dont les dimensions principales soient

$$b = 0^m.16 \quad a = 0^m.048,$$

ce qui, d'après le tableau du n° 439, correspond à

$$\frac{I}{v'} = 0.00007727,$$

la formule correspondante à R = 6 000 000^{kil} pour le fer donne

pour les demi-portées

$$C' = 3^m \quad 9^m \quad 10^m \quad 11^m \quad 12^m \quad 14^m \quad 16^m,$$

et pour les écartements

$$e = 3^m,00 \quad 2^m,37 \quad 1^m,92 \quad 1^m,59 \quad 1^m,40 \quad 0^m,98 \quad 0^m,60.$$

Ces valeurs de l'écartement des fermes pouvant, à l'exception des deux plus faibles, être admises dans la pratique, il en résulte que le fer à double T de la Providence des dimensions ci-dessus pourra être employé pour la plupart des portées ci-dessus, qui comprennent à peu près tous les cas de la pratique. Il suffira donc de s'approvisionner de ce seul échantillon pour pourvoir à toutes les commandes.

563. Emploi de fers méplats d'un échantillon donné. — Dans des localités où l'on ne peut se procurer facilement du fer à double T et où les fers méplats coûteraient meilleur marché, l'on peut, à l'aide d'un seul échantillon de ces derniers fers, satisfaire aussi à plusieurs cas de la pratique.

Si, par exemple, l'on veut employer le fer plat pour lequel

$$b = 0^m,15 \quad \text{et} \quad a = 0^m,03,$$

qui se trouve assez facilement dans le commerce, on aura pour ce fer

$$\frac{I}{v'} = \frac{1}{6} ab^2 = \frac{1}{30} b^3 = 0.000125,$$

et la formule du n° **581** donnera pour les couvertures en tuiles plates

$$e = 2\,356\,000\, \frac{I}{v'}\, C'^2 = \frac{265}{C'^2}.$$

L'on trouve aussi pour des demi-portées

$$C' = 6^m \quad 7^m \quad 8^m \quad 9^m \quad 10^m \quad 12^m \quad 15^m,$$

pour les écartements

$$e = 7^m,36 \quad 6^m,52 \quad 4^m,14 \quad 3^m,27 \quad 2^m,65 \quad 1^m,84 \quad 1^m,18.$$

Les deux premiers écartements des fermes sont trop grands et conduiraient à des pannes trop dispendieuses, mais les suivants sont admissibles, et l'on voit, par cet exemple, comment l'on peut, avec un même échantillon de fer, construire des fermes de différentes portées.

On procéderait d'ailleurs de même pour tout autre échantillon de fer, et l'on voit, par ces exemples, qu'avec un assortiment peu varié de fers il est possible de satisfaire à presque tous les cas qui peuvent se présenter.

564. Remarque sur l'emploi comparatif des fers plats et des fers a double T. — Les tableaux des n°s **547** et **557** mettent en évidence l'économie de matière que présente l'emploi des fers à double T comparé à celui du fer plat, et comme la différence du prix de ces fers tend à diminuer de plus en plus sur les grands marchés, la préférence qu'il convient d'accorder aux fers à double T ne saurait être douteuse. Cependant, dans certaines localités éloignées des forges qui produisent ces fers, les conditions de prix peuvent conduire à préférer les fers plats.

Ces derniers sont d'ailleurs les seuls que l'on puisse employer pour les petites portées, attendu que les modèles de fers à double T fabriqués jusqu'ici sont plus forts qu'il n'est nécessaire pour les cas semblables.

565. Arbalétriers composés en fer plat. — Si la portée $2C'$ et l'écartement e des fermes sont tellement grands que la valeur trouvée pour la hauteur b à donner aux arbalétriers en fer plat, dépasse les dimensions usuelles ou conduise à des poids trop considérables, l'on pourra employer des arbalétriers composés en fer plat, et parmi les dispositions simples à adopter nous indiquerons la suivante :

On formera avec deux barres de fer plat un arbalétrier composé en les réunissant par une armature de pièces alternativement perpendiculaires et inclinées à 45° sur la longueur de ces arbalétriers, comme l'indique la figure

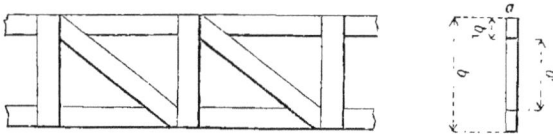

Les barres parallèles seront écartées d'une quantité b' égale au double de leur hauteur b_1, de sorte que la hauteur totale b de l'arbalétrier composé sera $b = 2b' = 4b_1$.

D'après cela, en considérant les pièces transversales comme uniquement destinées à relier et à tenir écartées les barres parallèles et ne tenant compte que de celles-ci dans le calcul du moment d'inertie, l'on aura

$$\frac{I}{v'} = \frac{1}{12} \frac{ab^3 - ab'^3}{\frac{1}{2}b} = \frac{1}{6} a \frac{b^3 - b'^3}{b} = \frac{7}{48} ab^2;$$

ou, en faisant comme précédemment, $a = \frac{1}{5} b_1$

$$\frac{I}{v'} = \frac{7}{48} \cdot \frac{1}{5} b_1 \times 16 b_1^2 = 0.466 \, b_1^3.$$

L'on égalera ensuite cette expression à celle du moment de la charge divisé par le coëfficient R, en attribuant à ce coëfficient la valeur convenable pour les matériaux employés, et aux quantités pC et C' celles qui sont relatives aux données de la question. L'on aura ainsi la relation

$$0.466 \, b_1^3 = \frac{1}{16} \frac{pCC'}{R}$$

pour les fermes à une contre-fiche, et

$$0.466 \, b_1^3 = \frac{1}{64} \frac{pCC'}{R}$$

pour les fermes à trois contre-fiches, et l'on en déduira, selon les cas, la valeur de la hauteur b_1 du fer à employer en donnant à la poutre les proportions indiquées plus haut.

Exemple. — S'il s'agissait par exemple d'une ferme de portée $2C = 30^m$ supportant une couverture en tuiles plates pour laquelle on aurait (n° **459**) $pC = 163 \, C'e.$

L'on a vu qu'en supposant

$$R = 6\ 000\ 000^{kil},$$

la formule des fermes à trois contre-fiches est alors

$$\frac{I}{v'} = 0.425 \, C''e;$$

de sorte que pour la poutre composée des proportions indiquées ci-dessus l'on aura

$$0.466 \, b_1^3 = 0.425 \, C'^2e.$$

Si l'on fait $c = 4^m$ et $C' = 15^m$ l'on a

$$b_1{}^3 = \frac{0.425}{0.466} \times \overline{15}^2 \times 4 = 820 ;$$

d'où $b_1{}^3 = 9^{cent},36$ ou $0^m,094,$

et par suite $b = 4 b_1 = 0^m,376.$

566. DES PANNES. — Si l'on se rappelle que pour un solide à section rectangulaire, comme le sont les pannes en bois, incliné par rapport à la direction de la charge qui le sollicite, l'on a

$$\frac{I}{v'} = \tfrac{1}{2} ab \left\{ \frac{b^2 \cos^2\alpha + a^2 \sin^2\alpha}{b \cos\alpha + a \sin\alpha} \right\},$$

la relation d'équilibre relative aux pannes sera

$$\frac{R.ab}{6} \cdot \frac{b^2\cos^2\alpha + a^2\sin^2\alpha}{b\cos\alpha + a\sin\alpha} = \tfrac{1}{2} pC^2.$$

Lorsqu'il s'agit de toitures couvertes en zinc et inclinées à 20 centimètres à l'horizon, l'on a

$$\sin\alpha = 0.343 \qquad \cos\alpha = 0.940$$

$$\sin\alpha = 0.112 \qquad \cos^2\alpha = 0.884 ;$$

et si l'on suppose $a = 0.5\, b$ pour les pannes en bois, cette formule se réduit à

$$R.\frac{0.5\,b^2}{6} \times \frac{b^2 \times 0.884 + 0.25b^2 \times 0.112}{b \times 0.940 + 0.5b \times 0.343} = 0.0664'.\,Rb^3 = \tfrac{1}{2}pC^2,$$

d'où l'on tire pour les pannes en bois ainsi proportionnées la formule pratique

$$b^3 = \tfrac{1}{2} \frac{pC^2}{0.0684\,R}.$$

En y faisant $R = 600\,000^{kil}$, elle devient

$$b^3 = \frac{pC^2}{82\,080}.$$

Si l'on veut employer des pannes en fer plat, il faut que la proportion de leur largeur a à leur hauteur b soit plus forte que celle de 1/5 que nous avons admise pour les arbalétriers, afin de les mettre en état de résister à la composante oblique de la charge. Dans ce cas, en faisant $a = 0.33b$ la formule d'équilibre pour les pannes en fer des toitures inclinées à 20 centimètres à l'horizon se réduira à

$$\text{R.}\frac{6}{0.33\,b^2}\cdot\frac{b^2\times 0.884 + 0.109 b^2 \times 0.112}{b\times 0.940 + 0.33 b \times 0.343} = 0.1418\,\text{R}b^3 = \tfrac{1}{2}\,p\text{C}^2,$$

d'où l'on tire pour les pannes en fer ainsi proportionnées la formule pratique

$$b^3 = \frac{\tfrac{1}{2}\,p\text{C}^2}{0.1418\,\text{R}}.$$

En y faisant $\text{R} = 6\,000\,000^{\text{kil}}$, elle devient

$$b^3 = \frac{p\text{C}^2}{1\,601\,600}.$$

567. Pannes des toitures inclinées a 45°. — Dans ce cas l'on a

$$\sin\alpha = \cos\alpha\sqrt{0.50} = 0.707,$$

et comme les deux composantes de la charge sont égales, pour qu'elle résiste également dans les deux sens, l'on est conduit à lui donner une section carrée ou à faire $a = b$.

La formule d'équilibre devient alors

$$\frac{6}{\text{R}b^3\cos\alpha} = \text{R}\times 0.1186^3 = \tfrac{1}{2}\,p\text{C}^2,$$

d'où l'on tire

$$b^3 = \frac{\tfrac{1}{2}\,p\text{C}^2}{0.118\,\text{R}}.$$

En y faisant pour les pannes en bois

$$\text{R} = 600\,000^{\text{kil}},$$

elle donne

$$b^3 = \frac{p\text{C}^2}{1\,414\,000}.$$

568. Observations sur les pannes. — Les pannes destinées à soutenir les tuiles, le lattis et les chevrons ne doivent pas, ainsi que nous l'avons dit précédemment, être écartées de plus de 2 mètres, et elles doivent toujours reposer sur des contre-fiches dont le nombre se trouve déterminé par cette condition.

En nommant toujours :

e l'écartement des formes,

e' la distance des pannes,

la surface de couverture supportée par chaque panne sera ee'.

La charge par mètre carré de superficie du toit étant de 125 kilogr., et produisant une pression normale égale à

$$125^{kil} \cos 40^0 = 125^{kil} \times 0.643 = 80^{kil}.375,$$

il s'ensuit que chaque panne doit être en état de supporter d'une manière permanente une charge exprimée par

$$80^{kil}.375\, ee',$$

uniformément répartie sur sa longueur e.

Malgré la solidité que l'on doit donner aux assemblages, la prudence ne permet guère de regarder les pannes que comme des solives posées librement sur deux points d'appui. L'on a donc ici pour appliquer la formule

$$\frac{RI}{v'} = \tfrac{1}{2}\, pC^2,$$

$$2\, pC = 80^{kil}.375\, ee', \quad 2C = e, \quad \frac{C}{2} = \frac{e}{4},$$

$$pC = 40.1875.ee' \quad \frac{pC^2}{2} = 40.19\, ee' \times \frac{e}{4} = 10.05\, e^2 e',$$

$$\frac{RI}{v'} = 10.05\, e^2 e'.$$

Pour des pannes en bois

$$\frac{I}{v'} = \tfrac{1}{6}\, ab^2 \quad \text{ou} \quad \frac{I}{v'} = \tfrac{1}{12}\, b^3 \quad \text{si} \quad a = \tfrac{1}{2}\, b$$

$$R = 1\,000\,000^{kil}$$

b et a étant exprimés en mètres,

ou $\qquad\qquad\qquad R = 1$

si b et a sont exprimés en centimètres ;

La formule devient dans cette dernière hypothèse

$$b^3 = 120.54\, e^2 e'.$$

Pour les pannes en fer plat, si $a = \frac{1}{6} b$, l'on aura, b étant exprimé en centimètres,

$$\frac{\mathrm{I}}{v'} = \tfrac{1}{30} b^3 \qquad \mathrm{R} = 10^{\mathrm{kil}}$$

$$b^3 = 30.15\, e^2 e'.$$

L'on aura soin d'assembler ces dernières pannes avec les arbalétriers en les recourbant d'équerre et les réunissant par des boulons.

Enfin, pour les pannes en fer à double T, l'on calculera la valeur de $\frac{\mathrm{I}}{v'}$

$$\frac{\mathrm{I}}{v'} = \frac{10,05\, e^2 e'}{\mathrm{R}} = 0,000\,001\,005\, e^2 e',$$

en supposant toujours $\mathrm{R} = 10\,000\,000^{\mathrm{kil}}$ et les dimensions du fer exprimées en mètres. La table du numéro **459** fournira les dimensions du fer à double T qui correspondrait à cette valeur.

Les pannes en fer à double T devront être assemblées de chaque côté et à chaque extrémité avec l'arbalétrier par des équerres en fer boulonnées.

369. MURS DE PIGNON. — Pour les bâtiments de grande largeur couverts par des charpentes en fer, il sera toujours prudent de les terminer par deux pignons en maçonnerie, ou si cela présente quelques difficultés par des formes spéciales suffisamment liées aux murs ou aux points d'appui et au reste de la charpente pour les mettre en état de résister aux poussées longitudinales.

570. APPLICATION A LA COUVERTURE DE LA COUR DE LA MANUTENTION. — Dans cette couverture

l'on a $\qquad \cos a = \frac{7.300}{7.805} = 0.935.$

La charge par mètre carré n'est supposée que de 100 kilogr., ce qui donne pour sa composante normale à la surface

$$100 \times 0.935 = 93^{kil}.5$$

$$e = 4^m.00 \qquad e' = 1.051.$$

L'on a donc

$$2\,pC = 93.5 \times c \times e' \qquad 2C = e,$$

$$pC = 46.75\,ee' \qquad \frac{C}{2} = \frac{e}{4},$$

$$\frac{pC^2}{2} = \frac{46.75\,ee' \times e}{4} = 11.6875\,e^2e',$$

$$e^2e' = 16 \times 1.951 = 31.216,$$

$$\frac{pC^2}{2} = 11.69 \times 31.22 = 364.96,$$

et par suite

$$\frac{I}{v} = \frac{pC^2}{2R} = 0,000\,036\,496,$$

attendu que le constructeur fait R $= 10\,000\,000^{kil}$.

Le tableau du numéro **439** montre que cette valeur correspond à peu près au fer de Montataire, pour lequel on a

$$b = 0^m,100 \quad \text{et} \quad a = 0^m.042,$$

et qui donne

$$\frac{I}{v'} = 0.00003725.$$

M. Joly a pris le fer $b = 0.078$, ce qui est un peu trop faible.

571. Des plaques d'assemblage. — Les plaques qui servent à assembler les tirants entre eux dans les fermes à arbalétriers et à contre-fiches en bois doivent être doubles et placées de chaque côté des pièces à réunir. Elles seront de préférence en fer forgé et devront offrir partout à la résistance à la traction une surface de section au moins égale à celle du plus fort des tirants à réunir, ou si les tensions des tirants ont une résultante comme celles qui font équilibre à l'effet de la contre-fiche; elles

devront avoir une section capable de résister d'une manière permanente à cette résultante, en supposant que la tension du fer
n'excède pas 6 kilogr. par millimètre carré.

Dans les fermes où toutes les pièces sont en fer, les tirants
seront terminés par des arrondissements percés d'un œil pour le
passage des boulons, et la section transversale faite par l'œil devra toujours présenter une surface de fer égale à une fois et
demie celle du tirant.

572. DES BOULONS OU DES RIVETS D'ASSEMBLAGE. — Ces boulons ou rivets devront, dans tous les cas, avoir ensemble s'il y
en a plusieurs, ou chacun s'ils sont isolés une section de fer au
moins égale à celle du plus fort tirant ou capable de résister à
6 kilogr. par millimètre carré à la résultante des tensions des
tirants ou des contre-fiches qui les sollicitent.

573. UTILITÉ DES PIÈCES LONGITUDINALES. — Pour résister aux
vents et aux efforts qui peuvent s'exercer dans le sens de la
longueur d'un comble, il faut relier les différentes fermes de
manière à obtenir une rigidité suffisante dans cette direction;
c'est là le but de la *ferme sous faîte*, qui, dans toutes les charpentes, se compose du faîtage au sommet, solidement réuni aux
poinçons par des contre-fiches, qui viennent deux à deux s'assembler avec le poinçon à la même hauteur.

On ajoute encore à la résistance dont nous parlons en adoptant une disposition analogue pour la sablière par rapport aux
poteaux, lorsque le comble est simplement posé sur des supports de ce genre; mais il n'en est pas ordinairement ainsi pour
les combles à grande portée dont nous nous occupons plus spécialement ici.

Enfin les arbalétriers reçoivent toujours un ou plusieurs cours
de pannes qui doivent supporter le lattis ou la volige, et qu'il
convient de fixer solidement à chaque arbalétrier, afin de pro-
fiter de ces nouvelles pièces pour assurer la solidarité de toutes
les fermes entre elles. Les pannes, le faîtage et les sablières
suffisent parfaitement pour empêcher l'une des fermes de se
déplacer par rapport aux autres; mais la ferme sous faîte n'en
est pas moins nécessaire pour résister aux efforts dirigés dans
le sens de la longueur, et qui pourraient avoir pour effet d'in-

cliner à la fois toutes les fermes de la même quantité et dans le même sens.

L'action du vent et celle d'une pluie violente qui, dans les orages, agissent avec une grande énergie, produisent sur les charpentes des effets très-dangereux dans le sens longitudinal, et contre lesquels il importe de se prémunir. On en a eu un exemple remarquable lors de la construction du palais de l'Industrie pour l'exposition universelle de 1855. Toutes les fermes composées de grands arcs en plein cintre étaient levées, dressées et réunies par des pannes, mais les fermes extrêmes formant pignon n'étaient pas arc-boutées, et la couverture en verre n'étant pas posée, les seules surfaces exposées au vent étaient celles des fermes elles-mêmes; malgré cette circonstance, un violent orage détermina en un instant la flexion simultanée de toutes les fermes, dont le sommet se déplaça dans le sens longitudinal de plus de deux mètres. La bonne qualité du fer, la solidité des assemblages des arcs avec les supports en maçonnerie, préservèrent seules cette construction d'une chute totale.

574. Influence de l'écartement des fermes sur la dimension des pannes. — Les pannes sont habituellement écartées de 2 mètres environ dans le sens de la pente du toit, et les planches ou voliges que l'on y fixe sont quelquefois inclinées à 45° à peu près sur leur longueur, et d'une ferme à l'autre. Ce lattis plein est disposé alternativement en sens contraires, ce qui contribue à augmenter la résistance au mouvement longitudinal.

Les dimensions et le poids des pannes augmentant beaucoup avec leur portée ou l'écartement des fermes, il en résulte finalement qu'il y a une économie à multiplier les fermes et à diminuer leur écartement.

575. Contre-fiches en fonte. — Nous avons vu que le poids des contre-fiches n'a en général, dans la question qui nous occupe, qu'une importance très-secondaire; les conséquences auxquelles nous avons été conduits resteront donc les mêmes si, au lieu de les construire en fer, comme nous l'avons supposé, on préférait employer la fonte, qui résiste également fort bien à un effort de compression. Il est vrai que la fonte ne saurait se prêter, comme le fer, à la répartition de la matière, dans la section transversale de la pièce, de manière à augmenter autant les dimensions extérieures de cette section dans les deux sens, dimensions toujours fort petites par rapport à la longueur des pièces. Si l'on veut construire en fonte les contre-fiches, il faudra les considérer comme colonnes pleines en fonte, et déterminer leur section transversale par la formule

$$P^{kil} = \frac{1250\,D^4}{1.85\,D^2 + 0.00043\,L^2},$$

d'où l'on tire

$$D = \sqrt{0.00074\,P + \sqrt{(0.00074\,P)^2 + 0.000000344\,PL^2}}.$$

Dans la pratique, on renfle les pièces au milieu pour éviter qu'elles ne fléchissent, et on leur donne en général pour section la forme d'une croix à bras égaux et renforcés par des nervures, comme on le fait, ainsi que nous l'avons vu, pour les bielles.

Malgré ces dispositions, qui atténuent les inconvénients de l'emploi de la fonte pour les contre-fiches, il faut reconnaître que le fer résistera mieux aux chocs accidentels ou à toute action transversale; l'assemblage, d'ailleurs, s'en fera toujours commodément avec les arbalétriers, en rabattant à la forge les nervures inférieures de la section en double T, à l'endroit de l'assemblage, et en formant ainsi une *portée méplate* sur laquelle se fixeraient avec facilité les deux joues intérieures de la contre-fiche moisée.

576. FORME DES TIRANTS POUR LES FERMES DE TRÈS-GRANDES PORTÉES. — Nous n'avons indiqué et l'on n'emploie habituellement pour les tirants que les fers ronds laminés, aux extrémités desquels on pratique des bagues de jonction pour le passage des boulons, et quelquefois des pas de vis pour en régler la tension. Mais, quand les fers ronds ont de grands diamètres, il arrive souvent qu'ils ont des défauts non apparents, et comme ils ne sont pas toujours éprouvés avec soin, il peut en résulter des accidents d'autant plus graves que la stabilité des fermes de ce genre dépend en très-grande partie de la résistance du tirant.

Dans la construction de la charpente de la gare du chemin de

fer de l'Ouest, dont la portée est de 47 mètres, M. Flachat a
adopté pour tous les tirants l'emploi de la tôle en forme de fer
à double T. L'usage de la tôle, dont les défauts peuvent être facilement reconnus, pendant le travail du percement et de l'assemblage, offre beaucoup plus de sécurité que celui des fers ronds,
et il a aussi cet avantage que l'on peut satisfaire à la condition
de donner à chaque partie du tirant principal la résistance correspondante à la tension qu'il doit supporter, sans changer sa
dimension apparente, qui est sa hauteur. Il suffit pour cela de
renforcer l'épaisseur des corps du double T, et l'aspect de la
construction ne laisse pas apercevoir de différence.

CINQUIÈME PARTIE.

DU GLISSEMENT OU CISAILLEMENT. — DE LA RÉSISTANCE AU PERCEMENT. — DE LA TORSION.

Du glissement ou cisaillement.

577. Du glissement. — L'on a déjà vu, aux nᵒˢ 70 et suivants, à propos de la résistance des tôles à l'extension, que les rivets qui les assemblent sont exposés, ainsi que les boulons des chaînes plates, des poulies et des palans, etc., à rompre d'une manière particulière, qui n'est ni l'extension ni la compression longitudinale, ni la flexion, mais le glissement transversal des sections l'une devant l'autre, ou le cisaillement des fibres sous des efforts agissant très-près des surfaces où la séparation peut s'opérer.

Nous empruntons, sur ce mode particulier de résistance des solives, quelques notions élémentaires à un travail beaucoup plus complet de Saint-Venant, savant ingénieur des ponts et chaussées.

578. Cas où la résistance au glissement ou au cisaillement se trouve en jeu. — On remarquera que les pièces courtes, telles que les tourillons, les tenons, les ergots, les goujons, les clavettes, les dents d'engrenage, les embrayages, etc., sont sollicitées à rompre par un mouvement tangentiel aux surfaces de rupture. Les pièces, même d'une certaine longueur, posées sur des points d'appui, et qu'une force appliquée d'une manière quelconque sur leur longueur fait fléchir, ont, auprès des points d'appui, une tendance à rompre par glissement, de sorte que, pour les rendre d'égale résistance, il faut leur donner, en ces points d'appui, une certaine épaisseur, au lieu de les proportionner sur toute leur longueur comme des solides d'égale résistance.

Il se produit encore, ainsi que l'a fait remarquer M. Poncelet, un effet analogue sur les rais des roues de voitures que transmettent le mouvement du moyeu aux jantes, et qui sont encastrés par leurs deux extrémités et sollicités à fléchir en sens contraires sur les deux moitiés et de leur longueur, mais qui, dans leur milieu, sont sollicités à une sorte de glissement transversal.

579. Mesure du glissement des faces ou des lignes matérielles les unes devant les autres. — On peut facilement se rendre compte du mode de résistance des solides au glissement relatif de leurs parties et définir celui-ci mathématiquement.

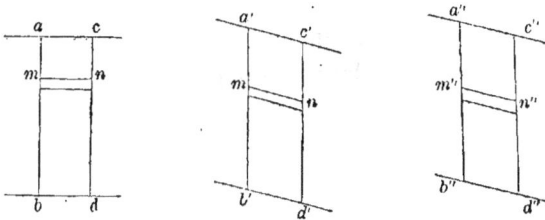

Lorsque deux sections planes transversales voisines ab, cd, d'une pièce solide glissent l'une devant l'autre, l'on voit, soit qu'elles restent planes en devenant $a'b'$, $c'd'$, soit qu'elles prennent une légère courbure en devenant $a''b''$, $c''d''$, que tout ou partie des fibres mn qui leur étaient normales sont devenues légèrement obliques, ou que les fibres ont acquis une petite inclinaison sur les normales actuelles, aux éléments de section m', m'' qui leur servent de bases.

C'est cette petite inclinaison qui mesure la quantité dont les sections ont glissé, l'une relativement à l'autre. Si l'on considère, par exemple, une fibre $m'n'$ après le glissement dans sa nouvelle position $m'n'_1$, et qu'on la projette sur la section $a'b'$, sa projection $m'm'_1$ sera la mesure du glissement, du déplacement qui a eu lieu dans le sens parallèle aux sections; c'est le *glissement absolu*; et si on le divise par la longueur $m'n'$ de la fibre considérée, le quotient $\dfrac{m'm'_1}{m'n'}$ sera le *glissement relatif*, qui aurait aussi pour mesure l'unité de longueur comptée sur la normale, puis projetée sur le plan de la section $a'b'$.

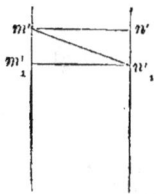

L'on peut aussi considérer le glissement ou le déplacement de deux fibres parallèles $m'n'$ et $p'q'$, l'une par rapport à l'autre dans le sens de leur longueur, et il est visible que sa valeur absolue est mesurée par la projection $n'n'_1$, de la distance $m'p' = n'q'$, qui leur était primitivement normale et qui les séparait, sur l'une d'elles. Le *glissement relatif* serait dans ce cas mesuré par le rapport $\dfrac{n'n'_1}{n'q'}$.

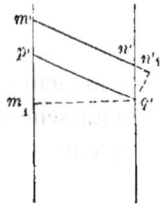

Ce rapport est aussi la valeur du sinus de l'angle $n'q'n'_1$, dont a été diminué celui que la ligne $n'q'$ primitivement normale aux fibres faisait avec leur direction.

Enfin les deux rapports $\dfrac{m'm'_1}{m'n'}$ et $\dfrac{n'n'_1}{n'q'}$ étant évidemment égaux, les glissements relatifs qu'ils expriment le sont aussi, et il en résulte que le *glissement relatif* de deux sections ne peut avoir lieu sans qu'il se produise un glissement relatif égal entre les fibres qui leur étaient perpendiculaires et qui se trouvaient dans un même plan de glissement.

580. LA RÉSISTANCE AU GLISSEMENT PEUT ÊTRE REGARDÉE COMME UNE RÉSISTANCE A UNE DILATATION ET A UNE CONTRACTION SIMULTANÉES, DANS DEUX SENS RECTANGULAIRES ENTRE EUX, FAISANT UN DEMI-ANGLE DROIT AVEC LES FACES OU LES LIGNES GLISSANTES.

Soient en effet ma la coupe par le plan du glissement d'un élément superficiel d'une section, et nb celle de l'élément correspondant d'une section parallèle et très-voisine, élément qui, par suite du glissement, est devenu n_1b_1. Dans le mouvement, le point b s'est éloigné du point m, et le point n s'est rapproché du point a. Les deux diagonales mb et an du petit rectangle $mabn$ seront donc, la première, dilatée et la seconde contractée. La proportion de la dilatation ou extension de mb est le quotient de bo par mb, o étant le pied d'une petite perpendiculaire b_1o abaissée de b_1

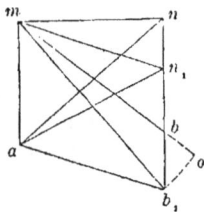

sur mb prolongé. Comme le petit triangle obb_1 est semblable à amb, l'on a

$$ob : bb_1 :: ma : mb,$$

d'où

$$\frac{ob}{mb} = \frac{bb_1 \times ma}{\overline{mb}^2},$$

pour la dilatation relative ou proportionnelle.

Si l'on appelle i cette dilatation proportionnelle, et g le glissement, d'après ce qui a été dit plus haut $g = \dfrac{bb_1}{ab}$, et nous aurons

$$i = \frac{ob}{mb} = \frac{bb_1 \times am}{\overline{mb}^2} = g \cdot \frac{ab \times am}{mb^2}.$$

La fraction qui multiplie g exprime le rapport du double de l'aire du rectangle $mabn$ au carré de sa diagonale, et il est facile de voir par la figure ci-contre que ce rapport sera au maximum lorsque l'on aura pris $ma = ab$ et qu'il a alors pour valeur $\frac{1}{2}$[*] ce qui conduit, pour la fibre la plus allongée, à la relation

$$i = \tfrac{1}{2} \cdot g ;$$

et l'on remarquera que cette dilatation a lieu dans une direction mb qui forme un angle de 45° avec la face ma.

L'on verrait de même que la plus grande contraction de an, deuxième diagonale du rectangle $mabn$, a lieu aussi pour $bm = an$ et qu'elle a la même grandeur $\frac{1}{2} g$.

Un glissement sur une face ou sur sa normale équivaut donc à une dilatation et à une contraction moitié moindres, suivant des directions prises à 45° sur cette face ou sur cette ligne matérielle dans le plan du glissement.

---

[*] L'on a en effet $\overline{mb}^2 = 4 \cdot mab + arst = 2 \times ma \times mb + arst,$

d'où

$$\frac{ma \times mb}{mb^2} = \frac{1}{2} : - \frac{arst}{2},$$

et il est évident que le maximum du premier membre a lieu pour

$$arst = 0,$$

c'est-à-dire pour

$$ma = ab.$$

La résistance au glissement peut être regardée comme la résistance à cette extension et à cette compression simultanées qui changent en petits losanges les petits carrés, tels que *manb*, par l'allongement d'une de leurs deux diagonales et par le raccourcissement de l'autre.

531. LIMITE DES GLISSEMENTS DÉDUITE DE LA LIMITE DES EXTENSIONS DANS LES SOLIDES D'ÉGALE CONTEXTURE. — Il suit de là que si l'on peut faire supporter à une pièce solide d'une manière permanente et sans danger d'incurvation, et à plus forte raison de rupture même éloignée, des tractions capables de l'étendre ou de la raccourcir dans une proportion désignée par i', et si l'on suppose la matière dont elle est formée telle que dans tous les sens cette limite des extensions non dangereuses soit la même que dans le sens longitudinal, l'on peut aussi sans danger faire glisser les uns devant les autres les éléments de ces sections ou de ces fibres de quantités dont le quotient g', par leurs distances primitives, n'excède pas une proportion durable

$$g' = 2i'.$$

L'effort tangentiel qu'il faut déployer pour faire glisser deux éléments correspondants et égaux a de deux sections A est proportionnel à leur superficie a, au glissement relatif g et à un certain coefficient qui dépend de la matière et que nous nommerons *coefficient d'élasticité de glissement*, en sorte que G étant ce coefficient, l'on a pour l'effort capable de produire le glissement relatif g, l'expression

$$Gga,$$

ou par unité superficielle

$$Gg,$$

expression qui correspond à celle (n° 6) Ei, qui représente l'effort longitudinal qui étend dans une proportion i une fibre dont E est le coefficient d'élasticité d'extension.

Diverses considérations théoriques ont fait depuis longtemps regarder le coefficient G comme lié au coefficient E, dans les solides d'égale contexture en tous sens par la relation

$$G = \tfrac{2}{5}E,$$

et les expériences sur la torsion n'y contredisent nullement, puisqu'elles ont donné en moyenne $\tfrac{1}{3}$ E pour des matières où cette égalité de contexture n'était qu'approchée. En multipliant par la limite $g' = 2i'$ des glissements relatifs g, l'on a

$$Gi' = \tfrac{4}{5}Ei' = T,$$

en nommant T la limite des efforts transversaux auxquels on peut soumettre avec sécurité d'une manière permanente l'unité superficielle de la base d'une fibre.

L'on a d'ailleurs $R = Ei'$ pour la limite des efforts longitudinaux, et l'on arrive ainsi à la relation trouvée par M. Navier,

$$T = \tfrac{4}{5}R$$

entre les limites respectives des charges permanentes auxquelles les corps peuvent être soumis par glissement ou par extension, sans risquer que leur élasticité soit altérée.

L'on ne peut s'attendre sans doute à ce que cette relation, pas plus que les autres du même genre, établies pour des déformations très-petites, reste exactement applicable lorsque l'on ira jusqu'à celles qui sont suivies immédiatement de rupture. Cependant les expériences de MM. Gouin et Cᵢᵉ, citées au nᵒ 66, ont donné précisément le rapport $\tfrac{4}{5}$ entre les poids produisant la rupture de petits cylindres en fer par cisaillement et par extension, car la moyenne de ceux-là a été de 3200 kilogr., et la moyenne de ceux-ci 4000 kilogr. par centimètre carré.

582. Résistance et charge permanente lorsque les sections sur lesquelles le glissement a lieu sont astreintes à rester planes. —

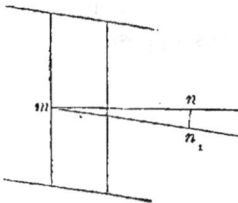

Lorsque deux sections consécutives ab et cd d'un solide restent planes en glissant l'une devant l'autre dans un certain sens, le glissement est le même pour tous leurs éléments, d'où il suit :

1ᵒ Que l'effort P capable de produire un glissement g est égal à Gg multiplié par la superficie de la surface A de glissement ou de section et a pour valeur

$$P = GgA;$$

en sorte que la petite inclinaison ou le glissement relatif $\frac{nn_1}{mn}$ qu'une force transversale P fait prendre aux fibres mn_1 sur les normales mn est

$$g = \frac{P}{GA}.$$

2° Que la plus grande valeur que l'on puisse donner sans danger à cette force P, supposée agir de manière à ne pas produire autre chose que le glissement en cet endroit de la pièce, est

$$P = TA = \tfrac{4}{5} RA.$$

La section ab reste d'ailleurs plane, comme nous le supposons ici, lorsqu'elle est soudée, scellée ou au moins fortement serrée dans un encastrement, ou bien sollicitée parallèlement à son plan par deux forces opposées, agissant à une distance extrêmement petite, ou bien encore lorsqu'elle est sollicitée symétriquement des deux côtés, n'importe à quelle distance, de manière à ce qu'il n'y ait pas de raison pour qu'elle s'infléchisse plutôt d'un côté que de l'autre.

De la résistance au découpage.

583. DE LA RÉSISTANCE DU FER AU DÉCOUPAGE. — Dans la fabrication des chaudières, des récipients et des foyers en tôle, l'on est obligé de découper, à l'aide de poinçons mus par divers moyens, des trous circulaires pour le passage des rivets ou des boulons, et il serait utile de connaître les lois et la valeur de la résistance que les différents métaux employés opposent à ce percement.

Les seules données que nous possédions jusqu'à ce jour sont celles que j'ai pu recueillir à l'exposition de Londres, d'après les résultats obtenus, avec une presse hydraulique à quatre cylindres, par MM. Hick et fils, de Bolton. Ces ingénieurs, qui ont construit des presses de ce genre d'une grande puissance, ont découpé à froid des pièces de fer d'épaisseurs considérables, et ont obtenu les résultats suivants :

EXPÉRIENCES DE MM. HICK ET FILS DE BOSTON SUR LE PERCEMENT DU FER PAR DÉCOUPAGE.

FORCE de LA PRESSE hydraulique.	DIMENSIONS DES PIÈCES DE FER découpées.		SURFACE DU CONTOUR découpé.	PRESSION nécessaire POUR DÉCOUPER un mètre carré de contour.
	DIAMÈTRE du trou.	ÉPAISSEUR.		
kil.	m.	m.	m·c.	kil.
711 200	0.200	0.042	0.0560	26 939 000
965 200	0.210	0.050	0.0494	20 248 000
1 270 000	0.210	0.065	0.0429	29 603 000
1 625 600	0.210	0.075	0.0334	32 906 000
2 082 800	0.210	0.085	0.0260	37 193 000

La valeur de l'effort nécessaire pour découper des rondelles paraîtrait, d'après ces expériences, croître avec l'épaisseur des pièces. Mais comme il est très-probable que la force de la presse n'était estimée que par l'observation des charges supportées par la soupape de sûreté, et que ce moyen est loin d'offrir la précision nécessaire, je me bornerai à rapporter ces expériences, en attendant qu'il me soit possible d'en faire exécuter d'autres avec des procédés d'observation plus exacts.

584. Du travail mécanique consommé par la résistance des métaux au percement a l'aide de forets. — La résistance des métaux au percement à l'aide de forets n'avait pas été étudiée jusqu'à ces derniers temps, quoiqu'il fût utile, pour l'établissement des machines employées à ce genre de travail, de savoir quelle est la force motrice nécessaire pour les faire marcher. L'on doit à M. le capitaine d'artillerie Clarinval, alors professeur de mécanique à l'École d'application, à Metz, des expériences intéresssantes sur ce sujet, et qui sont rapportées en détail dans un mémoire qu'il a publié*. Nous ferons

---

* Expériences sur les machines à percer les métaux, exécutées par M. Clarinval, capitaine d'artillerie. Librairie de J. Corréard. Paris, 1859.

connaître les principaux résultats rapportés par l'auteur, et nous chercherons à en déduire quelque règle pratique pour l'établissement des machines à percer les métaux.

L'on sait que les forets en usage sont de deux formes différentes. La plus ancienne est celle des forets à petites dimensions, dits *à langue de carpe* ou *d'aspic*. Ils sont pointus et présentent un tranchant triangulaire offrant au sommet, placé suivant la direction de l'axe, un angle de 90 degrés, et sont principalement employés pour le percement des trous de petit diamètre, au-dessous de 8 millimètres par exemple. Ces forets ont l'inconvénient de dévier quelquefois dans la direction du trou percé, quand ils ne sont pas très-bien guidés, et, de plus, celui de se détériorer rapidement. Il résulte d'ailleurs des expériences de M. Clarinval que, à diamètre égal, ils consomment beaucoup plus de travail moteur que les forets dits *à teton*.

Ceux-ci, en usage pour les trous du diamètre de 8 à 10 millimètres et au delà, ont leur tranchant perpendiculaire à l'axe de rotation et des trous à percer, et portent, au centre, un autre tranchant analogue, en saillie sur le premier, d'un diamètre beaucoup moindre que celui du trou à percer, et qui assure la direction du percement.

Dans le travail, les outils sont, pour certains métaux, lubréfiés à l'huile ou à l'eau de savon. Les expériences de M. Clarinval montrent que l'usage de l'huile est préférable au point de vue de l'économie du travail moteur. Le percement de la fonte et celui du bronze se font à sec.

Les expériences de M. Clarinval ont été exécutées à l'aide d'un dynamomètre de rotation du Conservatoire des arts et métiers, à l'aide duquel il a pu mesurer le travail moteur consommé pour le percement.

Les métaux sur lesquels il a opéré sont le fer dur et le fer mou, la fonte, le bronze, l'acier d'Allemagne et l'acier fondu.

585. PERCEMENT DU FER FORGÉ. — Pour le fer, il a cherché à reconnaître s'il y avait une différence notable dans la résistance au percement dans le sens de l'étirage ou longitudinal, et dans le sens transversal, et si cette résistance croissait avec la profondeur du trou.

Nous rapporterons ici quelques-unes de ces expériences comparatives.

EXPÉRIENCES SUR LE FORAGE DU FER DUR AVEC UN FORET A TETON DE 0^m.025 DE DIAMÈTRE, MARCHANT A LA VITESSE DE 0^m.22 EN 1" A LA CIRCONFÉRENCE EXTÉRIEURE.

NUMÉROS des expé- riences.	DURÉE de l'expé- rience.	FORAGE DANS LE SENS					
		DE L'ÉTIRAGE.			TRANSVERSAL.		
		DESCENTE de l'outil en 1'.	DESCENTE totale de l'outil.	TRAVAIL moyen conforme en 1".	DESCENTE de l'outil en 1'.	DESCENTE totale de l'outil.	TRAVAIL moyen conforme en 1".
Lubréfié à l'eau de savon.							
		mill.		kil.	mill.		kil.
1	1'	11.86		55.74	12.50		56.20
2	1'	11.86		58.44	12.50		58.30
3	1'	11.86		58.48	12.50		61.50
4	1'	11.86		59.55	12.50		57.30
5	1'	11.86		64.77	12.50		68.00
6	1'	11.86		73.87	12.50		62.00
7	1'	11.86		79.61	12.50		65.80
8	1'	11.86		80.83	12.50		68.50
Lubréfié à l'huile.							
1	1'	12.77		37.63	13.50		48.85
2	1'	12.77		34.37	13.50		25.81
3	1'	12.77		38.98	13.50		48.77
4	1'	12.77		38.17	13.50		43.85
5	1'	12.77		45.35	13.50		47.82
6	1'	12.77		54.64	13.50		48.54
7	1'	12.77		47.72	13.50		51.10
8	1'	12.77		55.97			
9	1'	12.77		64.22			

L'auteur conclut de ces expériences :

1° Que le travail consommé par le forage dans le sens de l'étirage croît à mesure que le trou s'approfondit, à partir de 0^m.05 environ;

2° Qu'au contraire, la résistance au forage dans le sens transversal est sensiblement indépendante de la profondeur du trou;

3° Que le travail consommé par le forage dans le sens transversal est plus grand, aux petites profondeurs, que celui qu'exige le forage longitudinal, mais que ce dernier, croissant avec la profondeur, devient d'abord égal, puis supérieur au premier;

4° Qu'enfin, pour le forage du fer, l'emploi de l'huile exige un travail moteur moindre que celui de l'eau de savon.

Par des expériences analogues, faites sur des fers laminés très-mous, l'auteur a été conduit à des conclusions semblables.

Dans toutes les expériences, il a été constaté que le foret à langue d'aspic consommait beaucoup plus de travail moteur que le foret-à teton ; et comme ce foret a, en outre, les inconvénients que nous avons signalés précédemment, il y a lieu d'en réduire l'usage aux trous du plus petit diamètre.

586. INFLUENCE DE LA VITESSE DE L'OUTIL. — Le travail moteur consommé dans le forage ne paraît pas varier notablement avec la vitesse de rotation des forets, qui peut s'élever jusqu'à 0m.22 en une seconde à la circonférence, mais qu'en général il convient de limiter à 0m.18 ou 0m.15, afin de ne pas s'exposer à détremper et à dégrader trop vite les outils.

Quant à la vitesse de descente, elle dépend de la nature et de la dureté du métal à percer, et, pour les métaux de dureté considérable ou inégale, il paraîtrait préférable de faire descendre l'outil à la main au lieu de le faire conduire par la machine. Cette vitesse varie de 15 à 16 millimètres en une seconde pour les petits forets, et s'abaisse à 7 ou 8 millimètres en une seconde pour les plus gros. Il est d'ailleurs évident que le travail moteur doit croître proportionnellement à la vitesse de descente de l'outil, ainsi que la quantité de métal enlevé.

C'est donc à la quantité dont l'outil avance dans un temps donné qu'il convient de rapporter le travail moteur; et à cet effet M. Clarinval, en résumant les résultats de ses expériences sur le percement, avec des forets de différents diamètres, dans du fer dur, a formé des tableaux analogues au suivant, dans lequel il donne la quantité de travail nécessaire pour faire des trous de 1 millimètre de profondeur par minute.

TABLEAU DES QUANTITÉS DE TRAVAIL MOTEUR NÉCESSAIRES POUR FORER
DES TROUS DE DIFFÉRENTS DIAMÈTRES A DIVERSES PROFONDEURS DANS
DU FER DUR, AVEC DES FORETS A TETONS EN SUPPOSANT UNE DESCENTE
D'UN MILLIMÈTRE DE L'OUTIL EN 1', LA MATIÈRE LUBRÉFIANTE ÉTANT DE
L'EAU DE SAVON.

PROFONDEUR des trous.	DIAMÈTRES DES TROUS.					
	$0^m.044.$	$0^m.035.$	$0^m.025.$	$0^m.015.$	$0^m.010.$	$0^m.008.$
mill.	km.	km.	km.	km.	km.	km.
5	11	7.4	4.7	2.23	1.85	1.57
10	11	7.4	4.7	2.23	1.85	1.57
15	11	7.6	4.7	2.23	1.85	1.57
20	11	7.4	4.7	2.23	1.85	1.57
25	11	7.6	4.8	2.23	1.85	1.60
30	11	7.9	4.8	2.23	1.85	1.63
35	12	8.3	4.9	2.24	1.90	1.66
40	13	8.8	4.9	2.25	1.90	1.70
45	13	9.6	5.0	2.30		1.75
50			5.0	2.35		1.80
55			5.1	2.40		1.90
60			5.2	2.45		2.00
65			5.0	2.50		
70				2.70		
75				2.80		
80				3.90		

587. REPRÉSENTATION GRAPHIQUE DE CES RÉSULTATS. — Les nombres rapportés dans ce tableau sont le résumé de séries d'expériences exécutées par l'auteur sur la résistance au percement longitudinal et transversal, qu'il a combinés et soumis à une même représentation graphique, quoiqu'il ait constaté que si la résistance au percement croît avec la profondeur du trou, il n'en est pas de même pour le percement transversal.

Mais, comme le cas le plus général est précisément celui du percement transversal, nous nous attacherons plus spécialement à ce dernier cas pour rechercher une formule pratique qui représente l'ensemble des résultats contenus dans ce tableau, et qui permette de calculer directement la quantité de travail nécessaire pour forer des trous d'un diamètre donné, dans du fer dur, à une vitesse déterminée de descente de l'outil.

Or, si l'on prend pour abscisses les carrés du diamètre des

trous, et pour ordonnées les quantités de travail par seconde
nécessaires pour percer des trous de 1 millimètre de profondeur dans du fer dur, l'outil étant lubréfié à l'eau de savon, l'on
trouve que tous les points ainsi déterminés sont à très-peu près
sur une même ligne droite coupant l'axe des ordonnées à une
hauteur 1.20, et dont l'équation serait

$$T = 1^{km}.20 + 5062\,D^2,$$

en nommant T l'ordonnée ou le travail moteur, et D le diamètre
du trou exprimé en mètres.

A l'aide de cette formule, l'on pourrait calculer directement
la quantité de travail nécessaire pour faire marcher une machine à forer, perçant un trou d'un diamètre donné, à une vitesse donnée d'approfondissement.

Ainsi, pour un trou d'un diamètre $D = 0^m.045$, approfondi de
1 millimètre en une minute, l'on aurait d'abord

$$T = 1^{km}.20 + 5062 \times \overline{0.045}^2 = 11^{km}.45.$$

Si maintenant l'on veut que la vitesse de descente de l'outil
soit de 8 millimètres en une minute, le travail moteur devra
être de

$$8 \times 11.45 = 91^{km}.60 = 1^{cher}.22.$$

L'on voit par ce résultat que, pour les trous d'un grand diamètre, les machines à percer consomment une quantité de travail dont il importe de tenir compte dans l'établissement du
moteur d'un atelier.

En opérant de même pour les forets à langue d'aspic, employés au percement du fer et lubréfiés à l'eau de savon, l'on
trouve que le travail nécessaire pour faire avancer le foret de
1 millimètre en une minute peut être exprimé par la formule

$$T = 1^{km} + 16\,000\,D^2,$$

et que, par conséquent, pour faire travailler un foret d'un diamètre $D = 0^m.008$, à la vitesse de descente de 16 millimètres en une minute, il faut un travail moteur égal à

$$16 \{ 1^{km} + 16\,000 \times \overline{0.008^2} \} = 32^{km}.38$$

par seconde.

L'on remarquera que, les termes constants de ces deux formules étant peu différents, si l'on appliquait la seconde à un gros foret, de $0^m.045$ par exemple, l'on trouverait, pour le travail moteur nécessaire à l'avancement de ce foret de 1 millimètre en une minute dans du fer,

$$T = 1^{km} + 16\,000 \times \overline{0.045^2} = 33^{km}.60,$$

c'est-à-dire à peu près le triple de ce qu'exigerait un foret à teton de même diamètre, ce qui justifie bien la préférence exclusive donnée à cette dernière forme dès que le diamètre du trou dépasse quelques millimètres.

588. PERCEMENT DE LA FONTE. — On perce habituellement la fonte à sec, parce qu'avec de l'huile ou de l'eau de savon les copeaux forment promptement une pâte qui gêne le mouvement de l'outil. En opérant sur de la fonte grise douce des fonderies de Dammarie (Meuse), M. Clarinval a obtenu, pour le travail moteurs des forets à teton, des valeurs qui, rapportées à un avancement de 1 millimètre en une minute, peuvent être représentées par la formule

$$T = 0^{km}.400 + 2612.24\,D^2.$$

Pour un trou d'un diamètre $D = 0^m.045$, le travail moteur correspondant à l'avancement de 1 millimètre en une minute serait donc

$$T = 0^{km}.400 + 2612.24 \times \overline{0.045^2} = 5^{km}.69,$$

c'est-à-dire à peu près la moitié de celui qu'exige le fer dur, en lubréfiant le foret avec de l'eau de savon.

Quant au percement avec le foret à langue d'aspic, M. Clarinval a constaté que, pour cette fonte grise de Dammarie, il exigeait, à diamètre égal, environ 2.6 fois autant de travail moteur que le percement avec le foret à teton.

La fonte présente d'ailleurs des variétés d'une grande dureté, et les résultats précédents ne sont relatifs, il faut bien se le rappeler, qu'à une espèce de fonte de mécanique, douce et moyennement résistante à l'action de l'outil. Une seule expérience, que l'auteur a pu faire sur une fonte dure des forges de Frouard, sur la Moselle, l'a porté à conclure que cette fonte offrait au percement une résistance double de celle de la fonte grise, et par conséquent sensiblement égale à celle que présente le fer dur.

589. PERCEMENT DU BRONZE. — Des expériences analogues, faites sur le percement du bronze à sec avec le foret à teton, ont fourni à M. Clarinval des résultats qui, rapportés à l'avancement du foret de 1 millimètre en une minute, peuvent être représentés par la formule

$$T = 0^{km}.20 + 3625\,D^2;$$

de sorte que, pour un foret de $0^m.045$ de diamètre, ce travail aurait pour valeur :

$$T = 0^{km}.20 + 3625 \times \overline{0.045}^2 = 7^{km}.54,$$

ou environ les deux tiers de celui qu'exigerait le percement du fer dur.

Pour les petits forets, la vitesse de descente peut atteindre 20 millimètres par minute; mais elle doit être beaucoup moindre pour les gros, et s'abaisse à 5 ou 6 millimètres pour ceux de $0^m.040$ à $0^m.045$ de diamètre.

590. PERCEMENT DE L'ACIER. — L'auteur n'a pas pu jusqu'ici compléter les expériences qu'il avait entreprises sur le percement de l'acier, et le petit nombre d'expériences qu'il a exécutées lui a seulement permis de reconnaître que le travail nécessaire pour le percement de l'acier fondu, en lubréfiant l'outil à l'eau de savon ou à l'huile, est à peu près le même que celui qu'exige le fer forgé.

591. Conclusion générale des expériences de M. le capitaine Clarinval. — A l'aide des recherches de M. Clarinval et des formules que nous en avons déduites, il sera donc facile de calculer, avec l'exactitude désirable pour la pratique, le travail moteur nécessaire pour opérer avec des forets le percement des divers métaux, et l'on voit que l'ensemble de ces expériences tend à prouver :

1° Que l'expression de la valeur de ce travail moteur se compose d'un terme constant, différent pour chaque métal, et d'un terme proportionnel au carré du diamètre du foret;

2° Qu'elle est, entre des limites assez étendues, indépendante de la vitesse d'enfoncement, qui cependant ne doit pas dépasser sensiblement les limites indiquées plus haut, afin que les outils ne se détrempent pas et ne se brisent pas.

De la torsion.

592. Résistance des solides a la torsion. — Lorsqu'un arbre de transmission de mouvement porte deux roues d'engrenage, dont l'une reçoit l'action de la puissance motrice, et dont l'autre doit vaincre la résistance à surmonter, toutes les molécules de cet arbre éprouvent de la part de ces actions opposées un déplacement angulaire qu'on désigne sous le nom de *torsion*.

Cet effet peut souvent se remarquer à la vue simple, au moment de la mise en marche des moteurs puissants qui doivent entraîner et mettre en mouvement de grandes masses, et il est d'autant plus appréciable alors, que, se transmettant et se multipliant ainsi, en quelque sorte, d'un arbre à l'autre, on voit quelquefois le premier moteur, tel que la roue hydraulique, en marche bien avant que les derniers organes aient commencé à se mouvoir.

On comprend facilement que les déplacements produits par a torsion doivent croître, d'une part, avec la distance à l'axe des fibres ou des molécules que l'on considère, et de l'autre avec la longueur des arbres ou des pièces, qui est comprise entre les plans perpendiculaires à l'axe autour duquel se fait la rotation, et qui contiennent les efforts qui la produisent et qui y résistent.

Dans chaque section perpendiculaire à l'axe de rotation, il se produit, par la torsion qu'elle éprouve, par rapport à celle qui la précède, un déplacement des molécules par rotation autour d'un axe qui, dans les machines, est toujours celui du mouvement général, par suite de la symétrie dans les profils employés. Il est donc naturel d'admettre, et pour ainsi dire évident, que les déplacements absolus des molécules de chaque section sont proportionnels à leurs distances à l'axe, ou que leurs déplacements angulaires sont constants, ou, en d'autres termes, que toutes les molécules qui étaient sur une même ligne ou rayon passant par l'axe avant la torsion, se retrouvent sur le même rayon après la torsion.

D'une autre part, quand le solide est cylindrique ou prismatique, les diverses sections transversales du solide, comprises entre les plans perpendiculaires à l'axe, qui contiennent les résistances ou les forces motrices, éprouvent le même déplacement angulaire, puisqu'elles sont toutes égales dans ce cas. On voit donc que les déplacements éprouvés par les files de molécules ou les fibres qui étaient d'abord sur une même ligne droite parallèle à l'axe s'ajoutent les uns aux autres; de sorte que le déplacement total ou relatif de deux molécules situées aux deux extrémités opposées de la partie du solide exposée à la torsion est proportionnel à la longueur de cette partie ou à la distance qui sépare ces extrémités.

Les déplacements ou les arcs décrits par les molécules d'une même fibre étant ainsi proportionnels à leurs distances à l'extrémité du solide, on voit que les fibres se fléchissent en hélices dont le pas est le même pour toutes les fibres, quelle que soit leur distance à l'axe, mais pour lesquelles l'inclinaison de la tangente augmente avec cette distance.

Dans ce mouvement, le solide ne se raccourcissant pas, les diverses sections restent respectivement à la même distance, et dès lors il est évident que les fibres qui se sont courbées en hélices se sont allongées de tout l'excès de la longueur de l'hélice développée sur la longueur primitive des fibres. Il y a donc, comme on le voit, un rapport direct entre la résistance des molécules ou des fibres à la torsion et leur résistance à l'allongement ou au raccourcissement.

Après avoir exposé ces considérations générales, exprimons-
en les conclusions par des formules simples qui permettent
d'en comparer les conséquences avec les résultats de l'observation, en nous bornant au cas des solides cylindriques à section
circulaire, qui sont ceux auxquels l'on a le plus fréquemment
l'occasion d'appliquer ces notions, et en renvoyant le lecteur,
pour d'autres cas, aux savants ouvrages de MM. Navier et
Saint-Venant, ainsi qu'aux recherches expérimentales de feu
M. Wertheim.

393. Résistance a la torsion des solides homogènes a
section circulaire. Équilibre des forces extérieures et des
forces intérieures. — Si l'on considère deux sections infiniment voisines IK et ik (pl. VI, fig. 15), et en particulier l'une
des fibres élémentaires qui composent la tranche IKki et qui
sont parallèles à l'axe AB, autour duquel la rotation produite par la torsion est censée se faire, on voit d'abord que
la section IK étant regardée comme fixe, l'extrémité n de la
fibre mn se déplacera angulairement de la quantité ou de
l'arc $r'a_1$, en appelant r' sa distance à l'axe, et a_1 l'arc élémentaire décrit à l'unité de distance ; et si l'on prend le rapport de
ce déplacement à la longueur Cc de la fibre, on aura, pour le
déplacement, rapporté à l'unité de distance, ou par unité de
longueur du solide, le rapport

$$\frac{r'a_1}{Cc}.$$

Nommant donc l la distance Cc des deux tranches, A l'aire de
la section de la fibre mn, la force capable de produire le glissement par rotation sera, pour cette fibre,

$$T = GA \cdot \frac{r'a_1}{l}.$$

En appelant G la résistance au glissement latéral par unité de
surface et de longueur du solide, la distance l étant la même
pour toutes les fibres de la section, le plus grand déplacement,
et par conséquent le plus grand effort, est relatif à la fibre la

plus éloignée de l'axe AB, ou à la plus grande valeur de r', que nous appellerons r.

Maintenant, pour qu'il y ait équilibre entre les forces extérieures, qui tendent à tordre le solide, et les résistances moléculaires des fibres à la torsion, il faut qu'il y ait égalité entre les moments des unes et des autres par rapport à l'axe autour duquel s'établit cet équilibre.

Le moment de la force T relative à l'une des fibres est

$$\mathrm{T}.r' = \mathrm{GA}.\frac{r'^2 a_1}{l}.$$

G, l et l'angle a_1 de déplacement étant les mêmes pour toute l'étendue d'une même section, il s'ensuit que la somme de tous les moments semblables pour l'étendue entière de la section est égale au produit de $\mathrm{G}\dfrac{a_1}{l}$ par la somme des produits analogues à $\mathrm{A}r'^2$, chacun d'eux étant celui de l'aire de la section transversale de la fibre mn par le carré de sa distance à l'axe. Cette somme des produits $\mathrm{A}r'^2$ a été nommée par M. Persy le *moment d'inertie polaire*. En la désignant par I_1, la somme de tous les moments des résistances moléculaires à la torsion sera donc

$$\mathrm{GI}_1\frac{a_1}{l},$$

et devra être égale à la somme M des moments des forces extérieures qui tendent à produire la torsion; de sorte que l'on aura, pour la condition générale de l'équilibre, la relation

$$\mathrm{GI}_1\frac{a_1}{l} = \mathrm{M}.$$

Telle est la relation générale qui exprime la condition de l'équilibre entre les résistances moléculaires au déplacement par torsion et les forces extérieures, pour chacune des sections transversales du corps.

594. OBSERVATIONS RELATIVES AUX CYLINDRES. — Dans cette expression, le rapport $\dfrac{a_1}{l}$ est précisément la tangente trigono-

métrique de l'angle de déplacement des fibres situées à l'unité
de distance de l'axe ; et pour les solides cylindriques dont l'axe
est perpendiculaire au plan de section, cet angle étant le même
dans chacune d'elles, les fibres se courbent pendant la torsion,
selon les hélices dont le pas est donné par ce rapport, et dont
l'inclinaison sera proportionnelle à leur distance R' à l'axe.

On déduit de là :

$$\frac{a_1}{l} = \frac{M}{GI_1} \quad \text{et} \quad a_1 = \frac{M}{GI_1}\, l.$$

Par conséquent, pour un solide prismatique ou cylindrique
de longueur L, tous les déplacements angulaires, mesurés à
l'unité de distance, s'ajoutant, ainsi que nous l'avons déjà dit,
on aura, pour l'angle total de déplacement de sa tranche ex-
trême,

$$a = \frac{M}{GI_1}\, L.$$

Donc les angles de torsion sont :

1° Proportionnels à la somme des moments des forces extérieures ;

2° Proportionnels à la longueur des solides, ou à la distance
qui sépare les sections extrêmes.

Ces deux conséquences ont été vérifiées pour les déplacements angulaires compris entre les limites où l'élasticité n'est
pas altérée, par MM. Duleau et Savart.

595. OBSERVATION SUR L'USAGE DE LA FORMULE PRÉCÉDENTE.
— Nous ferons de suite remarquer que l'angle a étant ici exprimé par un arc de cercle d'un rayon égal à l'unité, tandis que
l'arc réel de torsion éprouvé par la fibre la plus éloignée de
l'axe, et située à la distance r', qui est celui qu'il importe de
connaître et de limiter, a pour valeur $r'a$, il convient de multiplier les deux membres de l'expression ci-dessus par r', ce qui
donne

$$r'a = \frac{GI_1}{M} L r'.$$

De plus, dans la plupart des cas de la pratique, et en particulier dans les machines, il importe de limiter les angles de déplacement éprouvés par les parties extrêmes des arbres; et comme on a vu qu'ils étaient proportionnels à la longueur L des solides, il convient de rendre l'angle de torsion produit dans chaque section d'autant plus petit que le solide est plus long, ce qui revient à dire que le rapport $\frac{r'a}{L}$ devra avoir une valeur limitée selon la nature des matériaux employés et la destination de l'appareil que l'on considère. Nous reviendrons plus loin sur ces considérations.

596. APPLICATION DE LA FORMULE PRÉCÉDENTE AUX CYLINDRES ET AUX PRISMES. — Pour comparer les résultats fournis par la formule précédente avec ceux des expériences des auteurs que nous venons de citer, il faut y substituer les valeurs du moment d'inertie polaire I_1 qui conviennent à leurs formes.

597. VALEURS DU MOMENT D'INERTIE POLAIRE DES SECTIONS TRANSVERSALES. — Si l'on nomme v et u les distances de la section transversale m d'une fibre élémentaire à deux axes perpendiculaires entre eux, ox et oy (pl. VI, fig. 16), passant par le centre de gravité o de la section, on aura évidemment

$$ar^2 = av^2 + au^2.$$

Donc le moment d'inertie polaire d'une aire plane est égal à la somme des moments d'inertie pris par rapport à deux axes rectangulaires passant par le centre de gravité de cette section. Il suit de là que, pour le cercle plein, dont le moment d'inertie par rapport à un diamètre quelconque est $\frac{1}{4}\pi r^4$, le moment d'inertie polaire sera

$$I_1 = \tfrac{1}{2}\pi r^4 = \tfrac{1}{2} A r^2,$$

et par suite,

$$\frac{I_1}{r} = \tfrac{1}{2}\pi r^3 = \tfrac{1}{2} A r = 1.5708\, r^2 = 0.19637\, d^2.$$

De même, pour une couronne circulaire, on aurait

$$I_1 = \tfrac{1}{2}\pi (R'^4 - R''^4) = \tfrac{1}{4} A (R'^2 - R''^2),$$

$$\frac{I_1}{R'} = \tfrac{1}{2}\pi \left(\frac{R'^4 - R''^4}{R'}\right) = \tfrac{1}{2} A \left(\frac{R'^2 + R''^2}{R'}\right).$$

Les observations faites au n° **237** sur l'excès de résistance que présentent les cylindres creux sur les cylindres pleins s'appliqueraient encore ici.

Résultats d'expériences et formules pratiques.

598. EXPÉRIENCES DE M. DULEAU SUR LA TORSION. — Pour discuter les résultats des expériences de cet habile ingénieur, nous avons groupé séparément, dans le tableau suivant, celles qui sont relatives aux corps cylindriques et celles qui se rapportent aux prismes.

Le poids employé pour produire la torsion était constamment de 10 kilogr. et son bras de levier égal à $0^m.32$; de sorte que l'on a

$$M = 10^{kil} \times 0^m.32 = 3.20.$$

La formule du n° **616** donne

$$G = \frac{ML}{al_1},$$

dans laquelle a exprime l'arc du rayon égal à l'unité qui mesure l'angle de torsion, tandis que cet angle est donné par M. Duleau en degrés. Il faut donc multiplier ce nombre de degrés par $\frac{3.1416}{180}$ pour avoir la valeur de a à mettre dans la formule.

Enfin, pour les corps cylindriques, on a, d'après le numéro précédent,

$$I_1 = 1.5708 R'^4.$$

A l'aide de ces données et de celles de l'observation, on a pu calculer la valeur de G correspondant à chaque expérience.

EXPÉRIENCES DE M. DULEAU SUR LA TORSION DU FER FORGÉ.

DÉSIGNATION DES FERS.	LONGUEUR L.	DIMENSIONS trans- versales.	ANGLE DE TORSION		VALEUR du coefficient DE TORSION G.
			en degrés.	en arc a.	
		Fers ronds.			
		$R' =$			
	m.	m.	°	m.	kil.
Fer du Périgord	2.80	0.00710	13.4	0.2338	9 600 700 000
	3.17	0.00985	6.0	0.1047	6 552 300 000
Fer anglais.....	2.40	0.00990	4.0	0.0698	7 292 000 000
Fer de l'Ariége.	2.57	0.01075	4.8	0.0838	6 500 000 000
	2.89	0.01075	4.5	0.0785	5 616 000 000
Fer du Périgord	3.19	0.01105	3.32	0.0579	7 528 200 000
	2.89	0.01150	3.00	0.0524	6 424 000 000
Fer anglais.....	3.24	0.01175	2.34	0.0408	8 487 200 000
	2.94	0.01375	1.82	0.0318	5 391 900 000
Fer du Périgord	3.35	0.01335	1.87	0.0326	6 590 700 000
	2.92	0.01785	0.625	0.0109	5 375 700 000
Fer de l'Ariége..	2.77	0.01340	1.650	0.0288	6 077 200 000
		Moyenne...............			6 786 325 000

Les résultats de ces expériences ne présentent pas entre eux, comme on le voit, un accord très-satisfaisant; mais les divergences des résultats sont tantôt dans un sens et tantôt dans l'autre. Les expériences de M. Savart sont plus précises, et elles ont mieux vérifié la loi de la proportionnalité des angles de torsion au moment des efforts.

On voit, au reste, que cette irrégularité est plus grande encore, comme on devait s'y attendre, pour les fers carrés et rectangulaires que pour les fers ronds. La forme cylindrique est en effet la seule à laquelle s'appliquent avec exactitude les considérations théoriques exposées au n° **595**.

599. EXPÉRIENCES SUR LA TORSION DE LA FONTE. — Il a été fait à Mulhouse, dans les ateliers de construction de la Société de l'Expansion, des expériences sur la torsion d'arbres cylindriques en fonte, pour reconnaître la résistance plus ou moins grande des diverses qualités de fonte qu'on y emploie. Ces arbres avaient 1^m.50 de longueur et 0^m.10 de diamètre, et ils se terminaient par deux prismes à bases carrées dont l'un était encastré dans un support solidement fixé à un massif de maçonnerie ; l'autre recevait un levier destiné à soutenir la charge qui devait produire la torsion. Ce levier avait 2 mètres de longueur ; son poids, joint à celui du plateau, était de 240 kilogr., et le centre de gravité de ce poids se trouvait à 0m.80 de l'axe ; de sorte que, pour tenir compte de ce poids, il faudrait ajouter à la charge un poids de

$$\frac{240^{kil} \times 0^m.80}{2^m} = 96^{kil}.$$

Mais comme il devait se produire, d'abord sous le poids seul du levier, et sous les premières charges, des torsions influencées par le jeu des assemblages, il sera plus exact de comparer simplement entre elles les différences de torsions et d'en étudier la marche d'après leur accroissement à partir des charges de 100 kilogr.

On a d'ailleurs remarqué que la rupture s'est toujours faite entre le levier et le palier voisin.

EXPÉRIENCES SUR LA FLEXION ET LA RUPTURE DE LA FONTE PAR TORSION.

ORIGINE de la fonte.	CHARGE du plateau.	ANGLE de torsion.	ORIGINE de la fonte.	CHARGE du plateau.	ANGLE de torsion.
	kil.	°.		kil.	°.
Écossaise grise à gros grains, très-douce, très-tendre............	100	0.50	Bouchot..........	2150	rupture
	200	1.25	Fraisans.........	1600	D°
	300	2.00	D°	2050	D°
	400	2.50	Rive-de-Gier, grains fins et serrés presque blanche, un peu truitée, cassante..........	1950	D°
	500	3.50		2250	D°
	600	4.25			
	700	5.00			
	800	5.75			
	900	6.50			
	1000	7.25			
	1100	8.50	$\frac{1}{2}$ Anglaise, $\frac{1}{2}$ Bouchot	1950	D°
	1150	9.00			
	1200	9.50	$\frac{1}{2}$ Anglaise, $\frac{1}{2}$ Rive-de-Gier............	2050	D°
	1250	10.25			
	1300	11.00			
	1350	12.75			
	1400	13.25	$\frac{1}{2}$ Anglaise, $\frac{1}{2}$ bocage*.	2000	D°
	1450	14.20			
	1500	15.00			
	1600	rupture	$\frac{1}{2}$ Bouchot, $\frac{1}{2}$ Fraisans	2210	D°
Bouchot, probablement de Franche-Comté, grise, à grains de grosseur variable, bonne qualité.........	400	2.50	D°.........d°...	2150	D°
	700	5.75			
	1000	8.50			
	1100	9.25	$\frac{1}{2}$ Bouchot, $\frac{1}{2}$ bocage..	2150	D°
	1300	11.00			
	1400	12.00	$\frac{1}{2}$ Rive-de-Gier, $\frac{1}{2}$ bocage..........	2050	D°
	1500	13.00			
	1600	14.50			
	1640	15.00			
	1680	15.25			
	1780	16.25			
	1880	17.75			
	1980	18.75	* On nomme bocage les vieilles fontes de 1re et 2e fusion melangées et de qualités variables.		
	2080	20.25			
	2180	rupture			

Si l'on applique à ces expériences la formule

$$a = \frac{M}{GI_1}.L,$$

dans laquelle

a exprime l'arc à l'unité de distance décrit pendant la torsion et indiqué dans le tableau suivant;

$L = 1^m.50$, la longueur totale de l'arbre;

M le moment de l'effort de torsion;

$I_1 = \frac{\pi}{2} r^4$, le moment d'inertie polaire de la section, on en déduit

$$G = \frac{2 \times 2 \times M \times 1.50}{3.1416 \times (0.05)^4 \times a}.$$

De plus, comme le bras de levier de la charge était constamment de 2 mètres, et que l'arc à l'unité de distance est égal à sa valeur indiquée, multipliée par $\frac{6.2832}{360}$, il s'ensuit qu'en prenant les valeurs de a en degrés fournies par le tableau précédent, on aura

$$G = \frac{2 \times 2 \times 1.50 . P}{3.1416 (0.05)^4 \times \frac{6.2832}{360} \times a} = 17\,420\,000\frac{P}{a},$$

en rapportant G au mètre carré, ou

$$G = 17.42 \frac{P}{a},$$

si l'on prend sa valeur par rapport au millimètre carré.

En appliquant cette formule aux dix premières expériences sur la fonte d'Écosse, on trouve pour

	kil.	kil.	kil.	kil.	kil.	kil.	kil.	kil.	kil.	kil.
P........	100	200	300	400	500	600	700	800	900	1000
a........	0°50	1°25	2°00	2°50	3°50	4°25	5°00	5°75	6°50	7°25
G........	3484ᵏ	2794	2613	2787	2488	2459	2439	2480	2412	2403

Moyenne, 2447 kilogr.

Il semblerait résulter de ces valeurs de G que cette quantité, après avoir diminué assez rapidement à partir des premières torsions, atteindrait ensuite une valeur moyenne égale à 2447 kilogr. par millimètre carré de la section transversale.

Si l'on fait un calcul semblable pour les expériences exécutées sur la fonte grise à grains plus fins du Bouchot, on obtient les résultats suivants :

	kil.	kil.	kil.	kil.	kil.	kil.	kil.	kil.	kil.	kil.	kil.
P....	400	700	1000	1100	1300	1400	1500	1600	1640	1680	1780
a....	2°50	5°75	8°50	9°25	14°00	12°00	13°00	14°50	15°00	15°25	16°25
G....	2787ᵏ	2120	2049	2071	2058	2029	2010	1931	1904	1919	1908

Moyenne, 2071 kilogr.

On voit que, si l'on excepte la première valeur de G, qui correspond à une flexion trop faible, les autres valeurs paraissent à peu près constantes jusqu'à des torsions de 12 à 13 degrés, ce qui dépasse beaucoup ce que l'on tolère dans les machines, et que la moyenne générale est

$$G = 2056^{kil},$$

quantité plus faible que celle que l'on a trouvée pour la fonte d'Écosse, mais qui reste ensuite constante jusqu'à des angles de torsion bien plus grands que ceux pour lesquels la même quantité G reste constante pour cette dernière fonte : ce qui montre que la fonte de Franche-Comté offre plus de sécurité dans l'emploi que celle d'Écosse.

On conçoit d'ailleurs facilement que la nature des fontes peut apporter de très-grandes variations dans la valeur du coefficient G.

600. Valeur du coefficient G. — De l'ensemble des expériences connues, l'on a été conduit à admettre assez généralement les valeurs moyennes suivantes pour ce coefficient :

Fer doux..............................	G =	6 000 000 000 kilogr.
Fer en barres.........................	G =	6 666 000 000
Acier d'Allemagne	G =	6 000 000 000
Acier fondu très-fin...................	G =	10 000 000 000
Fonte.................................	G =	2 000 000 000
Cuivre................................	G =	4 366 000 000
Bronze................................	G =	1 066 000 000
Chêne.................................	G =	400 000 000
Sapin.................................	G =	433 000 000

Au moyen de ces valeurs, on pourra au besoin calculer approximativement les angles de déplacement par torsion éprouvés par le solide, en substituant dans la formule

$$a = \frac{ML}{GI_1}$$

les valeurs du moment des forces extérieures, de la longueur L du solide entre les sections encastrées, et du moment d'inertie polaire, dont nous avons donné la valeur au n° **597.**

601. Limites pratiques de l'angle de torsion. — Dans les machines, il importe de renfermer les valeurs de l'angle a de torsion, ou, ce qui revient au même, l'inclinaison des hélices formées par la torsion, dans des limites assez restreintes, qui sont déterminées d'abord par la condition fondamentale de ne pas altérer l'élasticité d'une manière notable, et ensuite par celle de ne pas admettre de déplacements relatifs trop grands des pièces les unes par rapport aux autres.

L'arc le plus grand qui soit réellement décrit par les points du solide qui éprouvent le plus grand déplacement est celui que parcourent les points situés à la distance maximum r' de l'axe; il a pour valeur $r'a$. Le déplacement angulaire des pièces portées par un même arbre, les unes par rapport aux autres, devant d'ailleurs être limité à une certaine amplitude absolue, c'est le rapport $\dfrac{r'a}{L}$ de cet arc à la longueur du solide qui représente l'inclinaison de la tangente aux hélices de torsion à la surface extérieure du solide qui éprouve la torsion, qu'il convient de limiter d'après l'observation des bonnes constructions.

D'après cela, en multipliant les deux termes de la relation ci-dessus par la distance r' de la fibre la plus éloignée de l'axe, elle donne

$$\frac{r'a}{L} = \frac{Mr'}{GI_1},$$

et c'est le rapport $\dfrac{r'a}{L}$ qui doit être limité, pour que la construction présente la solidité et la sécurité nécessaires.

602. Applications et formules pratiques. — Appliquons ces considérations à la fonte du Bouchot, sur laquelle la Société industrielle de Mulhouse a fait des expériences, et admettons pour cette fonte

$$G = 2\,000\,000\,000^{kil}.$$

L'observation de plusieurs constructions suffisamment solides, et l'application à un grand nombre de constructions neuves faites dans les usines de l'artillerie, ont montré que l'on peut se servir avec sécurité, pour des arbres en fonte cylindriques, allégés, marchant vite, de la formule pratique

$$d^3 = \frac{\text{PR}}{262\,000},$$

qui revient à $\dfrac{\text{PR}}{d^3} = 262\,000.$

P étant l'effort que produit la torsion, R son bras de levier, $\text{PR} = \text{M}$ sera le moment de la puissance extérieure, et la formule

$$\frac{r'a}{\text{L}} = \frac{\text{M}r'}{\text{GI}_1}$$

revient ainsi à

$$\frac{r'a}{\text{L}} = \frac{\text{PR}}{\left(\text{G}\,\dfrac{\text{I}_1}{r'} \right)}.$$

Pour les solides cylindriques, on a (n° **619**)

$$\frac{\text{I}_1}{r'} = 1.5708\,r^3 = 0.19637\,d^3,$$

ce qui ramène la formule générale à

$$\frac{r'a}{\text{L}} = \frac{\text{PR}}{2\,000\,000\,000 \times 0.19637\,d^3} = \frac{1}{392\,740\,000}\,\frac{\text{PR}}{d^3}.$$

Or, la formule pratique donnant

$$\frac{\text{PR}}{d^3} = 262\,000,$$

il s'ensuit qu'elle conduit à

$$\frac{r'a}{\text{L}} = \frac{262\,000}{292\,740\,000} = 0.000667,$$

ce qui nous apprend qu'avec cette formule l'hélice qui résulte de la torsion d'une des génératrices du cylindre a pour tangente limite une droite qui fait, avec la position initiale de cette génératrice, un angle dont la tangente trigonométrique est au plus de $0^m.000667$ ou de $2'\,18''$. Cette quantité n'est que la moitié environ de celle qui correspondrait à la torsion produite sur les pièces éprouvées, dans les expériences de Mulhouse, sous l'effort de 400 kilogr. Elle serait donc due à une charge de 200 kilogr. à peu près, et l'on a vu que l'élasticité des cylindres essayés n'a pas été altérée par des efforts 7.5 fois plus grands, ou de 1500 kilogr.

On voit donc que la formule pratique de l'*Aide-mémoire*, limite les déplacements angulaires d'une manière qui offre une sécurité peut-être excessive.

En admettant donc cette limite de déplacement angulaire, ou cette valeur de $\dfrac{r'a}{L}$ pour tous les arbres allégés, et la réduisant à moitié pour les arbres forts ou premiers moteurs, c'est-à-dire pour ceux des moteurs de la première transmission de mouvement, ou qui sont destinés à entraîner de lourdes masses, et en multipliant ces quantités par la valeur du nombre G correspondant à la nature des matériaux employés (**622**), on aura les valeurs du coefficient constant $G\dfrac{r'a}{L}$, qui entre dans la formule générale

$$G\,\frac{r'a}{L} = \frac{M}{\left(\dfrac{I_1}{r'}\right)},$$

dont le second membre contient le moment M de la puissance et la quantité $\dfrac{I_1}{r'}$, qui dépend des dimensions du solide (n° **619**).

On trouve ainsi pour les différentes substances :

NATURE DES MATÉRIAUX.	ARBRES	
	allégés $G\dfrac{r'a}{L}$.	forts $G\dfrac{r'a}{L}$.
	kil.	kil.
Le fer et l'acier......................	4 002 000	2 001 000
La fonte.............................	1 334 000	667 000
Le bois de chêne	266 000	133 000
Le bois de sapin	288 811	144 405

A l'aide de ces valeurs et de celles que prend $\frac{I_1}{\gamma'}$, selon les différentes formes des solides, il est facile d'établir les formules usuelles qui servent à déterminer les dimensions convenables pour la pratique, et d'en former le tableau suivant :

FORMULES PRATIQUES POUR DÉTERMINER LES DIMENSIONS DES SOLIDES
EXPOSÉS A LA TORSION.

FORME DE LA SECTION transversale.	MATIÈRE DONT LE SOLIDE est formé.	FORMULES A EMPLOYER POUR LES ARBRES	
		allégés.	forts.
Carrée*	Fer ou acier...	$b^3 = \dfrac{PR}{943280}$	$b^3 = \dfrac{PR}{471640}$
	Fonte........	$b^3 = \dfrac{PR}{314420}$	$b^3 = \dfrac{PR}{157210}$
	Bois { de chêne.	$b^3 = \dfrac{PR}{62697}$	$b^3 = \dfrac{PR}{31348}$
	{ de sapin.	$b^3 = \dfrac{PR}{68073}$	$b^3 = \dfrac{PR}{34036}$
Circulaire pleine.	Fer ou acier...	$d^3 = \dfrac{PR}{785880}$	$d^3 = \dfrac{PR}{392940}$
	Fonte........	$d^3 = \dfrac{PR}{262900}$	$d^3 = \dfrac{PR}{131450}$
	Bois { de chêne.	$d^3 = \dfrac{PR}{52234}$	$d^3 = \dfrac{PR}{26177}$
	{ de sapin.	$d^3 = \dfrac{PR}{56713}$	$d^3 = \dfrac{PR}{28356}$
Annulaire, d et d' étant quelconques........	Fer ou acier...	$\dfrac{d^4 - d'^4}{d} = \dfrac{PR}{785880}$	$\dfrac{d^4 - d'^4}{d} = \dfrac{PR}{392940}$
	Fonte........	$\dfrac{d^4 - d'^4}{d} = \dfrac{PR}{262900}$	$\dfrac{d^4 - d'^4}{d} = \dfrac{PR}{131450}$
	Bois { de chêne.	$\dfrac{d^4 - d'^4}{d} = \dfrac{PR}{52234}$	$\dfrac{d^4 - d'^4}{d} = \dfrac{PR}{26117}$
	{ de sapin.	$\dfrac{d^4 - d'^4}{d} = \dfrac{PR}{56713}$	$\dfrac{d^4 - d'^4}{d} = \dfrac{PR}{28356}$
Annulaire, $d' = \frac{3}{5}d$.	Fer ou acier...	$d^3 = \dfrac{PR}{684030}$	$d^3 = \dfrac{PR}{342015}$
	Fonte........	$d^3 = \dfrac{PR}{228010}$	$d^3 = \dfrac{PR}{114005}$
	Bois { de chêne.	$d^3 = \dfrac{PR}{45465}$	$d^3 = \dfrac{PR}{22732}$
	{ de sapin.	$d^3 = \dfrac{PR}{48240}$	$d^3 = \dfrac{PR}{24120}$

* Les formules relatives aux solides à section carrée ne peuvent être appliquées que dans le cas où ils sont courts et encastrés de façon que leurs sections extrêmes restent sensiblement planes.

Ces formules sont, pour les arbres en fonte, les mêmes, à

très-peu près, que celles que j'ai données dans l'*Aide-mémoire* (4e édition); mais, pour le fer, la valeur du coefficient G de résistance élastique à la torsion étant triple, pour ce métal, de ce qu'elle est pour la fonte (n° **622**), le diviseur des formules ne peut plus être le même, comme je l'avais admis précédemment, faute de données suffisantes pour le déterminer.

603. DE LA RÉSISTANCE DE LA FONTE A LA RUPTURE PAR TORSION. — La rupture par torsion est déterminée par le déplacement angulaire qui se produit entre deux tranches consécutives quelconques, et lorsque l'allongement qui en résulte pour les fibres, ou l'écartement de leurs molécules, dépasse les limites de celui que les résistances moléculaires peuvent permettre. Il s'ensuit que la résistance à la rupture par torsion est indépendante de la longueur des solides et dépend, au contraire, de l'inclinaison $\dfrac{ra}{L}$ des tangentes à l'hélice produite par la torsion, en même temps que du coefficient G de résistance élastique à la torsion. Le produit $G.\dfrac{ra}{L}$ de ces deux quantités peut donc être regardé en quelque sorte comme le coefficient de rupture des solides par torsion, et sa valeur sera donnée par celle de $\dfrac{M}{\left(\dfrac{I_1}{r'}\right)}$, lorsque l'expérience aura fait connaître celle-ci.

Dans les expériences faites à Mulhouse, où les cylindres essayés avaient 0m.10 de diamètre, et où le bras de levier de la charge était de 2 mètres, on a vu (n° **621**) que, pour les fontes d'Écosse, la rupture avait eu lieu sous la charge de 1600 kilogr., à laquelle il faut ajouter 96 kilogr. pour tenir compte du poids du levier rapporté à son extrémité.

Pour les fontes du Bouchot, la charge de rupture a été

$$P = 2181^{kil} + 96^{kil} = 2277^{kil},$$

et pour les différents mélanges essayés de fontes de Rive-de-Gier, anglaises, de Fraisans, et de jets divers, avec la fonte du Bouchot, cette charge s'est peu éloignée de la valeur précédente.

D'après ces données, on trouverait :

Pour la fonte d'Écosse,

$$G \frac{ra}{L} = \frac{1696^{kil} \times 2^m}{0.19637 \times \overline{0.10}^2} = 17\,273\,000^{kil},$$

et pour les fontes du Bouchot et autres, essayées à Mulhouse, en moyenne,

$$G \frac{ra}{L} = \frac{2277^{kil} \times 2^m}{0.19637 \times \overline{0.10}^3} = 23\,191\,000^{kil}.$$

A ces résultats, nous en pouvons joindre d'autres dus à M. Carillion, habile constructeur de Paris.

604. Expériences de M. Carillion sur la résistance de la fonte a la rupture par torsion. — Ces expériences ont été faites sur des fontes françaises de diverses provenances, dont les unes avaient été obtenues, par des mélanges divers, chez des fondeurs de Paris, et les autres dans les forges.

Tous les échantillons essayés avaient été coulés sous la forme d'un cylindre terminé à ses deux extrémités par des têtes prismatiques à section carrée, dont l'une était fortement maintenue dans les mâchoires d'un étau, et dont l'autre recevait un bras de levier en forme de tourne-à-gauche, auquel correspondait la charge qui devait produire la torsion. La partie mince de ces pièces était tournée avec le plus grand soin à un diamètre parfaitement uniforme pour toutes, et vérifié à l'aide d'un calibre.

Les cylindres avaient $0^m.02$ de diamètre, et le bras de levier de la charge, $0^m.50$ de longueur.

Les angles de torsion pour les différentes charges n'ont pas été observés, et l'on s'est borné à enregistrer l'angle de rupture et la charge correspondante. Le tableau suivant contient les résultats des expériences.

NOMS DES FONDEURS ou DES FORGES.		CHARGES du levier PRODUISANT LA RUPTURE P.
		kil.
M. Pihet, de Paris..............	1839......	83.625
	1844......	83.000
	1844......	85.625
	1844......	80.625
	1844......	87.000
M. Béchu, de Paris..............	1844......	87.000
M. Thiébault, de Paris..........	1850......	87.925
		87.125
		85.625
		83.125
M. Guérin, de Montluçon.........	1851......	96.125
		81.625
		93.625
		89.125
Forge de Mazière, près Bourges..	1851......	85.625
		81.625
		70.625
M. Raffin, de Nevers............	1851......	65.655
		67.625
		66.625
		70.625
		71.625
		68.625
MM. Salmont et Furster, de Bourges.	1851......	90.625
		75.625
		73.625
Moyenne générale................		80.750

Si, d'après la valeur moyenne de la charge que fournit l'ensemble de ces expériences, on calcule la valeur du coefficient de rupture $G\frac{ra}{L}$, on trouve

$$G\frac{ra}{L} = 25\,701\,000^{kil},$$

qui diffère assez peu de celle qui a été déduite des expériences de Mulhouse sur des fontes françaises, surtout si l'on considère que ces dernières ont été exécutées sur des cylindres beaucoup plus gros, et par conséquent d'un grain moins fin, ce qui peut influer assez notablement sur les résultats.

605. Observation relative aux formules pratiques du n° 593. — On remarquera que, dans les formules pratiques du n° **604**, nous avons admis, pour les arbres allégés en fonte, la valeur

$$G \frac{ra}{L} = 1\,334\,000^{kil},$$

tandis que les expériences sur la rupture par torsion, que nous venons de discuter, nous ont fourni les valeurs suivantes :

	$G \dfrac{ra}{L}$
Fontes d'Écosse.........................	$17\,273\,000^{kil}$
Fontes du Bouchot, de Rive-de-Gier et mêlées..	$23\,191\,000$
Fontes diverses, mêlées ou pures, obtenues à Paris ou dans le Berri.....................	$25\,701\,000$
Moyenne générale...........	$22\,055\,000^{kil}$

d'où l'on voit que la valeur moyenne $G \frac{ra}{L} = 22\,055\,000$ kilogr. est égale à plus de 16 fois celle que nous avons adoptée dans les formules pratiques, et que par conséquent ces formules présentent toute sécurité, et conduisent à des dimensions supérieures même à celles qui seraient nécessaires.

606. Cas ou l'on est obligé de laisser supporter aux solides une torsion considérable. — La limite que nous avons adoptée, d'après l'observation des bonnes constructions de machines, pour la torsion que l'on peut laisser prendre aux arbres, n'est relative qu'à ceux des transmissions de mouvement pour lesquelles des déplacements relatifs trop grands auraient des inconvénients, abstraction faite de la question de résistance.

Mais il est des cas où la nature du travail exige, au contraire, que les pièces puissent y être exposées sans danger et sans altération permanente.

Les tiges de sonde employées dans les forages des puits sont dans cette condition; et comme leur légèreté contribue beaucoup à la facilité des manœuvres, il importe de ne leur donner que les dimensions strictement nécessaires, en s'assujettissant d'une autre part à n'employer que des fers de première qualité.

607. OBSERVATIONS SUR LA THÉORIE DU N° 593. — Il importe de remarquer que les considérations théoriques exposées au n° 593, en ce qui concerne les solides cylindriques à bases circulaires, ne s'appliquent, en général, qu'à cette forme de solides, et ne peuvent être étendues aux sections carrées ou polygonales qu'autant que le solide est très-court et que ses sections sont astreintes à rester planes.

Mais cette conservation de la forme plane des sections peut bien avoir lieu dans certaines circonstances, par exemple dans les prismes que M. Vicat appelle infiniment courts, ou qui sont sollicités à tordre par des forces agissant infiniment proche du plan de leur encastrement dans une matière rigide.

Alors on tirera de l'équation du n° 616,

$$\frac{ra}{L} = \frac{Mr}{GI},$$

la limite à imposer au moment M des forces extérieures, ou bien les dimensions à donner à la pièce, pour que la plus grande inclinaison $\frac{ra}{L}$ des hélices sur les normales aux sections reste dans les limites fournies par l'expérience, pour chaque matière ou chaque cas.

L'on ne devra donc appliquer les relations précédentes aux prismes que sous cette réserve que les sections seront assujetties à rester planes.

Dans les cas, au contraire, où cette condition ne sera pas satisfaite, il faudra recourir à une théorie plus conforme aux faits d'observation. Mais ces considérations s'éloignent trop du cadre que nous avons dû adopter pour un enseignement élémentaire, pour que nous puissions les aborder ici, et nous renverrons le lecteur aux recherches sur ce sujet qui seront sans doute bientôt publiées par M. de Saint-Venant, savant ingénieur qui s'occupe d'une nouvelle édition des leçons de M. Navier..

FIN DU SECOND VOLUME.

St

TABLE DES MATIÈRES

CONTENUES DANS LE SECOND VOLUME.

QUATRIÈME PARTIE.

APPLICATIONS ET RÉSULTATS D'EXPÉRIENCES RELATIFS AUX CONSTRUCTIONS.

Poutres.

Nᵒˢ.		Pages.
377.	Des poutres en tôle assemblées..	1
378.	Expériences sur une poutre formée de fers en T réunis par des plaques de tôle..	2
379.	Mode d'expérimentation..	4
380.	Résultats de l'observation..	6
381.	Des poutres en bois avec armature en fer........................	8

Grands tubes.

382.	Expériences sur les grands tubes en tôle........................	10
383.	Observations de M. Fairbairn sur la forme la plus convenable pour les ponts tubulaires..	10
384.	Expériences sur la recherche des proportions à adopter pour les ponts tubulaires de chemins de fer........................	11
385.	33ᵉ expérience..	13

Nᵒˢ.   Pages.
386. 34ᵉ, 35ᵉ, 36ᵉ et 37ᵉ expériences.................................... 16
387. Expérience de rupture... 17
388. Expérience sur le premier tube du pont de Conway............. 19
389. Détermination du plus grand allongement subi par les fibres dans
     cette expérience.. 23
390. Application de la règle qui lie les flexions aux portées, et les portées
     aux hauteurs des solides...................................... 25
391. Mode de calcul adopté par quelques ingénieurs.................. 26
392. Valeurs des constantes R et R'................................. 28
393. Observation sur l'emploi de la fonte........................... 28
394. Application des données du nᵒ 388 au pont de Conway............ 29
395. Charge admise dans les calculs des ponts de chemins de fer, par les
     ingénieurs anglais.. 30
396. Marche à suivre dans le calcul des solides du genre des ponts tubu-
     laires.. 33
397. Même calcul dans la supposition de l'inégalité des résistances R et R'. 36
398. Observations et conclusion..................................... 37
399. Détails de construction des tubes.............................. 37
400. Fond du tube... 39
401. Couvre-joints.. 40
402. Cloisons des cellules.. 40
403. Carlingues.. 41
404. Pose de la voie.. 41
405. Dilatation 41
406. Côtés verticaux... 41
407. Assemblage des côtés avec le fond et le sommet................. 42
408. Du sommet des tubes... 42
409. Expériences sur la résistance transversale d'une poutre en tôle de
     fer... 43
410. Données pour le calcul du coefficient d'élasticité............. 45
411. Manière particulière de charger les solides, et règle pour tenir
     compte du mode de chargement.................................. 46
412. Relation d'équilibre.. 49
413. Utilité des cornières verticales et horizontales pour les parois verti-
     cales 50
414. Observation... 50
415. Comparaison générale des ponts en fer et des ponts en fonte...... 51

Planchers en fer.

417. Disposition des planchers en fer rectangulaires................... 53
418. Expériences sur les planchers précédents......................... 55
419. Observations sur le mode de pose et de liaison des solives......... 57
420. Modifications dans la forme à donner aux barres.................. 57

N°ˢ.   Pages.
421. Emploi des fers à double T dans les planchers................... 57
422. Expériences sur des planchers en fer à double T................. 58
423. Pièces accessoires de ces planchers............................ 59
424. Expériences exécutées.. 60
425. Rappel des résultats des expériences faites sur les deux poutres A et
      B posées librement sur deux points d'appui et chargées au milieu
      de leur longueur.. 61
426. Résultats des observations comparatives des flexions éprouvées par
      deux travées de plancher formées chacune de trois poutres gar-
      nies de leurs armatures, mais non hourdées.................... 62
427. Recherche des allongements ou raccourcissements éprouvés dans
      les expériences précédentes par les fibres les plus éloignées de la
      couche des fibres invariables................................ 64
428. Comparaison des résultats de ces expériences avec le poids du fer
      employé.. 65
429. Résultats des observations comparatives des flexions éprouvées par
      deux travées de plancher formées chacune de trois poutres garnies
      de leurs armatures avec hourdis en plâtre.................... 66
430. Influence et poids du hourdis................................. 66
431. Répartition des charges et observation des flexions............. 67
432. Conséquences des résultats consignés dans le tableau précédent.... 68
433. Charges limites que la prudence peut permettre de faire supporter à
      ces planchers.. 70
434. Poids des divers hourdis employés dans les planchers de Paris...... 73
435. Conclusions générales de ces expériences..................... 75
436. Bases du calcul d'une table des dimensions des fers et des bois à
      employer pour les planchers................................ 78
437. Règle pour fixer l'épaisseur qu'il convient d'adopter pour les fers à
      double T d'un même modèle.................................. 79
438. Règle pratique plus simple................................... 82
439. Exemples.. 84
440. Emploi de fers d'une résistance supérieure à celle que la règle pré-
      cédente indique.. 86
441. Valeur à adopter pour le nombre R............................ 87
442. Observation sur la différence de qualité des fers............... 87
443. Emploi des fers rectangulaires pour les planchers.............. 88
444. Planchers en bois.. 88
445. Observation relative aux grosses poutres..................... 89
446. Comparaison des flexions des planchers proportionnée selon les rè-
      gles données aux n°ˢ 436 et suivants......................... 94
447. Comparaison des prix des planchers proportionnés d'après les règles
      précédentes.. 96
448. Des proportions convenables pour les fers à double T........... 97
449. Des poutres accouplées...................................... 98
450. Expériences sur des poutres à double T accouplées............. 98

Influence du mouvement de la charge.

N°s.   Pages.

451. De l'influence du mouvement de la charge sur la flexion des solives
qui la supportent... 101
452. Expériences exécutées à Portsmouth............................ 102
453. Discussion des résultats de ces expériences..................... 104
454. Conséquences de ces expériences............................... 114

Altération des essieux.

455. Altération des essieux par la prolongation de leur service.......... 114
456. Note sur les essieux des voitures en service sur les routes ordinaires, par M. Marcoux.. 115
457. Note sur les essieux des Messageries générales, par M. C. Arnoux.. 116
458. Des épreuves que l'on fait subir aux essieux..................... 119
459. Rappel des formules à employer............................... 121
460. Mode d'épreuve... 123
461. Conséquences du tableau précédent............................ 126
462. De l'effort supporté par les fibres situées à l'intérieur............. 127
463. Des moyens à prendre pour rendre les épreuves à peu près uniformes pour tous les essieux..................................... 128
464. Observations sur les conséquences des épreuves.................. 129
465. Les épreuves altèrent-elles réellement la résistance des essieux qui
les ont supportées sans éprouver de ruptures partielles?......... 131
466. Conséquences des expériences précédentes...................... 133
467. Conditions spéciales auxquelles doivent satisfaire les essieux de l'artillerie.. 133
468. Conséquences de ces épreuves................................. 135
469. Conclusions.. 135
470. Règle proposée pour les épreuves des essieux de l'artillerie......... 136
471. Avantages de l'application de la règle précédente................. 138
472. Épreuves des essieux destinés au service des chemins de fer....... 138
473. De l'action du froid sur le fer................................. 140

Charpentes.

474. Conditions générales de stabilité des appareils de construction composés de plusieurs pièces..................................... 141
475. Mode de résistance des pièces longitudinales...... 144

Nᵒˢ.   Pages.

476. Avantage que présente ce genre de construction.................. 145
477. Étude de quelques dispositifs de poutres en treillis...... 147
478. Autre dispositif du treillis............:......................... 152
479. Comparaison des deux dispositifs précédents...................... 154
480. Expériences faites au Conservatoire des arts et métiers sur deux pou-
     tres en treillis du système précédent........................ 155
481. Influence de la multiplicité des assemblages.................... 160
482. Poutre en treillis formée d'armatures entre-croisées.............. 160
483. Poutre en treillis simple formé de triangles isocèles, chargée de
     poids $2p$ à chaque extrémité des bases des triangles............. 163
484. Application... 168
485. Observation relative aux pièces soumises à la compression........ 169
486. Observation sur la forme des pièces supérieure et inférieure des pou-
     tres entre elles... 170
487. Comparaison des quantités de métal employées dans une poutre en
     treillis et dans une poutre pleine en tôle...................... 170
488. Comparaison d'une poutre en tôle pleine avec une poutre en treillis.. 172
489. Nécessité d'expériences spéciales............................. 173
490. Considérations générales.................................... 173

Répartition des efforts et données pratiques.

491. Conditions de l'équilibre des pièces inclinées. — Pièce inclinée en-
     castrée à l'une de ses extrémités, et soumise, à l'autre, à des
     forces P et Q respectivement verticale et horizontale........... 173
492. Solide incliné encastré en B, et soumis à deux forces P et Q, l'une
     verticale, l'autre horizontale, agissant à son extrémité, et à une
     charge uniformément répartie sur sa longueur à raison de p kilog.
     par mètre courant... 176
493. Application aux charpentes................................... 177
494. Observation relative à la condition qui rend la flexion f égale à zéro. 179
495. Application 180
496. Des couvertures en usage................................... 182
497. Chaume.. 182
498. Couvertures en bois... 182
499. Bardeaux.. 183
500. Tuiles 183
501. Tuiles creuses du Midi...................................... 183
502. Tuiles flamandes.. 184
503. Tuiles plates... 184
504. Tuiles perfectionnées....................................... 185
505. Tuiles moulées... 185
506. Tuiles de M. Courtois....................................... 188
507. Tuiles Châtillon.. 188

Nᵒˢ.   Pages

508. Des ardoises.. 189
509. Nouvelles ardoises... 189
510. Des couvertures en papier ou en carton bitumé.................. 190
511. Charge des toitures par mètre carré............................ 190
512. Charge des toitures par mètre carré de superficie............... 191
513. Application des formules précédentes............................ 196
514. Formules relatives aux arbalétriers en fer forgé............... 197
515. Arbalétriers à nervures....................................... 198
516. Application à la couverture de la gare des chemins de fer de Saint-
       Germain et de Versailles.................................... 199
517. Observation relative à l'emploi de fers à T d'un modèle donné..... 200
518. Dimensions des tirants.. 201
519. Cas où le tirant n'est pas horizontal.......................... 203
520. Table des dimensions des tirants.............................. 203
521. Arbalétrier buttant contre un entrait retroussé................ 207
522. Ferme à la Palladio... 209
523. Application aux arbalétriers des fermes à la Palladio à entrait re-
       troussé... 209
524. Formules pratiques.. 210
525. Application aux tirants des fermes à la Palladio............... 215
526. Tirants en fer.. 216
527. Influence des variations de température sur la tension des tirants... 217
528. Pièce posée sur deux appuis et renforcée par un poinçon inférieur et
       deux tirants en fer.. 220
529. Charpentes à grandes portées avec tirants en fer et contre-fiches.... 225
530. Cas où le tirant du milieu est plus haut que les points d'appui de la
       ferme... 227
531. Expériences pour déterminer directement les tensions des tirants.... 227
532. Expérience sur une ferme composée............................. 230
533. Conclusions de ces expériences................................ 231
534. Tirants des fermes du modèle des gares du chemin de fer de Ver-
       sailles et Saint-Germain, et du hangar de manœuvres de Vin-
       cennes.. 231
535. Des contre-fiches... 233
536. Observation sur les règles précédentes........................ 233
537. Assemblages.. 233
538. Des arbalétriers des fermes à une contre-fiche................. 234
539. Observation sur la répartition de la charge dans les toitures........ 235
540. Répartition du poids de la couverture sur les arbalétriers des fer-
       mes avec tirants en fer et contre-fiches, au moyen des pannes... 235
541. Application au hangar de manœuvres, à Vincennes................ 238
542. Application aux charpentes en fer de la gare des chemins de fer de
       Saint-Germain et de Versailles.............................. 241
543. Proportionnalité des sections des tirants aux portées.......... 243
544. Observations sur la composition des fermes à grande portée........ 244

Formules et tables pour les charpentes en fer pour couvertures en zinc ou en tuiles.

Nᵒˢ.		Pages.
545.	Couvertures en zinc.	244
546.	Dimensions des pièces soumises à un effort de traction	247
547.	Dimensions des arbalétriers des fermes couvertes en zinc	248
548.	Observations sur les résultats contenus dans ces tableaux	262
549.	Dimensions des contre-fiches des charpentes couvertes en zinc	264
550.	Résultats et conséquences.	266
551.	Des fermes couvertes en tuiles de divers modèles nouveaux, inclinées à 40° à l'horizon	268
552.	Tirants des fermes à une contre-fiche	271
553.	Tirants des fermes à trois contre-fiches	272
554.	Des contre-fiches	277
555.	Arbalétriers des fermes couvertes en tuiles plates des nouveaux modèles	277
556.	Formules pratiques pour les arbalétriers à section rectangulaire des fermes couvertes en tuiles plates	279
557.	Table des dimensions des arbalétriers des charpentes couvertes en tuiles	279
558.	Observation sur les résultats contenus dans les tableaux précédents	288
559.	Emploi des fers d'un échantillon donné	288
560.	Application aux couvertures en zinc	288
561.	Application aux couvertures en tuiles	288
562.	Exemple relatif aux couvertures en tuiles plates	289
563.	Emploi de fers méplats d'un échantillon donné	290
564.	Remarque sur l'emploi comparatif des fers plats et des fers à double T.	291
565.	Arbalétriers composés en fer plat	291
566	Des pannes	293
567.	Pannes des toitures inclinées à 45°	294
568.	Observations sur les pannes	294
569.	Murs de pignon	296
570.	Application à la couverture de la cour de la Manutention	296
571.	Des plaques d'assemblage	297
572.	Des boulons ou des rivets d'assemblage	298
573.	Utilité des pièces longitudinales	298
574.	Influence de l'écartement des fermes sur la dimension des pannes	299
575.	Contre-fiches en fonte	299
576.	Forme des tirants pour les fermes de très-grandes portées	300

CINQUIÈME PARTIE.

DU GLISSEMENT OU CISAILLEMENT. — DE LA RÉSISTANCE AU PERCEMENT. — DE LA TORSION.

Du glissement ou cisaillement.

N^{os}.   Pages.
577. Du glissement... 302
578. Cas où la résistance au glissement ou au cisaillement se trouve en jeu. 302
579. Mesure du glissement des faces ou des lignes matérielles les unes
    devant les autres.. 303
580. La résistance au glissement peut être regardée comme une résistance
    à une dilatation et à une contraction simultanées, dans deux sens
    rectangulaires entre eux, faisant un demi-angle droit avec les faces
    ou les lignes glissantes.................................... 304
581. Limite des glissements déduite de la limite des extensions, dans les
    solides d'égale contexture................................. 306
582. Résistance et charge permanente lorsque les sections sur lesquelles
    le glissement a lieu sont astreintes à rester planes.............. 307

De la résistance au découpage.

583. De la résistance du fer au découpage......................... 308
584. Du travail mécanique consommé par la résistance des métaux au per-
    cement à l'aide de forets.................................. 309
585. Percement du fer forgé.................................... 310
586. Influence de la vitesse de l'outil........................... 312
587. Représentation graphique de ces résultats................... 313
588. Percement de la fonte..................................... 315
589. Percement du bronze...................................... 316
590. Percement de l'acier...................................... 316
591. Conclusion générale des expériences de M. le capitaine Clarinval.... 317

De la torsion.

Nᵒˢ.   Pages.

592. Résistance des solides à la torsion...................... 317
593. Résistance à la torsion des solides homogènes à section circulaire.—
     Équilibre des forces extérieures et des forces intérieures......... 319
594. Observations relatives aux cylindres........................ 320
595. Observation sur l'usage de la formule précédente.............. 321
596. Application de la formule précédente aux cylindres et aux prismes... 322
597. Valeurs du moment d'inertie polaire des sections transversales..... 322

Résultats d'expériences et formules pratiques.

598. Expériences de M. Duleau sur la torsion...................... 323
599. Expériences sur la torsion de la fonte...................... 324
600. Valeur du coefficient G.................................. 328
601. Limites pratiques de l'angle de torsion.................... 329
602. Applications et formules pratiques........................ 329
603. De la résistance de la fonte à la rupture par torsion.......... 334
604. Expériences de M. Carillion sur la résistance de la fonte à la rupture
     par torsion.. 335
605. Observation relative aux formules pratiques du nᵒ 593.......... 337
606. Cas où l'on est obligé de laisser supporter aux solides une torsion con-
     sidérable.. 337
607. Observations sur la théorie du nᵒ 593.................... 338

FIN DE LA TABLE DU SECOND VOLUME.

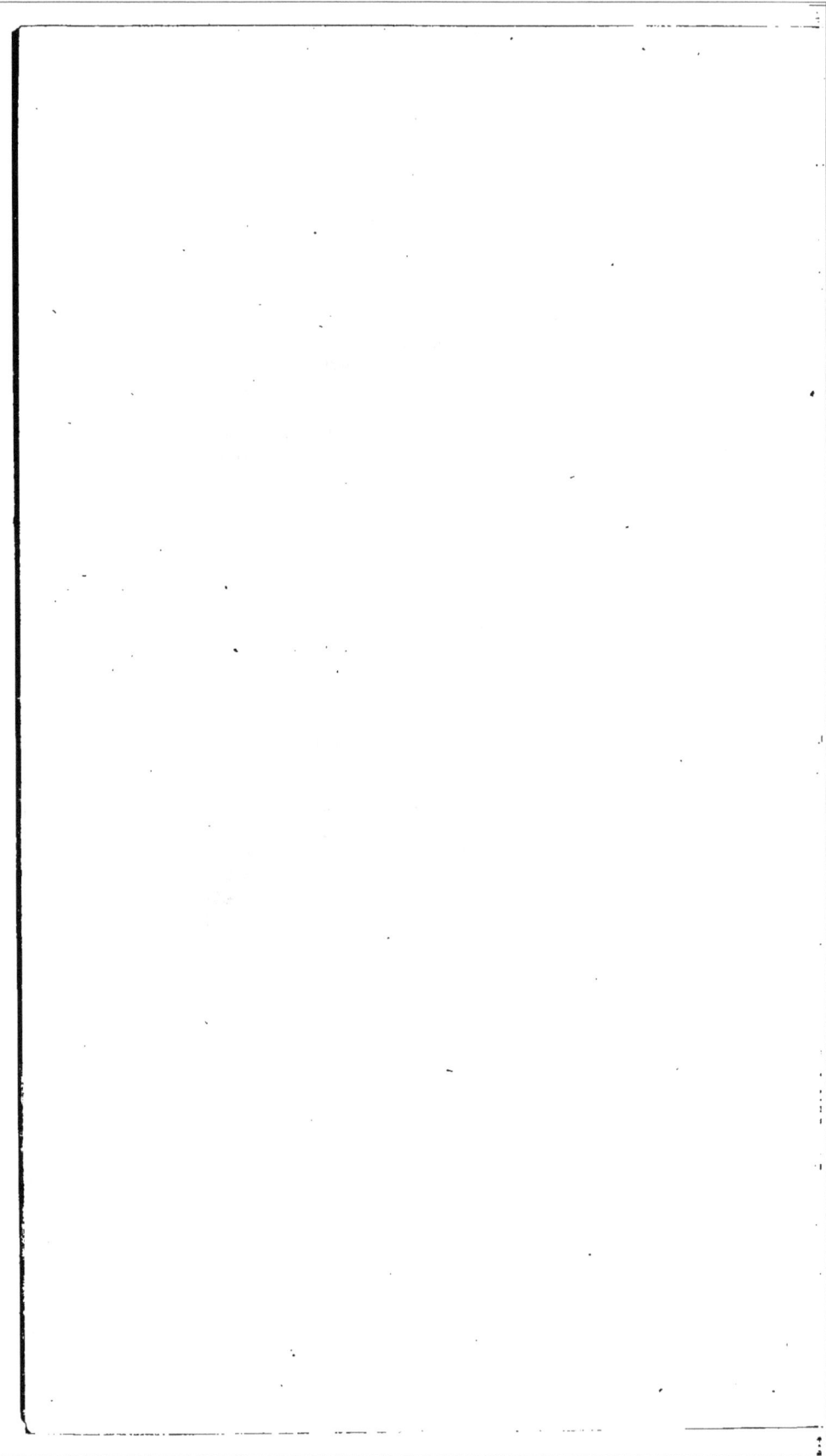

PARIS. — IMPRIMERIE DE CH. LAHURE ET Cie
Rues de Fleurus, 9, et de l'Ouest, 21

www.ingramcontent.com/pod-product-compliance
Lightning Source LLC
Chambersburg PA
CBHW061125220326
41599CB00024B/4176

* 9 7 8 2 0 1 4 4 7 7 1 6 0 *